JN274972

原発事故環境汚染

福島第一原発事故の地球科学的側面

中島映至
大原利眞
植松光夫
恩田裕一［編］

東京大学出版会

Radioactive Environmental Pollution
from the Fukushima Daiichi Nuclear Power Plant Accident :
Earth Science Perspectives

Teruyuki NAKAJIMA, Toshimasa OHARA, Mitsuo UEMATSU,
and Yuichi ONDA, editors

University of Tokyo Press, 2014
ISBN978-4-13-060312-6

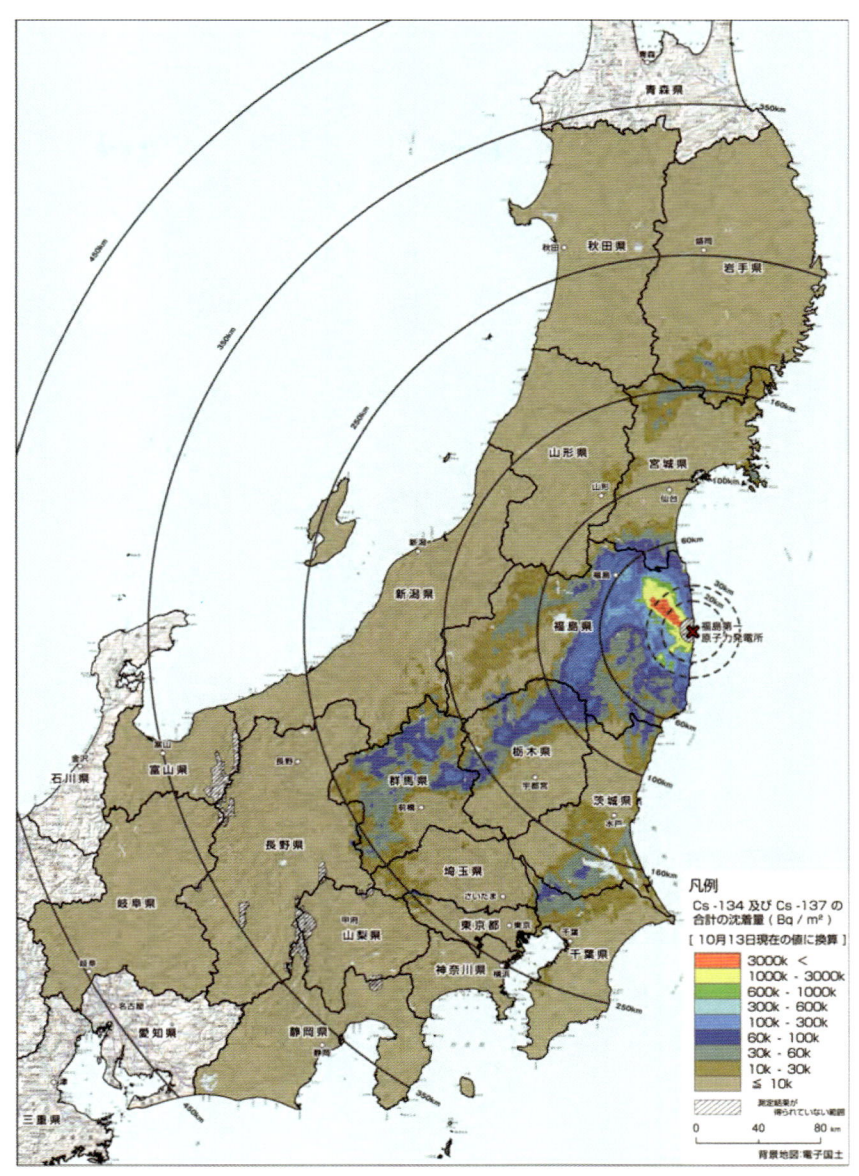

口絵 1 文部科学省の航空機モニタリング（～第 4 次，2011 年 10 月 13 日まで）による地表面へのセシウム 134，137 の沈着量の合計（文部科学省，2011）．（本文図 1.1 参照）

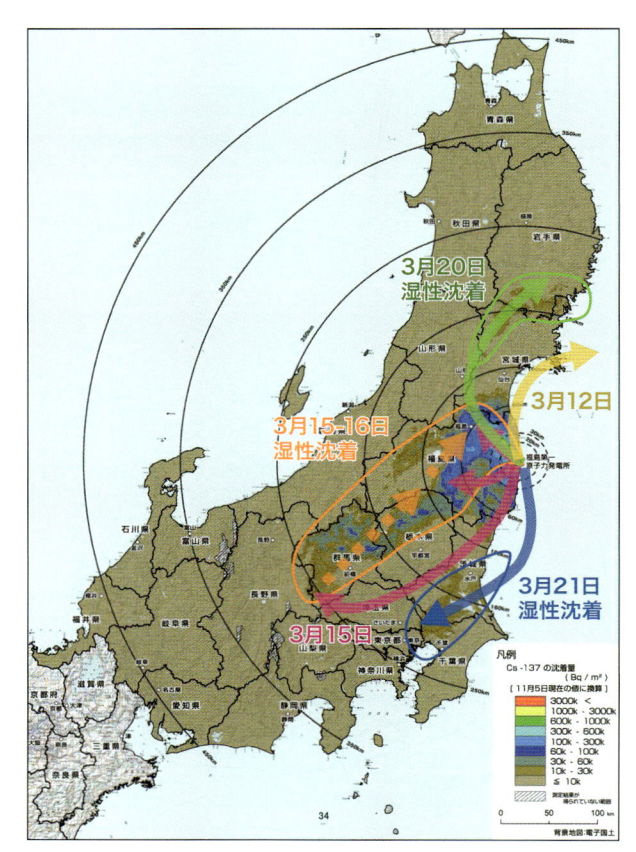

口絵2 放射性物質の輸送経路と沈着過程の概略（JAEA公開ワークショップで参加者の議論により作成した図）．マップは文部科学省航空機モニタリングによる^{137}Csの沈着量分布を示す．（本文図3.3参照）

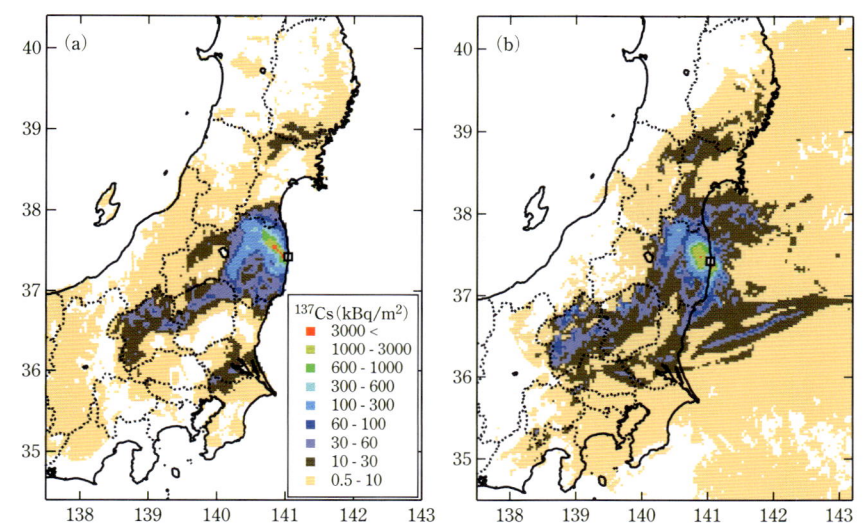

口絵3　航空機モニタリング（左）と大気拡散シミュレーションモデル（右；Morino *et al.*, 2013）で推計された^{137}Csの積算沈着量．シミュレーション期間は3月11日−4月20日．（本文図3.1参照）

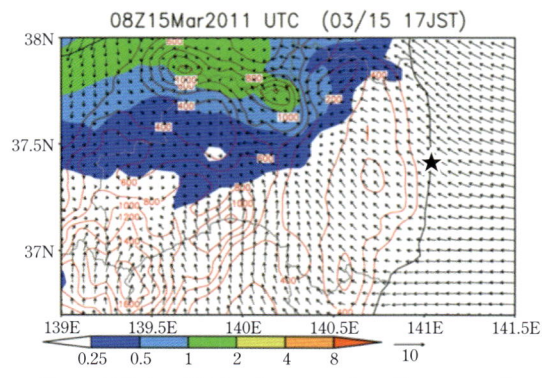

口絵4　気象庁の解析による2011年3月15日17時の地上風（矢印；m/s）と時間降水量（色；mm）．赤線は地形の標高（m）．（本文図3.5参照）

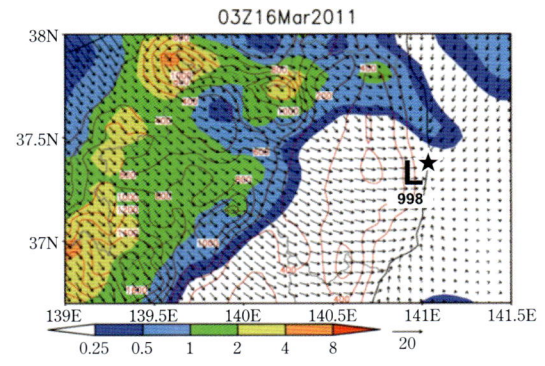

口絵5　気象庁の解析による2011年3月16日12時の地上風（矢印；m/s）と時間降水量（色；mm）．Lは正午頃に発現した小低気圧（998 hPa），赤線は地形の標高（m）．（本文図3.6参照）

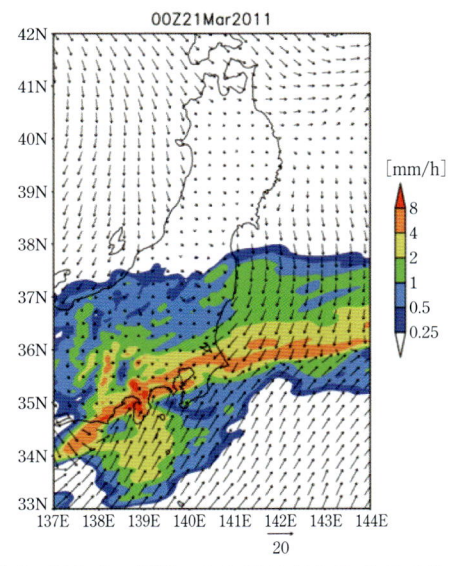

口絵6　気象庁の解析による2011年3月21日9時の地上風（矢印；m/s）と時間降水量（色；mm/hr）．関東南岸まで南下した前線のすぐ北側で強い降水と北東風が解析されている．（本文図3.9参照）

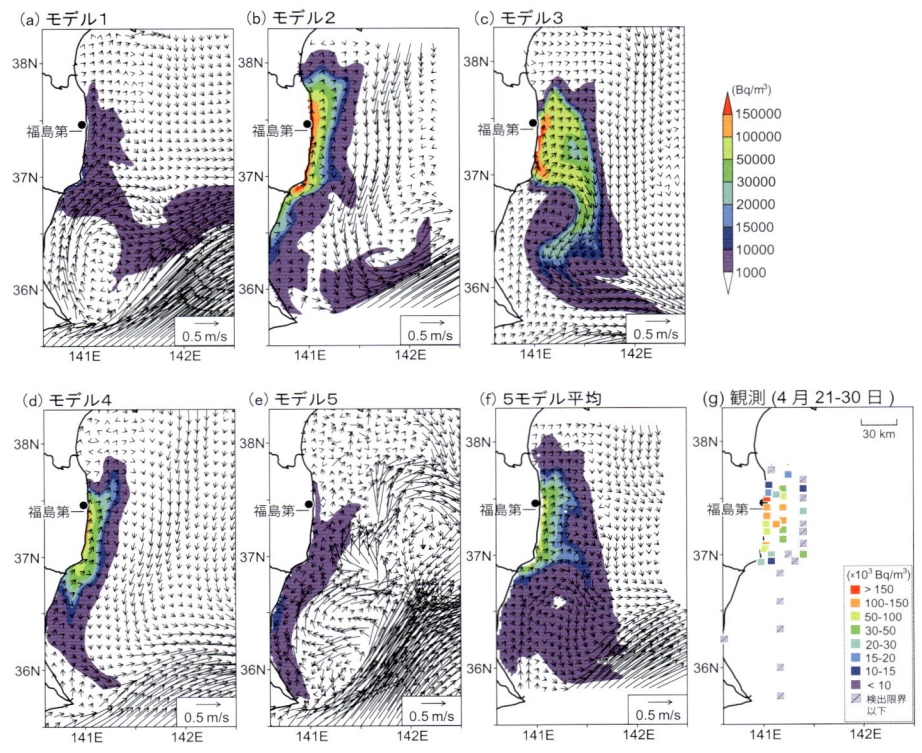

口絵 7 2011年4月下旬の海面付近の流れと ^{137}Cs 濃度分布（Masumoto et al., 2012 の図3 を一部修正）．(a)～(e)はそれぞれ異なるモデルによる結果，(f)は5つのモデルの平均を示している．(g)は2011年4月下旬のモニタリング観測結果．（本文図 5.9 参照）

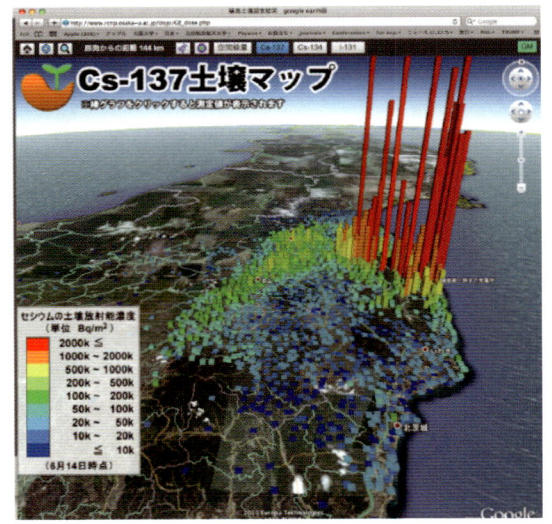

口絵 8 ^{137}Cs の土壌汚染マップ (http://www.rcnp.osaka-u.ac.jp/dojo/ より)．（本文図 6.7 参照）

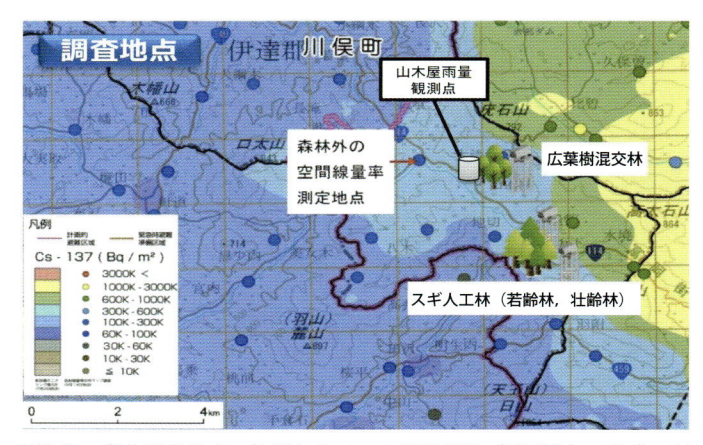

口絵9　森林調査地点の位置とタワーの設置状況（恩田ほか，2012）．（本文図6.9参照）

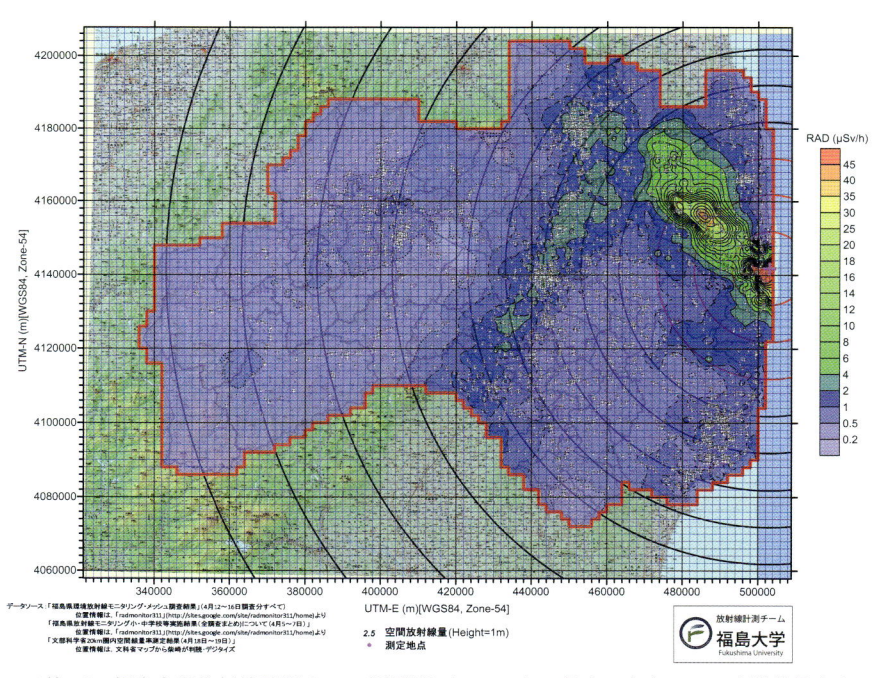

口絵10　福島大学放射線計測チームが観測した2011年3月末の高度1 mの空間線量率分布に，4月12-16日の調査，福島県放射能モニタリング小・中学校等実施結果および文部科学省20 km圏内空間線量率測定結果を含めて2011年6月17日に発表したもの．（本文図11.1参照）

はじめに

　2011年東北地方太平洋沖地震に伴って発生した東京電力株式会社福島第一原子力発電所事故（以下，福島第一原発事故）によって大気あるいは海洋に放出された放射性物質は，福島県をはじめとする広い地域に深刻な放射能汚染を引き起こした．大気中に放出された放射性物質は折からの季節風に運ばれ，広く全球にも拡散した結果，北半球の広い地域でその到来が観測された．また降雨などにより土壌や森林，湖水・河川に沈着した放射性物質も多く，時間とともに環境中を移動し続けている．

　事故によって放出された放射性物質は，このように非常に広範囲に拡散し，複雑な形でわれわれの環境中に存在する．したがって，適切な対応策を講じるためには正確な実態把握が不可欠であり，事故当時から現在に至るまで，多くの関係者によってさまざまな努力がされてきた．しかし，関わってきた多くの科学者にとって，このような放射性物質による甚大な環境汚染は経験したことのないものであり，発生当初，手探り状態であったことは事実である．このような手探り状態や混乱は，環境調査のみでなく，政府や関係機関の対応にも多くあったことが，2012年に始まった民間，政府および国会による事故調査から明らかになった．環境調査に関わる研究者にとっても，事故発生から2年余が経過した現在，過去をもう一度振り返って，何ができたのか？何が足りなかったのか？何がわかったのか，についてまとめることは，これからの除染と影響評価の長い道のりにとって重要であろう．

　このような想いから，本書の企画がはじまった．本書では，震災後の3年余に渡る研究コミュニティの活動の軌跡と，これまでに得られた科学的知見を整理することを目的に，それぞれの分野の専門家によって執筆された．本書の主題は，福島第一原発事故によって発生した放射性物質の環境中への拡散と移行であり，そのために，大気・海洋・陸面・放射性物質に関わる専門家が集まった．原子力発電所内で発生した事故事象の把握は，原子力工学や

原子炉物理等の分野の専門家が必要であり，他の書物に譲ることにする．

　本書は3部構成になっている．第1部では環境中の放射性物質の動態を議論する．すなわち，第1章では，放射性物質，とくに人工放射性核種に関する基礎的な説明と今回の事象に関する環境動態的な知見を整理した．第2章では福島第一原発事故によって放出された放射性物質の量を見積もる．第3章ではわが国の放射性物質汚染の実態と大気拡散モデルによる拡散・沈着の再現シミュレーション，第4章では全球の汚染とモデルによる再現について示す．第5章では，海洋，海産生物の汚染の実態と海洋拡散モデルによるシミュレーションについて述べた．第6章では陸域への放射性物質の沈着と移行を扱い，土壌マッピング調査，森林域における緊急調査と，森林生態系や農作物へ移行した放射性物質の状況について述べた．

　第2部では防災インフラの現状を把握し，今回の事故を踏まえて，その整備と課題について検討する．第7章では原子力施設に関するモニタリングシステムの現況について紹介し，あるべきシステムを探った．広範な環境汚染であればあるほど全域での調査は難しく，数値モデルによるシミュレーションも空間分布などの把握に有用と考えられる．しかし，緊急時迅速放射能影響予測ネットワーク（SPEEDI）の政府による事故当時の取り扱いには明らかな混乱が見られた．そのため，第8章ではSPEEDIの問題について科学者の考えを述べた．第9章では，生活圏をどのように再建するかのカギとなる除染活動について，問題点を整理した．

　第3部は，視点を科学者自体の行動に移して，われわれが何を考え，どのように行動したかについて振り返る．そして，何が足りなかったかについて検討し，今後，何をするべきかについて提案する．第10章では，社会に大きな影響を与えるような科学的知見をどのように発信すべきかを論じた．また，最終章となる第11章では福島第一原発事故後の緊急活動の詳細な経緯と，分野を超えた研究者のボランティアによる一連の活動を報告し，将来の世代に向けたメッセージも掲載した．

　原子爆弾の被災体験を通して国民の放射能に対する思いは複雑であり，調査の過程で政府・関係機関の対応の中にも特別の配慮が見られる場面が多かった．とくに風評被害の恐れを言うあまりに，事実をはっきりと伝えること

が難しい場面もあった．しかし，事態の推移や，事故調査の中から徐々に明らかになってきたことは，国民の多くは誰かに情報を制限されるよりも，受け手の責任において情報を受けたいと考えていること，また，情報の発信が結果的には効率的な対策に役立ってきたことである．したがって，できるだけ率直に科学者として市民に伝えたいことを書くべきであると考えた．同時に，次世代に伝えるために，このような大規模環境汚染に直面した研究者の緊急活動と想いも記録に留めることにした．二度とこのような事故は起こるべきではないが，同様な大規模な災害としては，火山爆発，大規模火災等が考えられ，国全体として何をするべきかを考えておくことは重要であろう．その観点で科学者の立場から，社会と政策決定者に発信したいことも書いた．

科学者の役割は正確な事実を把握して発信することであるが，科学的調査には時間がかかる．しかし，歩みを止めずに粘り強く問題解決に向けた努力をしていきたい．それが，今後の長い道のりのなかで重要な知見を社会に提供するために必要だと信ずる．

謝辞：本書の作成にあたり，執筆の基礎となったデータ・知見の提供をいただいたすべての個人・グループ・機関に感謝する．また，本書原稿全体の再構成や用語集の編集などにおいて，とくに鶴田治雄，滝川雅之，五十嵐康人，青野辰雄，村松康行の各氏にはお力添えをいただいた．

執筆者を代表して：中島映至，大原利眞，植松光夫，恩田裕一

目次

はじめに（中島，大原，植松，恩田）

第1部　環境中での放射性物質の動態

第1章　序論——東京電力福島第一原子力発電所事故と放射線・放射能の基礎知識 …………………………… 2

1.1　福島第一原発事故の概要（中島，大原，植松，恩田）　2

1.2　放射性元素，放射性核種，放射性物質（海老原，篠原）　7

1.3　放射線の測定の種類（海老原，篠原）　9
　　　（1）α線測定　（2）β線測定　（3）γ線測定

1.4　正確な放射能値を求めるためには——γ線スペクトロメトリの例
　　　（海老原，篠原，浜島）　13
　　　（1）ゲルマニウム半導体検出器　（2）γ線スペクトル　（3）放射能の計算
　　　（4）放射能測定の誤差要因

1.5　放射能と放射線量（海老原，篠原）　19

1.6　放射性物質の人体への影響（五十嵐，青野）　21

1.7　放射性物質の環境中での移行（五十嵐）　25
　　　（1）放射性物質の環境汚染における基本的な考え方

1.8　福島第一原発事故と以前の放射性物質の変動——量的な比較
　　　（五十嵐，青山，滝川）　28
　　　（1）大気中放射性物質の長期変動データが示すこと
　　　（2）福島第一原発事故以前の人工放射性核種の大気中での濃度変動
　　　（3）1990年代の時系列データが示すこと

1.9　福島第一原発事故以降の大気中人工放射能の変動（五十嵐）　33

第 2 章　放射性物質の放出量の推定 ·· 36

2.1　放射性物質の大気環境への放出（茅野，永井）　36
2.2　環境モニタリングデータを用いた逆推定法（茅野，永井）　37
2.3　福島第一原発からの放射性物質の放出（茅野，永井）　38
　　　（1）3月12日から14日夕方　（2）3月14日の夜から15日夜
　　　（3）3月16日から3月31
2.4　推定された大気中への放出量変動の評価（茅野，永井）　41
2.5　海への直接漏洩の推定（津旨，升本）　44

第 3 章　大気への拡散 ·· 48

3.1　放射性物質の輸送過程とそれに関わる気象場（中村，森野，滝川）　48
3.2　放射性セシウムの沈着量分布推定（森野，滝川，中村）　49
　　　（1）2011年3月15日から16日にかけての気象場と放射性物質の輸送
　　　（2）2011年3月20日から23日にかけての気象場と放射性物質の輸送
3.3　今回の事故が他の季節や他の原発で起きたら？（中村，森野，滝川）　59
3.4　大気拡散モデルの不確実性の要因（滝川，森野，中村）　61
3.5　福島大学の大気観測による放射性物質の動態（渡邊）　63
　　　（1）空間線量率のモニタリング　（2）大気中濃度と降下量のモニタリング
3.6　放射性物質の大気中濃度データの発掘と総合解析（鶴田）　69
　　　（1）関東地方における大気中放射性物質の連続測定結果の総合解析
　　　（2）浮遊粒子状物質（SPM）計測の利用
3.7　大気エアロゾル放射能の観測と地表からの再飛散の影響（北）　75
3.8　大気エアロゾルとしての放射性物質の特性（高橋嘉，吉田）　79
3.9　燃焼や爆発で放出される金属粒子の粒子サイズと分布
　　　（谷畑，藤原）　81

第 4 章　全球への輸送（田中泰，竹村，青山） ·· 83

4.1　世界各地における放射性物質の観測　84
4.2　事故直後からの広域シミュレーションの経緯　87

4.3　全球規模モデルによる放射性物質のシミュレーション　89
4.4　全球の観測値とシミュレーションに基づく放出量の推定　93
4.5　全球シミュレーションの課題点　95

第5章　海洋への拡散 …………………………………………98

はじめに（青山，植松，長尾，石丸，神田，青野，升本，津旨）　98

5.1　海洋上大気中の放射性物質の測定（植松）　100
　　　（1）海洋大気エアロゾル試料採取
　　　（2）福島沖の海域モニタリング定点での^{131}Iと^{137}Csの時空間変化

5.2　河川〜沿岸域での放射性セシウムの挙動（長尾）　103
　　　（1）河川から沿岸域への輸送　（2）沿岸域での動態
　　　（3）オホーツク海〜日本海

5.3　外洋への輸送（青山）　106

5.4　海洋に直接漏洩した^{137}Csの分散シミュレーション（升本，津旨）　109

5.5　海洋生物の放射性物質による汚染調査の経緯（石丸）　111

5.6　沿岸海域の汚染（神田）　114
　　　（1）沿岸海域の海水の汚染　（2）沿岸海域の海底堆積物の汚染

5.7　海産魚介類の汚染の状況（石丸，青野）　118
　　　（1）放射性セシウム　（2）セシウム以外の放射性核種

5.8　海洋生態系内での放射性核種の移行メカニズム（神田，石丸）　123

第6章　陸域への放射性物質の拡散と沈着 ……………………… 127

6.1　土壌調査の結果（谷畑，藤原，恩田）　127
　　　（1）測定の内容　（2）空間線量率のマッピング調査
　　　（3）5 cm深さまでの土壌中放射性物質量
　　　（4）20 cmまでの放射性物質の深さ分布
　　　（5）放射性物質の深さ分布の結果　（6）土壌調査結果の示すこと
　　　（7）得られた情報とその意味すること
　　　（8）広域の放射性物質の初期沈着量推定への土壌調査の意義

6.2　放射性核種の森林からの移行（恩田）　137
　　　（1）放射性物質の森林環境への蓄積と移行
　　　（2）降下した放射性核種量の陸域での移行・拡散濃縮過程

6.3　原子レベルの視点から見た放射性セシウムの挙動
　　　〈高橋嘉，田中万，坂口〉　142
6.4　陸上植物・農産物への影響〈竹中〉　149
　　　（1）農産物および山菜への影響　（2）野生草本への影響
　　　（3）樹木への影響

第2部　防災インフラの整備と課題

はじめに〈柴田〉　160

第7章　モニタリングシステムの整備 …………………… 164

はじめに〈山澤〉　164

7.1　放射線モニタリング設備〈山澤〉　165
　　　（1）モニタリング設備の機能　（2）モニタリング設備の配置および運用
　　　（3）モニタリングデータの有効性
7.2　原子力防災に必要な情報〈山澤〉　169
7.3　その他のインフラ〈山澤〉　170
　　　（1）わが国における関連するその他のインフラ
　　　（2）防災インフラとしての専門性と研究機関
7.4　河川のモニタリング〈恩田〉　173

第8章　放射性物質の拡散モデリング〈永井，山澤〉 ……………… 175

8.1　SPEEDIの概要　175
　　　（1）開発の経緯　（2）SPEEDIの機能　（3）予測計算モデル
8.2　SPEEDIシステムの防災対策における位置づけ　179
8.3　福島第一原発事故における対応　181
8.4　SPEEDIをどのように活用すべきだったか　182
8.5　SPEEDIに関わる事故の教訓と課題　184
8.6　近年の拡散モデリングの動向　186

第 9 章　除染 （森口） ……… 188

- 9.1　除染の考え方と適用対象　188
- 9.2　汚染場所の除染に用いられる手法　190
- 9.3　除染に関する事故後の経過　191
  - （1）特別措置法制定までの混乱期　（2）特別措置法の制定と地域指定
  - （3）除染の基本方針と対象となる土地
- 9.4　除染技術の実証実験と除染モデル事業　194
- 9.5　除染を行うべき汚染水準と除染後の目標水準　196
  - （1）除染対象とする地域と除染目標の決定
  - （2）面的な除染と局所的な除染
- 9.6　除染土壌や廃棄物の保管，貯蔵，処理，処分　198
- 9.7　結語　200

第 3 部　福島第一原発事故からの教訓と課題

第 10 章　科学者による緊急の取り組み ……… 204

- 10.1　大規模事故における対策に必要な情報の収集と伝達 （柴田）　204
- 10.2　分野横断的研究の必要性 （大原）　205
  - （1）事故によって明らかになった研究の課題
  - （2）動態解明に向けた分野横断研究の必要性・重要性
  - （3）復興に向けた分野横断研究の必要性・重要性
- 10.3　事態の科学的説明と不確実性の説明，検証の重要性
  ―― IPCC からの教訓 （中島）　210
- 10.4　非常時の科学者情報発信「グループボイス」（横山）　215
  - （1）グループボイスの提案――ワンボイスの限界を乗り越える
  - （2）2 つの関門――「法整備」と「責任の所在」
  - （3）ワンボイスではなくグループボイス
  - （4）首相の脇に有能で信頼できる科学者を　（5）結び
- 10.5　科学者からの自律的情報発信はどうあるべきか （今田）　221

第 11 章　福島第一原発事故にかかわる緊急活動と
　　　　　メッセージ…………………………………………… 229

11.1　福島大学からのレポート〈渡邊〉 229

　　　（1）深刻化する福島第一原発事故　（2）福島からの想い

11.2　学術会議と学協会の取り組み〈中島，柴田，髙橋和〉 235

11.3　大気科学と放射化学の震災緊急対応調査〈鶴田，中島〉 238

11.4　海洋上での緊急震災対応調査〈植松，河野，津田〉 241

　　　（1）文部科学省による「海域モニタリング計画」の実施
　　　（2）日本海洋学会の緊急震災対応活動
　　　（3）国際共同海洋放射能調査航海の対応と実施

11.5　スクリーニング調査への核物理研究者の参加〈谷畑，藤原〉 250

　　　（1）3月15日深夜に原子核談話会のメーリングリストで呼びかけ，翌日3月16日に集会を阪大 RCNP で開催
　　　（2）3月17日文科省，大阪大学と連絡，協力参加することを決定
　　　（3）3月20日具体的行動計画の議論，まずはスクリーニング活動への参加からはじめることに合意

11.6　放射性物質の沈着状況に関する大規模調査
　　　〈柴田，谷畑，藤原，大塚，下浦〉 254

　　　（1）官学共同の土壌調査の始動　（2）土壌試料の採取
　　　（3）放射線量率の測定　（4）土壌 γ 線分析の体制構築
　　　（5）大規模土壌調査から見えた組織論的課題

11.7　森林調査への科学者の貢献〈恩田〉 266

用語集　269

参考文献　283

索引　303

執筆者一覧　309

本文中で＊を付した用語は，巻末の「用語集」に解説を載せた．

第1部
環境中での放射性物質の動態

　第1部では，東京電力福島第一原子力発電所事故（以下，福島第一原発事故）によって放出された放射性物質による環境汚染に関して，得られている科学的知見について述べる．第1章では理解に必要な基礎知識をまとめる．第2章では放射性物質の放出量の推定，第3章から第6章では，放射性物質の領域大気を通した拡散，全球での大気拡散，海洋での拡散，そして陸域における移行過程について述べる．

第1章

序論
東京電力福島第一原子力発電所事故と放射線・放射能の基礎知識

本章では，序論として福島第一原発事故の概況と，環境中での放射性物質の移行過程の理解に必要な科学的な基礎知識について記述する．

1.1 福島第一原発事故の概要

中島映至，大原利眞，植松光夫，恩田裕一

2011年東北地方太平洋沖地震に起因して東京電力福島第一原子力発電所*事故（以下，福島第一原発事故）が発生した．この事故に関わる重要なできごとを表1.1にまとめた．2011年3月11日14時46分の地震発生後，15時27分に波高13 mに及ぶ津波が福島第一原発に到来し（東京電力，2011），15時41分にはディーゼル発電機が停止した．そのために電源喪失が起こり，原子炉は制御不能に陥った．一方，福島第二原発では9 mの津波が襲い，施設内の浸水が見られたが，原子炉を冷温停止することができた．福島第一および第二原発設計時に想定された津波の最大波高は5.1 mであった．一方，東北電力の女川原発では14 mの津波が襲ったが，設計時の想定波高が14.8 mであったこと（松本，2007）などから，甚大な被害を免れた．

翌12日15時36分には福島第一原発の1号機が，14日11時1分には3号機が水素爆発を引き起こした．これによって大量の放射性物質が大気中に放出された．モニタリングポストのデータによれば，それ以外に，圧力容器のベントによる蒸気の放出作業に起因した大気中への放射性物質の放出や，炉心の冷却水漏れによる高濃度の汚染水が直接海に流れ出した．

大気中に放出された放射性物質の量は，観測値からの逆推定によって，セシウム137（^{137}Cs）は9-37ペタベクレル（PBq = 10^{15} Bq）*の範囲にあると評価されている（Terada *et al.*, 2012 ; Stohl *et al.*, 2012 ; 学術会議，2014）．この大きな不確実性は，津波と電源喪失によって放射性物質や気象場等に関するモニタリングポストの多くが失われてデータが得られなかったことや，太平洋側に流出した分の観測データが不足していることに起因する．また，直接，海洋に流出したものは3.5-5.5 PBqと推定されている（Kawamura *et al.*, 2011 ; Tsumune *et al.*, 2012 ; Estournel *et al.*, 2012 ; Miyazawa *et al.*, 2012 ; JAEA公開ワークショップ資料，2012）．

　事故当時は例年よりも冬型が強い春季の気象条件であったために（Takemura *et al.*, 2011），大気中に放出された放射性物質の多くは海域に運ばれたが，12%から37%がわが国の陸域に沈着した（JAEA公開ワークショップ資料，2012 ; 学術会議，2014）．これらは，日々の気圧配置によって異なる風に乗って輸送され，また降水によって地表面および海面に沈着して，複雑な分布を形成した（図1.1）．図が示すように，^{137}Csの地表面汚染密度が1 m^{2}当たり1000キロベクレル（以下，1000 kBq/m^{2}のように表記）を超える地域が，30 km圏を越えて北西方向に広がっている．この分布は，緊急時迅速放射能影響予測ネットワークシステム（SPEEDI）による3月から4月の積算沈着量分布（文部科学省）とおおむね一致している．しかし，SPEEDIの計算結果が毎日公表されるようになるのは，事故から1カ月以上経った2011年4月25日からであった．

　政府は，3月15日までに避難区域*（20 km圏内）と20-30 kmの屋内退避区域*を設定していたが，4月22日には，北西域の川俣町，飯舘村，葛尾村を含む地域を計画的避難区域*に指定した．この間，この方面に避難した者も被ばくを受けたと推定されている．また，農畜産物の出荷制限*，稲わら汚染，砂利汚染が起こった．2012年8月の時点でも福島県内外で避難生活を送る者は16万人に及んだ（河北新報社，2012）．

　土壌に沈着した放射性物質は，その98%以上が表層5 cmに吸着されたが（Kato *et al.*, 2011），森林に降下したものは長く樹冠に留まっている．チェルノブイリ原子力発電所事故の場合には平均寿命は200日に及んでおり，福島

表1.1　福島第一原発事故による環境汚染に関する重要なできごと（2011年）

3月11日
　14時46分　東北地方太平洋沖地震発生
　15時30分頃　福島第一原発に津波到達
　15時42分　福島第一原発の全電源喪失に伴い，東電は関係機関に原子力災害対策特別措置法10条通報
　16時45分　原子炉への注水不能に伴い，東電は関係機関に原子力災害対策特別措置法15条通報
　19時3分　内閣総理大臣による福島第一原発の緊急事態宣言発動および原子力災害対策本部（原災本部）の設置
　20時50分　福島県知事は，大熊町および双葉町に対して，福島第一原発から半径2km圏内の居住者等の避難指示を要請
　21時23分　原災本部より福島第一原発から半径3km圏内の居住者の立ち退きを，また半径10km圏内の居住者の屋内退避を指示

3月12日
　5時44分　原災本部は，福島第一原発から半径10km圏内の居住者の立ち退きを指示
　15時36分　福島第一原発1号機水素爆発
　18時25分　原災本部は，福島第一原発から半径20km圏内の居住者の立ち退きを指示
　20時20分　福島第一原発1号機海水注入開始

3月14日
　11時1分　福島第一原発3号機水素爆発

3月15日
　0時0分　福島第一原発2号機のドライベントを開始
　11時　原災本部は，福島第一原発から半径20km以上30km圏内の居住者等の屋内退避を指示
　海上保安庁が福島第一原発沖合に航行危険区域を設定
　福島県漁業協同組合連合会は福島県農林水産部水産課と協議の上，操業自粛に至る

3月17日　厚生労働省は原子力安全委員会の「原子力施設等の防災対策について」に示された「飲食物摂取制限に関する指標値」を暫定規制値とし，これを上回る食品については，食品衛生法第6条第2号に当たるものとして食用に供されることがないように規制を行うことを各自治体へ通知

3月17日-19日　米国エネルギー省（DOE）の米軍機による放射線測定調査

3月21日　原子力災害対策本部より一部の食品に対して出荷制限を指示

3月22日　福島第一原発南放水口付近の海水から周辺監視区域外の水中の濃度限度を越えた放射性ヨウ素とセシウムが検出されたことを東電が発表

3月23日　文部科学省による海域モニタリング計画に基づく海洋放射能調査を開始

3月23日　原子力安全委員会より最初のSPEEDIの試算の結果の公表

3月25日　原災本部は，福島第一原発から半径20km以上30km圏内の居住者等に自主避難を促進

4月5日　茨城県沖で採取されたイカナゴ（コウナゴ）から食品中の放射性物質の暫定規制値を越える放射性ヨウ素を検出

4月6日-29日　米国エネルギー省による第1次航空機モニタリングの実施

4月13日　安心確認プロジェクト・地球科学プロジェクト合同会合による土壌調査方針の検討

4月14日　JAMSTEC海洋地球研究船「みらい」MR11-03航海による研究調査（5月5日まで）の実施

4月25日　原子力安全委員会がSPEEDI拡散情報を毎日公表へ
5月18日-26日　文部科学省および米国エネルギー省による第2次航空機モニタリングの実施
5月31日-7月2日　文部科学省による第3次航空機モニタリング調査の実施
6月6日-14日　文部科学省による第1回放射性物質の分布状況調査，2km ごと土壌調査と大気・河川の調査が開始
6月13日　福島第一原発で循環型海水浄化装置の本格稼働
6月27日-7月8日　文部科学省による第2回放射性物質の分布状況調査を実施
7月19日　農水省は稲わらの放射性物質汚染について全国調査を決定
　　　　　原災本部，「事故の収束に向けた道筋」のステップ1が達成されたと発表
8月10日　福島第一原発のすべての燃料プールで循環冷却が稼働
10月25日-11月5日　第4次航空機モニタリング（台風後の測定）
12月16日　原災本部，「事故の収束に向けた道筋」のステップ2（冷温停止状態，放射性物質の放出が管理下にある等）が達成されたと発表

（原子力規制委員会，2012；原子力災害対策本部，2011a，b，2012；東京電力福島原子力発電所における事故調査・検証委員会，2012などの資料を参考にまとめた）

　第一原発事故の場合でも300日を超える事例が観測されている（Kato *et al.*, 2012）．これらの放射性物質は除染されない限り，環境中を移行し，その一部は湖や河川へと流入する．文部科学省の第3次（2011年5月から7月）と4次（2011年10月から11月）の航空機モニタリングによる放射線量率データを80 km圏内で比較すると，阿武隈山地の河川において内陸部では濃度が低下しているが，沿岸部では濃度が上昇する現象が見られ，放射性物質の河川への流入と移行が長い期間にわたって起こっていることがわかる．また，文部科学省の河川浮遊砂調査によると，1 kg当たり5万5000 Bq（以下5万5000 Bq/kgまたは55 kBq/kgと表記）の^{137}Csが阿武隈川本川において観測されている．河床土に含まれる量は数千Bq/kgから1万6000 Bq/kgの^{137}Csが観測されており，いまだに多くの放射性物質が河床に存在することがわかる．河川水に含まれる^{137}Csは河床土の濃度とよい比例関係があるが，濃度自体は2 Bq/kg以下と低かった．今後，腐植土などの有機物に付着したものの継続的な流出が懸念される．

　海洋へは，爆発に伴い大気へ放出された放射性物質が直接沈着したものと，福島第一原発から高濃度の放射性物質を含む汚染水が直接流出したことに起因するものが流入した．2011年4月上旬以降に行われた北太平洋を横断する篤志船や研究船による測定から，放射性セシウム（^{134}Csと^{137}Cs）が広域の表面海水中で検出されている．^{137}Csが196 Bq/m^{3}と，周辺海域よりも2

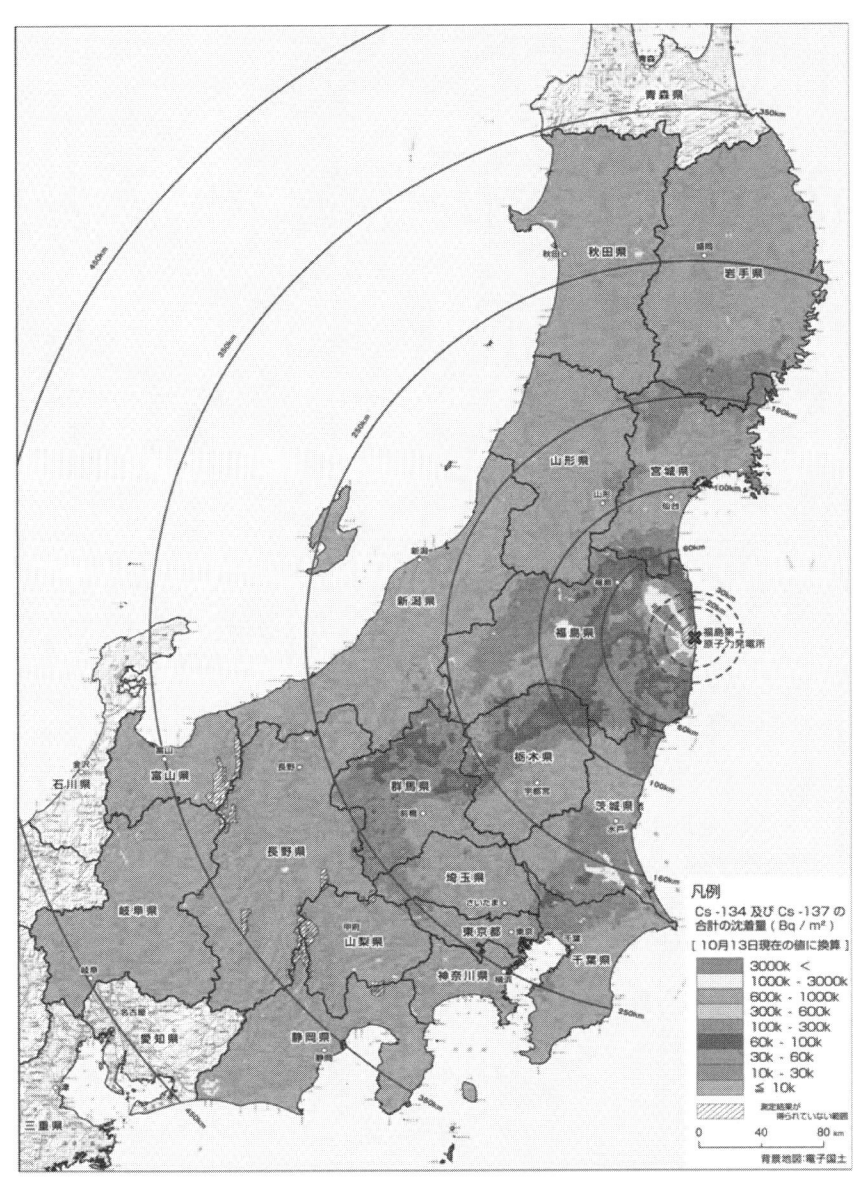

図 1.1　文部科学省の航空機モニタリング（〜第 4 次，2011 年 10 月 13 日まで）による地表面へのセシウム 134，137 の沈着量の合計（文部科学省，2011）（カラー口絵 1 参照）

桁程度高い値が局所的に測定された（Aoyama *et al.*, 2012 ; JAEA 公開ワークショップ資料，2012）．また，福島第一原発から 2300 km 離れた北緯 47 度，東経 167 度の海域で採取された懸濁物や動物プランクトンにも，福島第一原発事故由来の放射性核種 ^{134}Cs や ^{137}Cs が検出された（Honda *et al.*, 2012）．2012年 6 月と 8 月には，八戸港で水揚げされたマダラから国の基準値（100 Bq/kg）を超える放射性セシウムが検出されたことから，出荷制限措置がとられた（原子力安全委員会，2012）．また同年 8 月には福島県太田川沖合 1 km 付近において 2 万 5000 Bq/kg を超える放射性セシウムがアイナメから検出されている（東京電力，2012）．

福島第一原発事故の解明は，原子炉自体の調査，健康被害，社会影響を含む多くの側面から検討する必要があるが（日本学術会議，2012），本書では，その地球科学的側面に注目する．

これまでに，国内外の機関において福島第一原発事故に関する報告書が発行されているが，事故後 1 年間の状況がまとめられているものを一部紹介する．

- 東京電力福島原子力発電所における事故調査・検証委員会（委員長：畑村洋太郎氏，通称：「政府事故調」「内閣事故調」）の報告書
- 国会東京電力福島原子力発電所事故調査委員会（委員長：黒川　清氏，通称：「国会事故調」）の報告書
- 東京電力福島第一原子力発電所事故に関する調査委員会（委員長：田中　知氏，通称：「学会事故調」）の報告書
- 福島原発事故独立検証委員会（委員長：北澤宏一氏，通称：「民間事故調」）の報告書
- IAEA International Fact Finding Expert Mission of the Nuclear Accident Following the Great East Japan Earthquake and Tsunami (Preliminary Summary)

1.2　放射性元素，放射性核種，放射性物質

海老原　充，篠原　厚

元素は物質を構成する具体的要素の最小単位であり，物質の物理化学的特性を決定する．2013 年現在，元素の周期表上には 118 個の元素が並び，そのうち 112 番元素までと 114 番元素に国際純正・応用化学連合（IUPAC：

International Union of Pure and Applied Chemistry)＊から正式名称が与えられている．全元素の約 2/3 は安定な元素であるが，残り 1/3 はいわゆる放射性元素である．元素には質量数が異なる複数の同位体が存在するが，個々の同位体を核種と呼ぶ．現在知られている核種のうち 9 割以上は放射性核種＊である．これら放射性元素や放射性核種には環境中に自然に存在するものも少なからず含まれる．

　人間をはじめとする生物体を構成する主要元素の 1 つに炭素がある．生体中の炭素には質量数が 12，13，14 の 3 種類の核種（^{12}C，^{13}C，^{14}C）が同位体として存在するが，^{12}C と ^{13}C は安定核種であるのに対して，^{14}C は半減期 5700 年の放射性核種である．^{14}C は大気上層で地球外から飛来する放射線（宇宙線）に由来する中性子と空気中に大量に含まれる ^{14}N との核反応で常に生成されており，天然放射性核種の代表というべき核種である．^{14}C は生物中には必ず存在するので，その遺物中の ^{14}C 濃度を測定することで考古学的年代を求めることができる．一方，核爆発や原子力発電所の原子炉内など人工的な特殊な環境でのみ生成しうる放射性核種は人工放射性核種と呼ばれ，^{137}Cs や ^{90}Sr などがその代表としてあげられる．

　福島第一原発事故によって，原子炉内に蓄積されていた数多くの人工放射性核種が大量に環境中に放出された．環境中における人工放射性核種の存在量および核種間の存在比に関しては，福島第一原発事故以前からさまざまな機関で測定が継続されてきた．その測定対象は，世界規模で行われた大気圏核実験に由来する放射性核種や，核関連施設から定常的・偶発的に環境中に放出された放射性核種であった．比較的最近のものとしては，1986 年の旧ソ連・チェルノブイリ原発事故や 1999 年の東海村 JCO 臨界事故によって環境中に放出された放射性核種があげられる．こうした過去の核実験や核関連施設事故によって環境中に放出された放射性核種は半減期に応じて減衰するが，現在では実質的に消滅してしまったものもある反面，壊変が遅く環境中に残存しているものも少なからずある．福島第一原発事故によって環境中に放出された放射性核種の拡散やその後の移行を正しく記述するためには，こうした福島第一原発事故以前の放射性核種の存在を考慮することが，今後ますます重要になっていくと思われる．

なお，本書では放射性核種と放射性同位体はほぼ同義として用いられるが，放射性核種と放射性物質は区別して用いられる．放射性核種を含む物質が放射性物質である．後で述べるように，放射性核種の量は通常ある単位時間当たりの壊変数，すなわち壊変率で表現され，この量は放射能と定義される．一方，放射性物質の量は物質の量として，質量の単位で表される．福島第一原発事故によって大量の放射性物質が放出され，それに伴って放射性核種が環境中に広く拡散した．放射性核種の壊変によって放出される放射線の人体への影響を考える上で，環境中における放射性核種の拡散やその後の移行を正しく把握することはきわめて重要であり，その基本はそうした放射性核種を測定し，信頼性の高い分析結果を得ることである．

以下において放射性核種の測定に関する一般的な説明をし，どうしたら正確な測定値が求まるかについて記述する．また，放射線の計測率（単位時間当たりの計数）からどのように放射能値（壊変率）や放射能濃度（質量や体積当たりの放射能）が求められるか，さらに放射能値と放射線量の関係についても述べる．

1.3 放射線の測定*の種類

海老原　充，篠原　厚

放射性核種は時間とともに別の核種に変化（壊変：英語の decay に対応する語で，崩壊あるいは崩変という表現もある）する．壊変してできた核種が放射性核種の場合には壊変を繰り返し，最終的には安定核種に落ち着く．放射性核種の減衰する速さは核種固有の値であり，半減期，あるいは平均寿命*などで表現する．半減期は文字通り，放射性核種の個数が半分になるまでの時間，また平均寿命は放射性核種の個数が $1/e$（約 0.368）になるまでの時間として定義される．放射性核種が壊変するときには放射線が放出される．放射線のエネルギーも放射性核種に固有の値なので，放射線のエネルギーを測定することによっても放射性核種を同定できる．

放射性核種を量的に表現するには，放射性核種の個数（たとえばモル）よ

りも放射性核種の壊変率（放射能）（たとえばベクレル Bq）の値を用いるのが普通であり，したがって，後述するように放射線の計数率から求められる．このように，放射性核種の定性・定量は，通常，その核種から放出される放射線を測定して行う．放射線が物質に入射すると物質を構成する分子や原子と相互作用して，イオンやラジカルなど励起状態の分子種を作る．放射線の測定にはこの放射線と物質の相互作用を利用する．福島第一原発事故で環境中に放出された放射性核種は，核種の種類によってα線，β線，γ線の3種類の放射線を放出する．これらの放射線はそれぞれ物質との相互作用の仕方が違うので，その特性を利用して放射線を測定し，その放射線を放出する核種の定性と定量を行う．

（1） α 線測定

α線は原子核がα壊変したときに放出される粒子で，^{4}He の原子核（^{4}He^{2+}）が加速されたものである．放射性核種から放出されるα線のエネルギーは 4-7 MeV* のエネルギー範囲に入るものがほとんどで，放射壊変に伴って放出されるβ線やγ線のエネルギーの変動幅とは対照的に狭い範囲に収まる．放射線のエネルギーを測定して，エネルギーごとの強度分布を調べることを放射線のスペクトロメトリといい，α線やγ線のように核種によって単一のエネルギーをもつ放射線の定性・定量分析に用いられる．α線は質量が大きいためにβ線やγ線とくらべて物質に吸収されやすいので，α線放出核種を含む試料をそのままα線測定しても正確な測定値は求められない．土壌試料などの固体環境試料の場合は，α線放出放射性核種を化学的に分離精製する必要がある．最終的にα線放出核種を金属板上にメッキして測定用試料を作成し，α線スペクトロメトリを行う．

原子力発電所で用いられるウラン核燃料中では，^{235}U や ^{238}U が中性子捕獲反応と β^- 壊変によって，次のようにウランより重い元素の核種を生成する（括弧内の数値は半減期）．

$$^{235}\text{U} \xrightarrow{+n} {}^{236}\text{U}(2.342 \times 10^7 \text{y}) \xrightarrow{+n} {}^{237}\text{U}(6.75\text{d}) \xrightarrow{\beta^-} {}^{237}\text{Np}(2.14 \times 10^6 \text{y}) \xrightarrow{+n}$$
$$^{238}\text{Np}(2.12\text{d}) \xrightarrow{\beta^-} {}^{238}\text{Pu}(87.7\text{y})$$

$$^{238}\text{U} \xrightarrow{+n} {}^{239}\text{U}\,(23.5\,\text{m}) \xrightarrow{\beta^-} {}^{239}\text{Np}\,(2.356\,\text{d}) \xrightarrow{\beta^-} {}^{239}\text{Pu}\,(24100\,\text{y}) \xrightarrow{+n} {}^{240}\text{Pu}\,(6560\,\text{y}) \xrightarrow{+n}$$
$$^{241}\text{Pu}\,(14.29\,\text{y}) \xrightarrow{\beta^-} {}^{241}\text{Am}\,(433\,\text{y}) \xrightarrow{+n} {}^{242}\text{Am}\,(16.0\,\text{m}) \xrightarrow{\beta^-} {}^{242}\text{Cm}\,(162.8\,\text{d})$$

プルトニウムの同位体のうち ^{239}Pu は中性子によって核分裂も起こすので,核燃料として利用される.福島第一原発の 1 号機から 4 号機までのうち,3 号機以外は通常のウラン燃料を利用していたが,3 号機はいわゆるプルサーマル炉で,ウランに ^{239}Pu を混ぜた MOX 燃料* を利用していた.長時間使用した核燃料中には上記の反応で示されるように,プルトニウムのほか,アメリシウム Am やキュリウム Cm の放射性同位体がわずかながら存在する.

福島第一原発事故後,その周辺の土壌を採取してそこに含まれるプルトニウムを化学分離し,α 線スペクトロメトリによって調べた結果,1950 年代以降に行われた核実験由来のプルトニウム同位体に加えて,^{238}Pu,^{239}Pu,^{240}Pu の新たな付加が確認された(Yamamoto et al., 2012).ただ,その量はチェルノブイリ原発事故による放出量の 1 万分の 1 程度と見積もられ,生態への影響はほとんどないレベルであることがわかった.なお,α 線スペクトロメトリでは α 線エネルギーが近接しているために ^{239}Pu と ^{240}Pu を分けて測定することができないが,近年,質量分解能がよく,複数の同位体を同時に測定できる高分解能多検出器装備誘導結合プラズマ質量分析計(HR-MC-ICP-MS)* が普及し,^{238}Pu,^{239}Pu,^{240}Pu,^{242}Pu の同位体組成が高感度,かつ高精度に測定できるようになった.

(2) β 線測定

β 線は β 壊変によって放出される放射線である.β 壊変には β^-(電子放出),β^+(陽電子放出),EC(軌道電子捕獲)の 3 つの壊変様式があるが,通常 β 壊変というと β^- 壊変を指す.β^- 壊変に伴って放出される β 線は電子の流れであるが,α 線や γ 線のように単一エネルギーをもたず,壊変ごとに 0 から最大エネルギー値までの異なるエネルギーをとる.最大エネルギーは核種に固有で,この値を β 線のエネルギーと定義する.最大エネルギーより小さいエネルギーの β 線が放出される場合は,その差のエネルギーをニュートリノが担って原子核から同時に放出される.β 線の測定には,β 線

による気体の電離作用を利用したGM計数管や，有機物が放射線による励起により発光する現象を利用した液体シンチレーション検出器*（液シンと呼ばれる）が用いられる．β線放出核種を同定するにはβ線（の最大）エネルギーを求める必要があり，GM計数管とβ線吸収板を使って吸収曲線を描くか，液シンによってパルス波高分析*を行う．複数の放射性核種が共存する場合には，予め放射化学的分離操作を行って相互に分離する必要がある．

^{90}Srは福島第一原発事故で放出された代表的なβ線放出放射性核種で，546 keVのβ線エネルギーをもつ．^{235}Uの熱中性子誘起核分裂反応における^{90}Srの核分裂収率*は5.78%と大きく，また，ストロンチウムは周期表でカルシウムと同じ2族に属するので，^{90}Srを経口摂取すると骨に沈着しやすく，半減期も28.8年と長いことから内部被ばくが問題となる．^{90}Srはβ壊変して^{90}Y（半減期：2.669日）になり，さらにもう一度β壊変して安定な^{90}Zrに変化する．この壊変過程で^{90}Srはγ線を放出せず，また^{90}Yもほとんどγ線を放出しないので，^{90}Srを定量するにはβ線を測定する必要がある．通常，^{90}Srの定量では^{90}Yへの壊変に伴って放出されるβ線でなく，^{90}Yから^{90}Zrへの壊変の際に放出されるβ線を測定する．これは^{90}Yのβ線エネルギーが2.26 MeVと^{90}Srのそれの4倍ほど高いことから，^{90}Yのβ線を計測する方が感度よく^{90}Srを定量できるからである．

β線測定によって^{90}Srを定量するには，測定前に共存する他の放射性核種を化学分離によって除去し，^{90}Srを精製する必要がある．そのために，まず共存する金属元素や有機物を除去してアルカリ土類元素（Ca，Sr，Ba）を分離し，ついで発煙硝酸法，シュウ酸沈殿法，イオン交換法などを用いてSrのみを分離・精製する．その後約2週間放置して^{90}Srと^{90}Yとの間に放射平衡（放射壊変する核種間で壊変速度が等しくなる関係）を成立させた後，^{90}Yを分離し，β線測定を行う．このように，β線測定による放射性核種の定量には放射化学的な分離操作が必要なので，測定値が得られるまでにある程度の時間を要する．

（3）γ線測定

γ線は高エネルギー，短波長の電磁波である．放射性核種がα壊変やβ壊

変を起こすと壊変後の核種の多くが一度高励起状態に置かれ，その後に低励起状態や基底状態に遷移する．γ線はこの核種のエネルギー状態の遷移に伴って放出されるもので，そのエネルギーはα線同様単一エネルギーで核種に固有である．また波長が短い電磁波であることから物質中での透過能が高く，ある程度厚みのある試料でもそこに含まれるγ線放出核種をそのままの状態で測定できる．^{90}Srなどの例外もあるが，放射性核種の多くは壊変に伴ってγ線を放出するので，放射性核種の分析法としてγ線を測定する方法が最もよく利用される．ゲルマニウム半導体検出器を用いるγ線スペクトロメトリはγ線を高いエネルギー分解能で測定できるので，γ線の定量に広く利用されている．

1.4　正確な放射能値を求めるためには
── γ線スペクトロメトリの例

海老原　充，篠原　厚，浜島靖典

　福島第一原発事故の影響を最も受けている人は発電所周辺に居住していた人々で，この先どれだけ待てばもとの生活に戻れるのか，戻った場合にどの程度の放射線被ばくをどのくらいの期間受けるのか，という問いに対する答えを待っている．こうした切実な境遇に置かれた人々だけでなく，多くの市民が放射線，放射能について不安を抱いている．こうした人々の問題に応え，またあるときには不安を解消するために，放射線や放射能（あるいは放射能濃度）の数値が引き合いに出されることが多い．ときには安全性の基準値として提示されることもある．本節では正確で信頼できる放射線，放射能測定を行うにはどうしたらよいかについて，ゲルマニウム半導体検出器を用いたγ線スペクトロメトリを例に記述する．

（1）　ゲルマニウム半導体検出器

　ゲルマニウム半導体検出器には，同軸型，平板型，井戸型の3種類ある（図1.2）．このうち，環境試料中に含まれるγ線放出核種を測定するときには，同軸型と井戸型の検出器が用いられる．

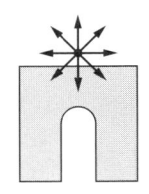

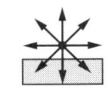

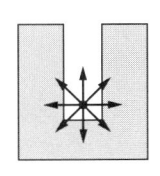

(a) 同軸型　　　(b) 平板型　　　(c) 井戸型

図1.2　ゲルマニウム半導体検出器の形状（断面図）
矢印は放射線（γ線）の放射を示し，点線源（矢印の中心）の場合の検出の様子を示す．影を付けた部分はゲルマニウム結晶．

　同軸型検出器はゲルマニウム結晶を円筒状に形成したもので，結晶の周りをアルミニウムで囲ってある．検出器の配置によって，縦型，横型があるが，大きな試料や液体試料を測るには縦型の方が都合がよい．土壌試料中のγ線放出核種を測定するために，U8容器*と呼ばれるプラスチック製の円筒容器が汎用的に用いられるが，この場合も縦型の測定器の方が使い勝手がよい．
　一方，井戸型検出器はゲルマニウム結晶を井戸型に形成した検出器で，γ線が入射する井戸の内側の窓は薄いアルミニウムで作られている．試料を井戸の中に入れて測定するので，ゲルマニウム結晶に放射線が入射する確率が高くなり，γ線の計数効率は同軸型の検出器にくらべて高いが，後述するサム効果（sum effect）が起こりやすい．井戸型検出器の場合，試料の大きさに制限がある．通常，測定したい核種を放射化学的に分離精製してから井戸型検出器でγ線測定する．こうすることによって試料の体積を大幅に減らし，かつ，共存するほかの放射性核種の妨害を低減できるので，たとえば海水中に溶存する^{134}Csや^{137}Csの濃度を求めたい場合などによく利用される．検出器は液体窒素デュワーと検出器を冷却するための真空冷却装置（クライオスタット）と一体になっている．

（2）γ線スペクトル

　図1.3は福島第一原発事故によって放出された放射性核種で汚染された土

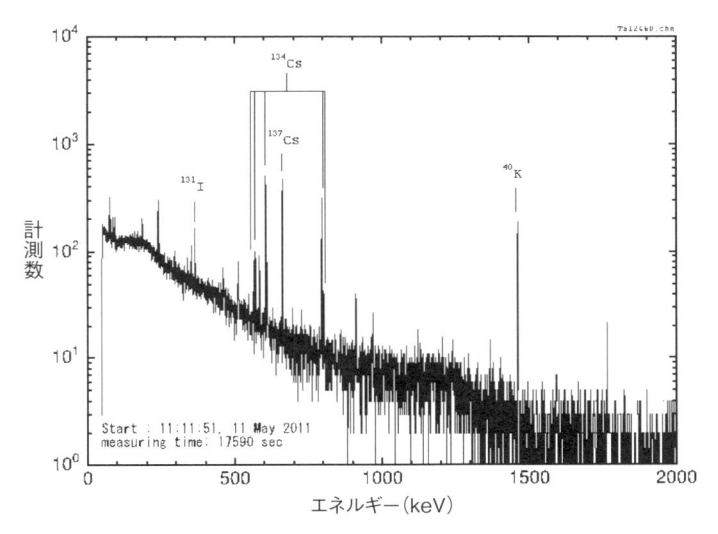

図1.3 福島第一原発事故によって放出された放射性核種で汚染された土壌試料をゲルマニウム半導体検出器で測定して得られたγ線スペクトルの例（首都大学東京・海老原研究室提供）

壌試料をU8容器に詰め，ゲルマニウム半導体検出器で測定して得られたγ線スペクトルの例である．図1.4はγ線測定中の様子である．図1.3の横軸はγ線のエネルギー，縦軸は各エネルギーの計測数を表す．スペクトルは低エネルギー側から高エネルギー側に緩やかに減少する変化と，そのところどころに鋭く立ち上がるいくつかのピークから構成される．ゲルマニウム半導体検出器のエネルギー分解能が優れているために，単一のエネルギーをもつγ線がこのようにピークとして観察される．ピークを支える緩やかな変化はバックグラウンドと呼ばれ，検出器周辺から飛び込んでくるγ線や，ピークを示すγ線が検出器やそれを取り囲む物質と相互作用を起こすことによって放出されるγ線（コンプトン散乱線*）などを検出したものである．ピーク位置，すなわちγ線エネルギーから試料中に存在する放射性核種を同定することができる．

図1.3のスペクトルは事故発生後，約2カ月経過した時点で採取された土壌試料を測定したもので，γ線ピークのエネルギーからこの試料中には ^{131}I,

図1.4 土壌試料をU8容器に詰めて縦型（vertical type）ゲルマニウム半導体検出器で測定している様子（首都大学東京・海老原研究室提供）
　（a）は液体窒素デュワー瓶の上部に据えてある検出器を鉛の遮蔽体が囲っている全体図．（b）はU8試料容器部分を拡大したもの．上に載せている金属は重し．

^{134}Cs，^{137}Csが存在することがわかる．これらの核種は通常β壊変するが，図のγ線はそのβ壊変に伴って放出されるものである．なお，1461 keVに大きなピークが認められるが，これは土壌試料中や測定器周辺の自然界に存在する天然放射性核種^{40}Kが放出するγ線（半減期 1.25×10^9年）である．

（3）　放射能の計算

放射性核種の量は通常，単位時間当たりの壊変数（壊変率）で表され，SI単位系での放射能の単位として秒当たりの壊変率（disintegration per second；dps）をベクレル（Bq）と定めている．図1.3のようなスペクトルをもとに土壌中の放射性核種の放射能を求めるにはγ線ピークの正味の計測数（バックグラウンドの寄与を差し引いたもの）から計数率を求め，壊変率に変換する必要がある．壊変率は土壌試料中に含まれる放射性核種の放射能によって決まった値となるが，計数率は用いる検出器や試料と検出器の相対位

置などの測定条件によって異なる．この計数率から壊変率への変換は計算によって行うことも原理的に可能であるが，実際には計数率—壊変率校正用試料とでも呼ぶべき標準試料を作成して行われる場合が多い．

U8 容器に入れた土壌試料（実試料）の場合には次のように行う．実試料と同じ体積の模擬土壌に壊変率（放射能）既知量の測定対象放射性核種を添加した模擬試料（比較標準試料）を準備し，実試料と同じ条件でγ線測定する．同じ条件での測定では，計数率と壊変率が比例するので，計数率を比較することによって土壌試料中の放射性核種の放射能が計算できる．必要に応じて，壊変による減衰分の補正も行う．正しい放射能値を求めるためには，実試料と校正用模擬試料の形状が等しく，その中で放射性核種の分布に違いがないことが重要である．

（4） 放射能測定の誤差要因

γ線スペクトロメトリによって放射能値を求めるときの誤差には，排除できないものと排除できるものがある．放射性核種の壊変は確率事象で，一度壊変を起こした後に次にいつ壊変が起こるかは正確に予測できない．そのために，N 回の壊変が観測される場合，この測定値には 1 標準偏差（1σ）で $\sqrt{N}$ 回の不確定さが伴う．この $\sqrt{N}$ で表される数値を計数誤差と呼ぶ．この計数誤差は排除できない誤差である．たとえばある時間に 100 回の壊変が観測された場合，真の壊変回数が 90 から 110 までの間に入る確率は 68% しかなく，95% を保証する場合は 80 から 120 とその変動幅を大きく取らなければならない．壊変率で定義される放射能でも同様で，その値には常に計数誤差に起因する誤差がつくことを銘記する必要がある．とくに計数率が小さい場合（放射能値が低い場合）は大きな誤差が伴うので，有効数字の表記などで注意を喚起する必要がある．

γ線スペクトロメトリで注意しなければならないのが，サムコインシデンス効果（サム効果）による誤差である．放射性核種が壊変時に複数のγ線をほぼ同時に放出すると，いくつかのγ線が重なって検出器に入り，個々のγ線のエネルギーとしては計測されずに重なり合ったγ線のエネルギーの和として計測されることがある．この現象による効果をサム効果という．サム効

果により測定しようとするγ線のピークが本来の強度より弱くなり，結果として見かけ上，小さな放射能値を与える．この減衰分の補正を行わないと，定量値に大きな誤差が生じる．

　福島第一原発事故で放出された放射性核種のうち，γ線スペクトロメトリで定量される主要核種は図1.3のスペクトルに表れている3つの核種（^{131}I，^{134}Cs，^{137}Cs）である．この中で^{137}Csはその壊変に伴って661.6 keVのγ線を1本だけ放出するのでサム効果は起こらない．^{131}Iは複数のγ線を放出するが，図1.3に示されるように364.5 keVのピーク強度が卓越しており，次に強い強度をもつ284.3 keVと637.0 keVのγ線ピークは364.5 keVと同時に放出されないので，サム効果を無視しても定量値に大きな誤差を生じることはない．

　これに対して^{134}Csの場合はサム効果による誤差の補正が必要である．^{134}Csが^{134}Baにβ壊変するときのγ線の放出様式は複雑で，1回の壊変につき795.9 keVと604.7 keVのγ線を連続的に放出する場合のほか，569.3 keV，795.9 keV，604.7 keVの3本のγ線を連続的に放出する場合や，801 keV，563.2 keV，604.7 keVの3本のγ線を連続的に放出する場合もある．^{134}Csの定量には強度の大きい604.7 keVと795.9 keVのγ線が利用されるが，同軸型のゲルマニウム半導体検出器（図1.2a）の場合でも，図1.4のように試料と検出器を密着させて測定する場合にはこれらのγ線の計測率が20-30%程度低くなるので，補正が必要である．とくに井戸型ゲルマニウム検出器（図1.2c）の場合には複数のγ線を同時に測定する確率がより高くなるので，サム効果が大きく表れ，より一層の注意が必要である．

　サム効果による計数率の減少を補正するために次のような操作を行う．まず放射能既知の標準試料を作成し，サム効果が無視できるようにできるだけ検出器から離した位置（20 cm以上）でγ線の測定を行う．次いで，この標準試料を通常の位置で測定する．予め2つの異なる位置間での検出効率の違いを求めておき，この値を用いてサム効果による計数率の減少分を求める．

　サム効果と似た現象としてパルスパイルアップ効果がある．この場合は複数の放射性核種から放出されるγ線が偶然同時に検出器に入ることによって引き起こされる効果で，計数率の高い試料を測定する場合には注意を要する

が，福島第一原発事故関連の試料では一部の例外を除いてその必要はほとんどないと思われる．サム効果による誤差のように排除できる誤差は系統誤差と呼ばれ，注意すれば除くことができるものである．

1.5　放射能と放射線量

海老原　充，篠原　厚

　放射線による被ばく*を考える場合，放射能よりも放射性核種の壊変に由来する放射線の量（放射線量）を測定する方が重要である．放射線量を議論するには，放射線に視点を置くか，放射線を受ける側に視点を置くかで異なる単位を用いる．環境中に存在する放射線からの影響を評価する場合や放射線防護の立場からは後者の考え方が重要になる．以下に放射線量を表す用語をまとめる．

（ⅰ）照射線量（単位：C（クーロン）/kg）　放射線に視点を置く単位．X線やγ線等の光子の強さを表す量で，これらの光子によって空気がどのくらい電離されるかで定義される．SI単位系ではC/kgを単位として用いる．従来用いられたレントゲン（R）が補助単位として用いられる．

（ⅱ）吸収線量（単位：J（ジュール）*/kg＝Gy（グレイ））　放射線を受ける側に視点を置く単位で，放射線の照射を受けた物質がどの程度の放射線を吸収するかを表す数値．単位質量当たりの吸収エネルギーで表す．広く放射線一般に対して用いられる．

（ⅲ）等価線量（単位：J/kg＝Sv（シーベルト））　人体の各組織，臓器に対する放射線の影響が放射線の種類やエネルギーによって異なることを考慮して，共通の尺度で被ばくの影響を評価するために導入された線量．吸収線量に放射線荷重係数（放射線の種類やエネルギーごとに各臓器への生物学的影響の違いを考慮して定められた数値）を掛けたもので，γ線等の光子の放射

線荷重係数はそのエネルギーに関係なく1を用いる．等価線量は人体の臓器，組織ごとに求められる数値である．

（iv）実効線量（単位：J/kg＝Sv）　放射線防護上，最もよく用いられる線量の概念で，各組織の等価線量にその組織荷重係数を掛け，身体のすべての組織について合計して求められる．組織荷重係数とは組織ごとに放射線に対する感受性が異なることを考慮して決められた相対値で，すべての臓器に対する値の合計が1となるように決められている．実効線量を用いることによって放射線の被ばくがどのような放射線によって起こるか，全身に均一に起こるか不均一に起こるか，などの違いを考慮して被ばくの影響を評価できる．

　原子力関連施設の敷地内にはモニタリングポスト，あるいはモニタリングステーションと呼ばれる施設を設置し，その場所（空間）における放射線量を常時測定している．通常は単位時間当たりの吸収線量である吸収線量率（単位：Gy/h）で表される．福島第一原発事故後，原子炉周辺地域をはじめ，関東や東北各地で空間線量率が測定され，公表されている．この場合の空間線量率は，その表示はほとんどがSv/h単位で表される．これは，原子力発電所事故によって環境中に放出された放射性核種の人体への影響として，γ線による全身ほぼ均一の外部被ばくのみを考えているからで，放射線荷重係数を1とし，吸収線量（率）＝実効線量（率）としているためである．

　放射能（＝壊変率）やその濃度（BqやBq/kgで表される数値）と空間線量率（ここでは実効線量率で，Sv/hで表される数値）は本来別々の現象に基づく数値であり，放射線計数率から放射能への変換のような相互の直接的な変換はできない．しかし，福島第一原発事故に関連して測定される線量率は，事故によって環境中に放出された放射性核種の放射壊変によって放出される放射線の量を表すので，壊変率（放射能）と線量率を間接的につなげることは可能である．ただし，いくつかの仮定や，単純化を前提とするので，変換で得られた数値の公表は慎重にすべきである．現況では，放射能値や空間線量率を測定する機器が充実してきているので，それぞれの値を個別に直接測定する方がより信頼性の高い数値が得られる．

1.6 放射性物質の人体への影響

五十嵐康人，青野辰雄

電離作用を有する放射線（電離放射線）に生体がさらされることを被ばくと呼ぶ．人体の被ばくの様式としては，おおまかに内部被ばくと外部被ばくとに分けられる．内部被ばくとは，放射性物質が呼吸や食物摂取などを通して体内に取り込まれることによって生じる被ばくのことである．たとえば，ヨウ素は甲状腺に蓄積されやすいために，原子力施設で放射性ヨウ素（^{131}I）が多量に放出される事故が発生した場合には，あらかじめ甲状腺をヨウ素で飽和させる防護策が必要とされる．しかし，安定ヨウ素剤の服用には副作用も想定でき，健康へ悪影響が生じる場合もある．したがって，医師等の専門家の指示を受けて服用することが重要である．他方，外部被ばくは，宇宙，大地や構造物から宇宙線＊や天然放射性核種から自然放射線を受けることである．人間の生活環境中には自然放射線と人工放射線があるが，一般公衆の生活環境における外部被ばくの線量はその大部分が自然放射線に起因している．

放射線の被ばくは外部被ばく，内部被ばくを問わずできる限り同一の物差し（尺度）で評価できるように，国際放射線防護委員会（ICRP）＊等は被ばく線量評価の体系を構築してきた．それが実効線量で使われるシーベルト（Sv）という単位である．人体は，核施設の事故や核実験などによる環境汚染がなくとも，自然界から放射線を常に浴びている．日本の1人当たりの自然放射線量の平均値は，外部被ばくとして，宇宙線によるものが 0.3 mSv，大地から 0.4 mSv，内部被ばくとして，ラドンの呼吸で 0.6 mSv，そして食品から 0.2 mSv（^{40}K，^{210}Pb や ^{210}Po 等の摂取による）で，合わせて年間 1.5 mSv と評価されている（放射線等に関する副読本作成委員会，2011）．放射性の希ガスであるラドン（^{222}Rn および ^{220}Rn）は，これらの子孫核種も放射性で多くが α 線放出核種であるため，呼吸による内部被ばくは相対的に大きくなっている．これらの線量は地域や生活環境などに大きく影響を受けるた

め，世界のどこでも同じということではない．そのため平均的な世界の年間の一人あたり被ばく量は実効線量で 2.4 mSv とされている．また日本人の医療による年間実効線量は 2.3 mSv と見積もられる．

内部被ばくは直接放射線の計測により求めることが困難なため，体内に取り込んだ放射性物質の種類と量（これ自体も直接計測で得るのは特定の核種を除いて一般に困難）から計算により求める．その現実的な手法が線量換算係数＊であり，ICRP は線量係数（Dose Coefficient）という数値を勧告している．経口あるいは吸入により 1 Bq を摂取した人の預託実効線量＊で，単位は Sv/Bq．それぞれの放射性核種について経口または吸入摂取した場合の子供，成人等の一般公衆についての実効線量係数を勧告している．たとえば ^{131}I を 300 Bq/L 含む水を 1 日 2 L ずつ 1 カ月飲み続けた場合は 0.4 mSv，^{131}I を 2000 Bq/kg 含むほうれん草を 1 日 50 g ずつ 1 カ月食べ続けた場合は 0.07 mSv となる．この線量は，空間線量率 0.1 μSv/h の場所に 1 カ月居続けた場合の外部被ばく 0.07 mSv と等価といえる．

放射線の被ばくによって，その電離や励起作用でエネルギーの高い分子，水和電子，ラジカルなどが体内に発生する．放射線による人体への影響は，DNA の放射線による直接的電離損傷と同時に，高いエネルギーをもつ励起状態の分子による DNA の損傷からはじまるとされる．しかし，分子，細胞，臓器および個体いずれのレベルにおいても，修復・回復の作用があるため，すべての損傷が身体的な障害につながるわけではない．DNA の修復が元通り成功した場合には障害はないが，修復されなかった場合には突然変異や細胞死が生じる．しかし，人体のわずかな細胞数が失われても影響はない．

放射線による人体への影響の現れ方には，被ばくを受けたその個人に対する身体的影響と遺伝的影響がある．身体的影響のうち，急性障害は大量の放射線（数 Gy）を全身または身体の広い範囲に受け，数日から数カ月以内に現れる身体影響のことで，白血球減少や脱毛がある．晩発障害は放射線に被ばくし，急性障害から回復，あるいは比較的低線量の照射を受けた後に長期の潜伏期を経て現れる身体障害で，白内障やがん等がある．遺伝的影響は，生殖細胞に放射線を受けた場合に，染色体異常や遺伝性変異によって子孫に対して何らかの影響が出ることである．急性障害や白内障等の晩発障害は，

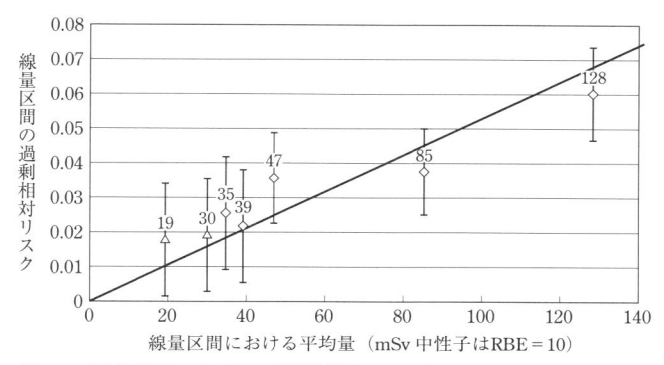

図 1.5 低線量域における原爆被爆者の固形がん過剰相対死亡リスク（1950-1997年調査）（原子力百科事典 ATOMICA より，原出典は Preston, D. L. ほか，放影研報告書 No. 24-02）
　図中の数字は，5-50，5-100，5-125，5-150，5-200，5-500 および 5-1000 mSv 区間における平均線量（mSv）．◇：統計的に有意（$p<0.05$），△：有意でない（$p>0.05$）．直線はリスク係数 0.53/Sv．原出典の数値を元に作成（平均線量は混成対数正規分布により推定）．

しきい値（影響のある下限値）を越えた場合には確実に影響が現れる確定的影響である．これに対しがんや遺伝的影響は，被ばく線量の増加によりその確率が増加するため確率的影響とされている．確定的影響は多数の細胞が傷ついたために生じた生体組織の機能障害である．これに対し，確率的影響は少数の細胞が被ばくしたことによって生じた影響が残留し，時間経過とともに拡大して現れる障害ということができよう．

　被ばく線量限度については，後者の確率的影響に基づき，具体的には，広島，長崎における被爆者のがんの過剰死亡率データから得られた被ばく線量と過剰リスク*の曲線（たとえば図 1.5；http://www.rist.or.jp/atomica/data/pict/09/09020306/08.gif）を元にして設定されている．ただし，同じ線量を一時に被ばくした場合と長期にわたり被ばくした場合とでは，後者の場合に現れる影響の程度は小さい．この効果は線量率効果*と呼ばれ，被ばくが長期にわたるために放射線損傷からの回復が起こるためと考えられる．線量率効果の度合を示す係数は線量率効果係数（低減係数ともいう；DREF，Dose-Rate Effectiveness Factor）と呼ばれ，ICRP はこの係数に 2 を適用し

ている．この値は，原爆被爆者から得た線量―過剰リスク直線の傾きを半分とすることにほかならない．これとは別に，ICRP は放射線防護*の観点から安全側に評価し，低線量側に対しても確率的影響にはしきい値がなく，がんの過剰リスクは被ばく線量に対して直線的に増加するという LNT モデル*（直線しきい値なしモデル；Linear Non Threshold model）に基づいて放射線防護を行うことを推奨している．この結果，ICRP の見積もりでは 1 Sv の被ばくに対して過剰リスクは 5% と考えられ，これはすなわち 100 mSv に対しては 0.5% に相当する．

ただし，確率的影響にしきい値がないということは，福島第一原発事故により被ばくを受けたすべての人が必ず影響を受けるということを意味してはおらず，そのリスクは相対的*に考える必要があろう．たとえば，現在，日本人の死亡原因は約 30% ががんで，その原因は生活習慣，喫煙，ウイルスや細菌等が考えられている．生涯にわたって低線量*率で 100 mSv を受けた場合，がんで死亡する人の割合は 30% から 30.5% に増加する可能性がある（相乗効果を考慮せず単純に加算的に考えた場合）．ただし，被爆者のデータから，年齢が低いほど過剰リスクが高くなることが示されており（http://www.rerf.or.jp/radefx/late/cancrisk.html），子供の被ばくについては大人と同列に考えるべきでないことに注意したい．さらに，上述のリスク評価については，さまざまな不確かさ要因がからんでいることも承知しておく必要があろう．

低線量被ばく影響を統計的に有意に評価するためには多くの検体数が必要であり，このことが問題を本質的に困難にしている．そのためにさまざまな議論が展開されており，低線量放射線の人体影響については，この数ページで記述できるほどには簡単な問題ではない．今回の事故直後に一部専門家によって 100 mSv 以下の被ばくは安全だとの主張が展開されたため，反論も行われ，100 mSv より低い放射線量でどの程度の過剰リスクでがんを引き起こすか，大きな関心がもたれている．また，LNT モデルが適切かどうかについても，ICRP の結論にもかかわらず，その正確な評価は困難で議論が分かれる．さらには，ホルミシス*説が示唆するように低線量放射線が健康にプラスの影響を持つのかについても現時点において必ずしも明白な結論が

ないため，今後一層，長期の低線量かつ低線量率での放射線被ばくについての研究が必要とされる．なお，UNSCEAR*（2014）は，福島第一原発事故による放射線被ばくの影響について科学的知見を報告している．

1.7 放射性物質の環境中での移行

五十嵐康人

中長半減期の人工放射性核種は長らく環境中にとどまるため，わずかながらも常に大気環境から水圏環境，陸域環境へと移行し，食物や水への連鎖を通じて人体へと移行する．大気は諸環境圏（sphere）への入り口として重要であり（多くの場合，事故による放出は大気からはじまる），放射性核種の環境動態モデルのインプットデータとなる降下量，または大気中濃度の連続観測が実施されることが望ましい．米国 the Environmental Measurements Laboratory および英国 Atomic Energy Research Establishment は，原水爆実験開始の初期から長らく放射性降下物*の観測を継続した．1990年代に入って放射性物質の降下量水準が著しく低下した時期になると，残念ながら，これらの研究機関はこうした観測から撤退してしまった．しかし，北欧諸国（Paatero et al., 2010 ; Ikäheimonen et al., 2009 ; STUK, 2011 ; Kulan, 2006）やフランス（Masson et al., 2008）などでは，引き続き大気中濃度，降下量のいずれか，または両方の観測が実施されている．放射性物質の環境動態研究として，ある媒体中の時系列データがどのような意味をもつか，図1.6（a），（b）に現在でも継続されているスイスでの牛乳中および人乳歯中の ^{90}Sr 濃度推移で示す（Froidevaux et al., 2012）．ごく低い濃度水準だが，2000年代にいたっても，牛乳や乳歯から核実験起源の ^{90}Sr が検出され続けていることがわかる．環境影響研究の最重要ターゲットは一般市民の被ばくであるから，その連鎖にある媒体中での濃度等の時間推移の観測はきわめて重要である．

こうした背景を踏まえつつ，わが国では長らく環境放射能を監視する調査研究体制がとられてきた．2011年3月に発生した福島第一原発事故以降，大気環境に新たに追加された放射性物質の推移を冷静かつ科学的に記述し理

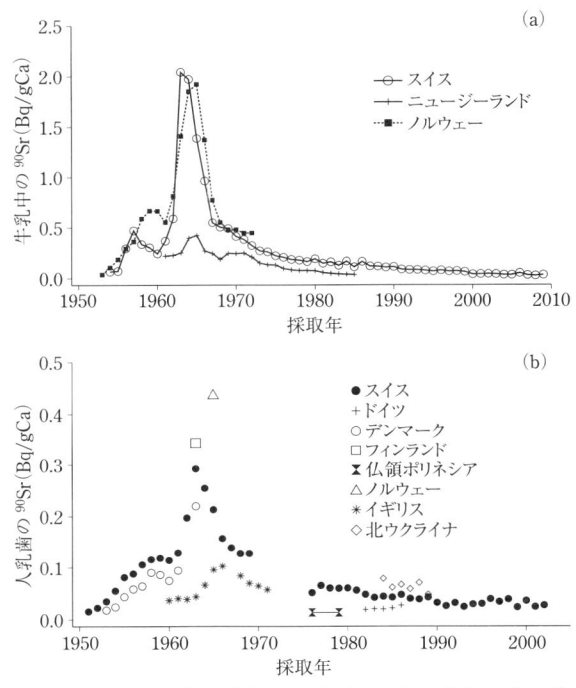

図 1.6 牛乳中の ^{90}Sr 濃度の変動 (a), 人乳歯中の ^{90}Sr 濃度の変動 (b)(Froidevaux et al., 2012 より)

解するという大きな課題が,環境放射能研究者,地球科学者などに与えられたといえよう.

(1) 放射性物質の環境汚染における基本的な考え方

放射性物質による環境汚染に対してどのように考えたらよいのか,なかなか明瞭に書かれた解説を探すのは難しい.しかし,放射性物質の輸送メカニズムは,大気,海洋における物質循環の場合と基本的な考え方は共通である.そこで,本節では汚染の程度や拡がり,どのような条件や過程により汚染が決まるのか,についてごく簡単な模式図を用いて説明しよう.

図 1.7 に描いたように,汚染の拡がりは事故からの放出量,輸送・拡散の程度(風が強いか弱いかなど気象条件や,盆地のように汚染がたまりやすい

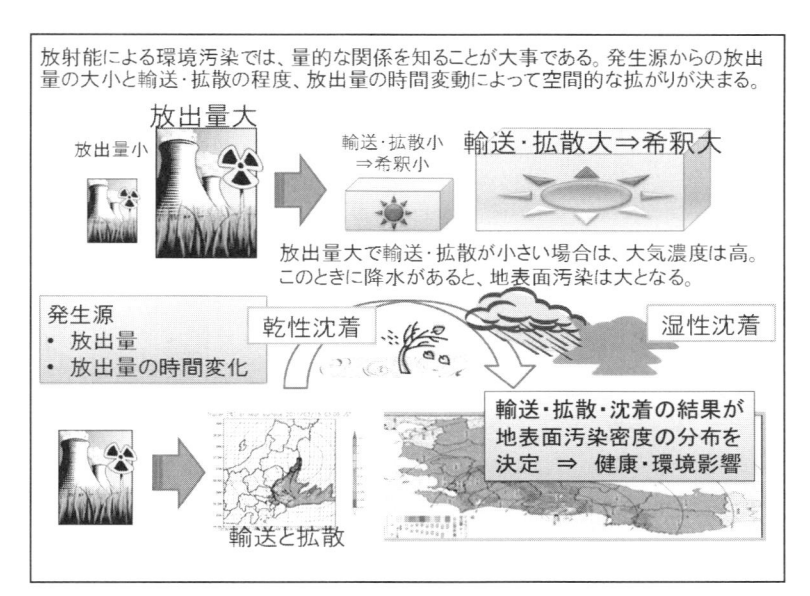

図1.7 放射能汚染に関する考え方の概念図

かなど地理的条件に左右される），および降雨・降雪などの湿性沈着により決定される．乾性沈着はマイナーな役割ではあるが，事故地点の近傍では地表面汚染に相対的に大きな役割をはたす．もちろん，放出量の時間変動により，汚染の輸送・拡散の仕方も変化するであろうから，これらの要因についても検討を加える必要がある．核災害における環境汚染の研究では，こうした要因それぞれについて，観測データとそれを元としたモデルシミュレーションの2つのアプローチにより解明が進められる．本書の第1部では，主にこの観点から観測とモデル計算について整理を進める．行列式的な表現を用いると，汚染の観測結果は，放出源の時間変動が輸送，拡散，沈着過程という作用素を受け，生じた事象の最終表現ということになる．つまり，

　　（観測に関する行列 $\vdots \ddots \vdots$【地点，時間変動】）＝

　　（輸送，拡散に関する行列 $\vdots \ddots \vdots$）×（放出源の時間変動）

と表現できよう．このような関係性を元にして，福島第一原発事故による放射能汚染は，定量的な解析が進みつつある．

1.8 福島第一原発事故と以前の放射性物質の変動
―― 量的な比較

五十嵐康人,青山道夫,滝川雅之

　今回の事故で大気および海洋中に放出された放射性物質の種類と量がどのようなものであったか,原子力安全・保安院が 2011 年 10 月 20 日に公表したデータを表 1.2 に転載して示す.このデータは完璧なデータという性質のものではなく,計算を主体に得られたデータであり,将来,修整される可能性もあるものである(第 2 章参照).推計というのは元来,誤差や不確定性を含むものであり,ここではその前提で議論を進めたい.

　これらの放出量が,過去に起きた事例と比較してどの程度の規模であったかを,^{131}I と ^{137}Cs を代表として,表 1.3 に簡単にまとめる.過去に原子力発電所などで起きた顕著な事故としては,1979 年のアメリカ・ペンシルベニア州のスリーマイル島(TMI)事故や,1986 年の旧ソビエト連邦(現ウクライナ)のチェルノブイリ事故などがある.また参考までに 1945 年に広島に投下された原子爆弾による放出量の推定値と大気圏核実験による放出総量も併せて示す.

　この表から,福島第一原発事故はチェルノブイリ事故に次ぐ規模であること,TMI 事故や広島原爆と比べ,^{137}Cs の長期的な環境影響が大きいことなどがわかる.核実験に比し,長時間にわたり核分裂反応を継続させる原子炉では,中長半減期を有する核種の存在量が増えるため,核実験よりも原発事故による環境汚染は長期化してより深刻である.総量として福島第一原発事故による放出量はチェルノブイリ事故と比較して 2 割程度しか小さくないが,そのほとんどはキセノン 133(^{133}Xe)などの希ガスであり,放射能濃度の高い空気塊(プルーム)通過時のごく短期間を除けば,これらの環境や人体への影響は無視できる.一方で,チェルノブイリ事故や TMI 事故,広島原爆などは 1 つの事象(単一の爆弾や原子炉の事故)だが,福島第一原発での事故は複数の原子炉での連続的な放出であり,核種の存在比がそれぞれの事象および期間で異なる可能性がある.このことは大気および海洋への環境影響

表1.2 福島第一原発事故による大気中への放射性核種の放出量の試算値(単位:Bq)(原子力安全・保安院, 2011;半減期は Knolls Atomic Power Lab., 2010 による)

核種	半減期	半減期単位	1号機	2号機	3号機	合計
^{133}Xe	5.243	d	3.4×10^{18}	3.5×10^{18}	4.4×10^{18}	1.1×10^{19}
^{134}Cs	2.065	y	7.1×10^{14}	1.6×10^{16}	8.2×10^{14}	1.8×10^{16}
^{137}Cs	30.07	y	5.9×10^{14}	1.4×10^{16}	7.1×10^{14}	1.5×10^{16}
^{89}Sr	50.61	d	8.2×10^{13}	6.8×10^{14}	1.2×10^{15}	2.0×10^{15}
^{90}Sr	28.8	y	6.1×10^{12}	4.8×10^{13}	8.5×10^{13}	1.4×10^{14}
^{140}Ba	12.75	d	1.3×10^{14}	1.1×10^{15}	1.9×10^{15}	3.2×10^{15}
^{127m}Te	106	d	2.5×10^{14}	7.7×10^{14}	6.9×10^{13}	1.1×10^{15}
^{129m}Te	33.6	d	7.2×10^{14}	2.4×10^{15}	2.1×10^{14}	3.3×10^{15}
^{131m}Te	1.36	d	2.2×10^{15}	2.3×10^{15}	4.5×10^{14}	5.0×10^{15}
^{132}Te	3.20	d	2.5×10^{16}	5.7×10^{16}	6.4×10^{15}	8.8×10^{16}
^{103}Ru	39.27	d	2.5×10^{9}	1.8×10^{9}	3.2×10^{9}	7.5×10^{9}
^{106}Ru	1.017	y	7.4×10^{8}	5.1×10^{8}	8.9×10^{8}	2.1×10^{9}
^{95}Zr	64.02	d	4.6×10^{11}	1.6×10^{13}	2.2×10^{11}	1.7×10^{13}
^{141}Ce	32.50	d	4.6×10^{11}	1.7×10^{13}	2.2×10^{11}	1.8×10^{13}
^{144}Ce	284.6	d	3.1×10^{11}	1.1×10^{13}	1.4×10^{11}	1.1×10^{13}
^{239}Np	2.356	d	3.7×10^{12}	7.1×10^{13}	1.4×10^{12}	7.6×10^{13}
^{238}Pu	87.7	y	5.8×10^{8}	1.8×10^{10}	2.5×10^{8}	1.9×10^{10}
^{239}Pu	24100	y	8.6×10^{7}	3.1×10^{9}	4.0×10^{7}	3.2×10^{9}
^{240}Pu	6560	y	8.8×10^{7}	3.0×10^{9}	4.0×10^{7}	3.2×10^{9}
^{241}Pu	14.29	y	3.5×10^{10}	1.2×10^{12}	1.6×10^{10}	1.2×10^{12}
^{91}Y	58.5	d	3.1×10^{11}	2.7×10^{12}	4.4×10^{11}	3.4×10^{12}
^{143}Pr	13.57	d	3.6×10^{11}	3.2×10^{12}	5.2×10^{11}	4.1×10^{12}
^{147}Nd	10.98	d	1.5×10^{11}	1.3×10^{12}	2.2×10^{11}	1.6×10^{12}
^{242}Cm	162.8	d	1.1×10^{10}	7.7×10^{10}	1.4×10^{10}	1.0×10^{11}
^{131}I	8.023	d	1.2×10^{16}	1.4×10^{17}	7.0×10^{15}	1.6×10^{17}
^{132}I	2.283	h	1.3×10^{13}	6.7×10^{6}	3.7×10^{10}	1.3×10^{13}
^{133}I	20.8	h	1.2×10^{16}	2.6×10^{16}	4.2×10^{15}	4.2×10^{16}
^{135}I	6.57	h	2.0×10^{15}	7.4×10^{13}	1.9×10^{14}	2.3×10^{15}
^{127}Sb	3.84	d	1.7×10^{15}	4.2×10^{15}	4.5×10^{14}	6.4×10^{15}
^{129}Sb	4.40	h	1.4×10^{14}	5.6×10^{10}	2.3×10^{12}	1.4×10^{14}
^{99}Mo	2.7476	d	2.6×10^{9}	1.2×10^{9}	2.9×10^{9}	6.7×10^{9}

表1.3 大気環境への放射性核種放出量(単位:PBq)

	福島第一	広島原爆	チェルノブイリ	スリーマイル	大気圏核実験総量(1970年)
^{131}I	160	63	1760	5.6×10^{-3}	
^{137}Cs	15	0.089	85	ほとんどなし	
放出総量	11,300		13,200		795 以上

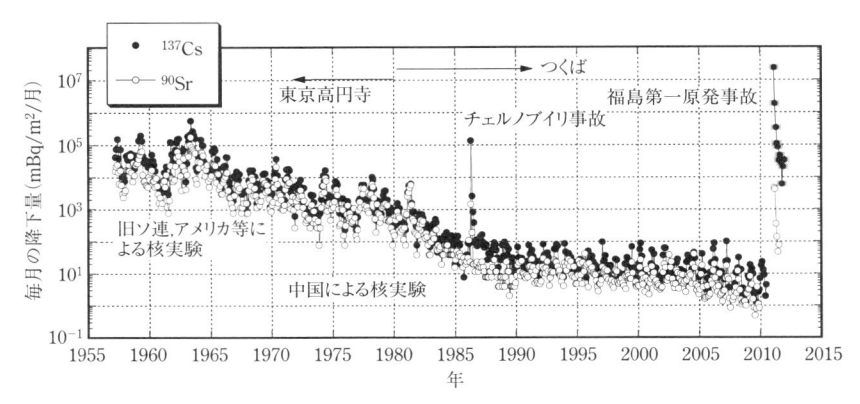

図 1.8 大気降下物中の ^{90}Sr および ^{137}Cs 月間降下量の変動（Igarashi, 2012）
図 1.6 では縦軸は線形だが，本図では対数となっていることに注意．

を評価する上で留意する必要がある．

また東京電力などでの炉内解析の結果，事故直後に炉内に蓄積されていた放射性核種存在量の総量で見ると，チェルノブイリ原発 4 号炉の 3200 ペタベクレル（PBq = 10^{15} Bq）よりも，福島第一原発 1～3 号炉の合計 6100 PBq の方が 2 倍近く多いと推定されているが，原子炉の損壊がチェルノブイリ事故に比較して小さかったため，環境への放出量としては相対的に少量にとどまったと推定されている．

（1） 大気中放射性物質の長期変動データが示すこと

本節では，大気放射能に焦点を絞り，放射性物質降下量の長期変動と福島第一原発事故による影響の様相を記述し，観測継続の重要性を示す．

気象研究所は，1954 年 4 月に東京高円寺において，放射性降下物（いわゆるフォールアウト）の全 β 観測（すべての β 線を測定する）を開始した．核種分析（^{90}Sr，^{137}Cs など）は 1957 年にはじまり，つくば移転後も途切れることなく継続され（図 1.8），濃度水準がいかに低下しようとも，観測値を検出限界以下とせず数値化することに努力を傾注してきた．この観測時系列データは，地球環境に人工的に汚染物質を付加した場合，汚染物質が地球環境の中でどのような動態を示すのかということを如実に反映している．すな

わち，人工放射性核種をトレーサーと考えた場合，大気圏核実験や原発事故は全球規模の拡散・動態を知るための実験に例えることができる．降下量観測は，トレーサーが投入された以降の動態を降下物の形態で眺め続けてきたことを意味する．大気圏核実験に起源を持つ全球フォールアウトは，この意味からも人類が直面したまさに最初の地球環境問題であった（Igarashi, 2009）．

（2） 福島第一原発事故以前の人工放射性核種の大気中での濃度変動

わが国における組織的な環境放射能研究は，1954年3月に北太平洋の赤道域にあるビキニ諸島で実施された大規模な大気圏核実験に始まる．Miyake（1954）によると，人工放射性核種を含んだ雨が1954年5月14日以降に日本各地で検出された．大学・地方衛生研・国立研究機関等でも続々と測定・報告された．最大値は全β放射能として0.5×10^{-6} Ci（キュリー）*/L，すなわち1万8500 Bq/Lと記されている．

冷戦の結果として，米・旧ソ連を中心として大型の大気圏核実験が継続されたことから，図1.8の放射性物質の月間降下量の時系列に示されるように，1963年6月に降下量は最大値を記録し，^{90}Srで約170 Bq/m^2，^{137}Csでは約550 Bq/m^{2}となった（Katsuragi, 1983）．中・仏（仏は南半球主体）は，米・旧ソ連が大気圏核実験を中止したあとも実験を継続した．このため，わが国は1960年代中期以後も中国の核実験の影響をたびたび受けた．とくに第6回（1967年6月），8回（1968年12月），10回（1969年9月）の中国核実験で降下量が多くなったことが時系列に記録されている（Katsuragi, 1983）．

大気圏核実験では爆発により高温の火球が生成するため，核実験からの放射性物質はそのほとんどが，空高く成層圏に打ち込まれる．成層圏の空気と対流圏の空気は，力学的な障壁によって簡単には混合しない．その結果，成層圏大気の対流圏への流入が大気放射能濃度や降下量の律速条件となり，1960-70年代では，成層圏―対流圏交換が活発な春季に降下量が極大を示した．

ところで，1980年10月の第26回中国核実験を最後として，核実験は地下に移行した．その結果，大気に放出される放射性物質の量自体も大きく減少し，大気降下量も1981年の春季を極大として，成層圏でのエアロゾル滞

留時間およそ1年の半減時間をもって，指数関数的に減っていった．大気中の放射性物質の観測結果から，成層圏―対流圏交換過程についての科学的知見が得られたことは特筆すべき点であろう（Igarashi, 2009）．

　1986年4月26日にチェルノブイリ原子力発電所で大事故が発生した．同年5月3日以降，つくば市の気象研究所では，^{131}I, ^{132}Te-^{132}I* などを大気および降水中に検出した．1986年5月の放射性物質の月間降下量は，^{131}Iで約5900 Bq/m^2，^{137}Csでは約130 Bq/m^2 を記録した（Aoyama et al., 1986）．表1.3にあるようにチェルノブイリ原発事故での ^{137}Cs の環境への放出総量は 85 PBq であるのに対し，核実験で北半球に降下した ^{137}Cs 総量は1970年1月時点で実に 765±79 PBq に達した（Aoyama et al., 2006）．この総量の違いを反映し，図1.8にあるようにチェルノブイリ事故の影響は，単発のピークとして見られるだけである．大気圏核実験とは異なり，チェルノブイリ事故では成層圏に大量に放射性物質は輸送されなかったため，影響は長く続かなかった．

　1990年代以降，^{90}Sr, ^{137}Cs の月間降下量は数〜数十 mBq/m^2 で推移し，福島第一原発事故以前には「放射性降下物」とはもはや呼べない状況が継続した（Igarashi, 2009）．そのため，試料採取に 4 m^2 の大型水盤を用いる気象研究所以外のわが国での観測では，検出限界以下と報告されることが増えた．

（3）　1990年代の時系列データが示すこと

　チェルノブイリ事故由来の放射性物質の数％は下部成層圏にも輸送されたが，1994年以降の年間降下量は，成層圏滞留時間から予想される量を大きく上回った．再浮遊（いったん地表に沈着したものが，表土粒子などとともに再び大気中に浮遊する現象）が主たる過程となったためである．再浮遊は，長らく近傍の畑地などからの表土粒子が主体と信じられてきた．ところが，つくば市での降下物の ^{137}Cs/^{90}Sr 放射能比は，つくば市で採取した表土，さらにわが国表土全般での ^{137}Cs/^{90}Sr 比と一致せず，再浮遊には試料採取地の近傍以外の起源があることがわかった．すなわち，大規模，かつ長距離を輸送される黄砂などの風送塵（大規模風塵現象で大気中に浮遊した表土粒子を指す．サハラダストもその一例）が大気圏核実験起源の放射性物質を，ご

く微量ながら検出可能な量で運んでいることがわかってきた（五十嵐，2004；Igarashi *et al.*, 2005, 2011a）．2000 年代初期に黄砂の発生出現が顕著になると全国各地で ^{137}Cs が降下物に検出され話題となり，さらに大気輸送拡散モデルによる研究も進展したため，風送塵仮説に関連する研究が増えた．

他方，福島第一原発事故ほどには深刻でないにせよ，1990 年代後半にはわが国の核施設での事故（Igarashi *et al.*, 1999；Komura *et al.*, 2000）や，2000 年代半ば以降には北朝鮮の地下核実験などさまざまなできごとがあった．しかし，大気中へ放出された放射性物質の量はわが国での放射性核種（^{90}Sr や ^{137}Cs）の降下量に影響するほど膨大なものではなく，図 1.8 の時系列にもその痕跡はうかがえない．

1.9　福島第一原発事故以降の大気中人工放射能の変動

　　　　　　　　　　　　　　　　　　　　　五十嵐康人

茨城県つくば市の気象研究所では，大気エアロゾル試料の採取および放射能分析を福島第一原発事故前後にかけて継続し，その結果はホームページ（http://www.mri-jma.go.jp/Topics/H23_tohoku-taiheiyo-oki-eq/1107fukushima.html）にも掲載されている．検出された放射性核種は，^{99}Mo-^{99m}Tc，^{129m}Te-^{129}Te，^{132}Te-^{132}I，^{131}I，^{133}I，^{134}Cs，^{136}Cs および ^{137}Cs である．つくばでの大気時系列データは，2 度の濃度上昇を示した．これらの濃度ピークは，2011 年 3 月の福島第一原発事故からの関東平野への顕著な移流拡散事象（第 3 章参照）をとらえていると考えられる（Igarashi *et al.*, 2011b）．それぞれのピークは事故現場での放出物質の違いを反映して，異なる放射性核種の組成を示した．この組成の違いは，関東・東北地方における放射性降下物の組成の地域的な違い（Kinoshita *et al.*, 2011）も生み出したと考えられる．

つくば市の気象研究所における ^{137}Cs 月間降下量は，2011 年 3 月に $(23±0.9)×10^3$ Bq/m^2 となった．これは福島第一原発事故前の水準よりも 6 ないし 7 桁大きく，核実験起源の最大月間降下量のほぼ 50 倍である．2011 年 5 月に核実験起源の最大月である 1963 年 6 月と同じレベルとなった．発

生源が近いために，福島第一原発事故によるつくば市での降下量の上昇度合いは核実験降下物よりも大きいが，発生源がより近傍にあることで降下量の空間代表性は小さく（地域的な不均一性が大きく）なっている点に注意すべきである．その後，チェルノブイリ事故のときと同様に対流圏での滞留時間を反映した大きな速度で降下量は減少した（図 1.8）．福島第一原発事故以前の ^{137}Cs 降下量の単純積算（壊変を無視）はおよそ 7 kBq/m^2 であり，今回の事故は 1 回の事象としてこの数倍，また ^{137}Cs の放射壊変を考慮した現存量と比較したときには，約 10 倍量をもたらした．さらに ^{134}Cs がほぼ同量降下しており，両核種併せておおよそ 50 kBq/m^2 の地表面汚染となり，文部科学省による航空機マッピングの値とほぼ整合する．

　他方，これまでほとんどデータが報告されていない ^{90}Sr 降下量は，2011 年 3 月に 4.4±0.1 Bq/m^2 であり，同月の ^{137}Cs 降下量の約 0.02% だった．この降下量水準は，福島第一原発事故前の水準からすると 3 ないし 4 桁の上昇だが，環境への影響は放射性セシウムほど大きくない．原子力安全・保安院の放出量推定（原子力安全・保安院，2011）では ^{90}Sr の放出量は ^{137}Cs の約 1/100 とされるが，セシウムよりも揮散しにくいストロンチウムは，粒径の大きなエアロゾルになると考えられ，関東地方への放射性ストロンチウムの影響は輸送途中の分別でさらに小さくなったと推定できる．同じことが大気中濃度についてもいえ（Igarashi, 2012），そのため，^{90}Sr については放射性セシウムやヨウ素に比し被ばく量も相対的に小さいと推定される．2011 年末の降下量水準は事故発生月に比べ 3-4 桁低下したが，依然として中国大気圏核実験が行われていた 1970-1980 年代前半の水準にある．

　環境中の ^{90}Sr や ^{137}Cs は長半減期であるがゆえに，放射線防護の観点から監視されなければならない．継続監視の重要性は繰り返すまでもないが，このことは端的に前述の図に示されている．すなわち，図 1.6 に示した生態圏での変動は縦軸が線形で表示されているが，図 1.8 に描かれた大気圏での変動は対数スケールとなっていることに留意してほしい．大気圏では指数的に減少しても生態圏では緩衝効果がかかり，緩慢な減少となっていると考えられる．他方，上述のように環境中の ^{90}Sr および ^{137}Cs などは大気循環や環境変化の指標としても用いることができる（青山ほか，2012）．環境中の ^{90}Sr,

^{137}Cs の観測を続けることは，放射線防護ばかりでなく地球環境監視の観点からも重要である．

　さらにいえば，再浮遊は長期にわたり持続するため，今後の推移をしっかり見守る必要がある．また，大陸とは異なり，相対的に湿潤で風が弱いわが国の一般環境では，福島第一原発事故による局所的な汚染に対し表土だけが主たる再浮遊発生源なのか，依然不明である．放射性セシウムは野焼き・ごみ焼却などの燃焼により揮散する可能性もあり，さらに植生からの再浮遊も想定される．しかし，いずれのプロセスが再浮遊発生源として重要なのか未解明であり，観測を通じて解明を進めねばならない（第3章参照）．

第2章
放射性物質の放出量の推定

2.1 放射性物質の大気環境への放出

茅野政道,永井晴康

2011年3月11日に発生した福島第一原発事故では,地震や津波による電源喪失等により,事故当初,環境モニタリングポストや排気筒モニターは動作せず,わずかに敷地境界や周辺環境において環境モニタリングカーによる限定的な放射線測定が行われたのみであった.6月3日に原子力安全・保安院が公開した3月12-13日のモニタリングカーによる測定結果(原子力安全・保安院,2011a)によれば,12日朝8時頃にはすでに原子炉圧力容器からの漏洩によると思われる放射性ヨウ素やセシウムが,発電所近傍の福島県大熊町や浪江町で測定された.また,同日14-16時の1号機のベント(原子炉内の圧力を下げるために原子炉内部の蒸気を外部に逃す措置)や水素爆発の頃に放出された放射性物質の地表沈着*による線量上昇が,13日には福島第一原発の北方向で測定されているなど,12日からの環境放出の痕跡は後から次第に明らかになった.

しかしながら,事故当初は,放射性物質の大気放出量の不明な状態が継続し,事故の規模や市民の被ばく線量予測のために,放出量の推移を評価することが喫緊の課題となっていた.原子力安全・保安院は,炉内事故進展解析により放出量を計算予測するための緊急時対策支援システム(ERSS)*を有していたが,必要な原子炉内の情報が入手できず,その機能を果たしていな

かった．また，環境モニタリングが徐々に体系化されたのは3月15日の夕方頃からであり，北西部の大規模汚染が明らかになりつつあったが，大気放出状況を推定するにはあまりにも情報は不足していた．

このため，日本原子力研究開発機構（JAEA）*の茅野らは，3月17日から原子力安全委員会に協力して，大気拡散シミュレーションと環境モニタリング値を用いた大気放出量の逆推定*に着手した．この逆推定に基づく被ばく線量評価の結果が原子力安全委員会から初めて公表されたのは，3月23日である．一方，原子力安全・保安院も過酷事故解析計算コード*を用いて，炉内解析*からの放出総量の推定を試みていた．4月12日には，原子力安全委員会と原子力安全・保安院が，それぞれ放出量推定値を公表し，これを基に今回の事故を国際原子力機関（IAEA）*の国際原子力事象評価尺度（INES）*に照らして，チェルノブイリ事故と同じレベル7とした．茅野らはこの発表後，放出量推定手法の詳細を速報（Chino et al., 2011）として7月に論文発表し，その後の新たな環境モニタリングデータの公開等に対応して，継続的に推定値の改定を行ってきた（Katata et al., 2012a, b；Terada et al., 2012）．

事故後1年間の間に，環境モニタリングデータと大気拡散シミュレーションによる放出量の逆推定や，過酷事故解析シミュレーションによる放出量推定は，国内外から徐々に発表されるようになった．これらの推定値の相互評価が，JAEAが主催した2012年3月の公開ワークショップ「福島第一原子力発電所事故による環境放出と拡散プロセスの再構築」（後援：文部科学省，原子力安全委員会）（JAEA, 2012）で初めて行われた．さまざまな角度からの検討により，放出量推定の確度は高まりつつあるが，環境放出の全容を知る上ではまだ残された課題も多い．

2.2　環境モニタリングデータを用いた逆推定法

茅野政道，永井晴康

本節では，茅野らが用いた逆推定を例に，簡単に推定手法を紹介する．放出率推定は，被ばく評価上の重要核種であり測定値も多い ^{131}I と ^{137}Cs につ

いて，1 時間当たり 1 ベクレル（1 Bq/h と表記）の単位放出率を仮定した大気拡散計算と，環境モニタリングデータの比較により行っている．放出率は，測定された ^{131}I と ^{137}Cs の大気中濃度を，単位放出率を仮定して計算された同地点の大気中濃度で割ることにより求められる．大気中濃度の測定値がない場合は，空間線量率測定値と，放射性核種の組成比率を仮定した単位放出率計算による空間線量率計算値の比較でも求められる．放出総量については，求めた放出率に，その放出が続いたと考えられる時間幅を掛け，その値を合算することで求める．

環境モニタリングデータには，主に ^{131}I と ^{137}Cs の大気中濃度の測定データ（以下，ダストサンプリングデータ）を用いている．^{131}I については，ガス状と粒子状の ^{131}I が存在するが，その両者が捕集されている．使用したデータは，文部科学省（2011），（財）日本分析センター（2011），JAEA（Ohkura et al., 2012；古田ほか，2011）が測定したものである．3 月 12 日午後の 1 号機のベントや水素爆発の頃と，福島第一原発の北西で降水による大量の地表沈着をもたらしたと考えられる 3 月 15 日日中から夜間の大気放出に対応するダストサンプリングデータはない．この期間の ^{131}I と ^{137}Cs の放出率は，放射性物質を含む空気塊（放射性プルーム）が去った後の地表に沈着した放射性核種からの空間線量率分布の，計算と実測（原子力安全・保安院，2011a；福島県，2011）の比較により求めている．単位放出を仮定した大気中濃度および線量率計算には，文部科学省の SPEEDI ネットワークシステム（文部科学省，2008）の計算結果，および世界版 SPEEDI（WSPEEDI[*]：Worldwide version of SPEEDI）（Terada and Chino, 2008）を使用している．

2.3　福島第一原発からの放射性物質の放出

茅野政道，永井晴康

図 2.1 に茅野らが推定した ^{131}I と ^{137}Cs の放出量推移を示す（Terada et al., 2012）．ダストサンプリングデータが入手されたときには，^{131}I の放出率は逆推定で計算され，^{137}Cs の放出率は環境での ^{131}I と ^{137}Cs の放射能比率から計

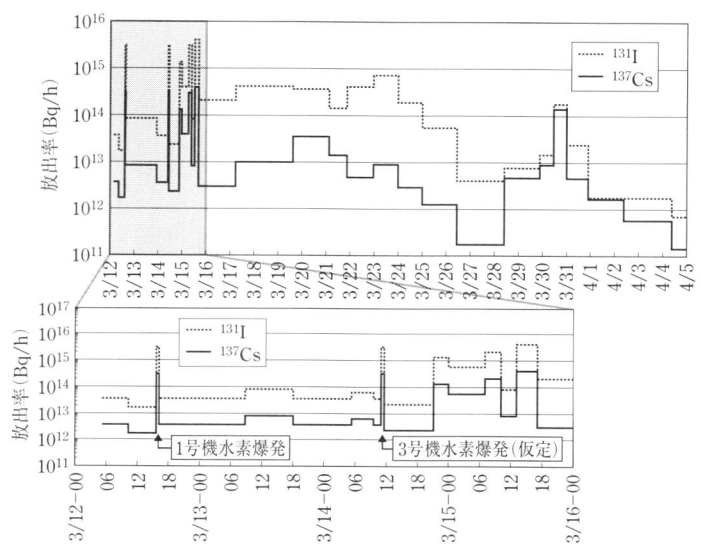

図 2.1 茅野ら（Terada *et al.*, 2012）が逆推定した福島第一原発事故による ^{131}I および ^{137}Cs の 2011 年 3 月 12 日から 4 月 5 日までの大気放出量推移

縦軸は対数軸.

算している．図中の 3 号機の水素爆発による放出量は，3 月 12 日の 1 号機の水素爆発と同じと仮定しているが，これは 3 号機の爆発時に放射性プルームが海側に流れ，対応する環境モニタリングデータがなかったためである．

これまで得られた放出の時間変動を ^{131}I に着目して説明する．本推定は，環境測定値からの推定であるため，1 号機から 3 号機すべての炉からの放出事象を包含しているが，炉内事象との関連についても考察する．

(1) 3 月 12 日から 14 日夕方

水素爆発時を除き 10^{13} Bq/h オーダーの放出で推移している．3 月 12 日 5-6 時頃，1 号機の格納容器圧力が上昇した後で若干の圧力低下が見られ，ベント前から環境中の空間濃度が上昇していたことから，ベント前に格納容器からの漏洩が発生し，大気中に放射性物質の放出が続いていた可能性がある．1 号機は，12 日 14 時 30 分頃からベントにより格納容器圧力が低下し，

15 時 36 分には水素爆発を起こしている．ベントによる格納容器内の放射性物質の放出，および建屋爆発により建屋内に漏洩し滞留していた放射性物質の放出があったものと推定されるが，それによる空間線量率の上昇は，放射性プルームが北方向に流れたことにより，地表沈着核種からの線量上昇として 13 日に南相馬方面で測定されている．

13 日は 3 号機で 8 時からベント操作を実施しているが，ベント前から敷地境界の空間線量率の上昇が見られることから，格納容器からの漏洩の可能性も考えられる．ベント操作は複数回にわたって実施されており，ベントによる線量上昇が敷地境界で見られるが，環境測定では ^{131}I と ^{137}Cs について大気中濃度は前日と同程度であり，線量上昇には希ガスの寄与が大きい可能性がある．

(2) 3 月 14 日の夜から 15 日夜

大気放出量は 3 月 14 日夜から急激に増加し，10^{15} Bq/h 程度の放出が断続的に発生していると推定されている．14 日 21 時に 2 号機でベント弁開操作を行っているが，実際には 15 日 7 時頃まで 2 号機の格納容器圧力は 0.7 MPa 以上の高い状態にあり，格納容器からの漏洩も想像される．朝 7 時まで高圧であった格納容器圧力は，その後，16 日 6 時頃まで大幅な低下が見られ，この間に放射性物質の大量放出があった可能性を示唆している．

(3) 3 月 16 日から 3 月 31 日

放出量は 10^{14} Bq/h のレベルで 3 月 24 日頃まで推移し，それ以降は日々の変動を伴いながらも，全体としては 4 月はじめにかけて 10^{11}-10^{12} Bq/h のオーダーに減少している．逆推定では，3 月 16 日午後から 3 月 20 日朝にかけて風がほとんど太平洋側に流れたため，評価できた放出量は少ないが，炉内解析でも主な事象は 3 月 16 日ぐらいまでに発生しており，急激な放出量の変動はないものと思われる．3 月 24 日頃まで放出量が高い状態で継続している理由としては，炉内温度がまだ高く注水により発生する放射性物質を含んだ蒸気が環境に放出されていた可能性等が考えられるが，詳細は今後の検討課題である．

^{137}Cs の放出時間変動も同様の傾向を示し，^{131}I/^{137}Cs 比の変動はおおよそ 1-100 の範囲であった．3 月末までの総放出量は，^{131}I と ^{137}Cs それぞれについて約 120 PBq と 9 PBq と推定された．

2.4 推定された大気中への放出量変動の評価

茅野政道，永井晴康

茅野らが推定した放出量変動は，前述の公開ワークショップ「福島第一原子力発電所事故による環境放出と拡散プロセスの再構築」(JAEA, 2012) において，他の研究者の行った放出量変動の推定や，総放出量と比較・評価されている．また，推定した放出量変動を用いてさまざまな大気拡散モデル* で ^{137}Cs の地表沈着量を計算し，測定値との比較からその妥当性を検証している．このワークショップで行われた図 2.1 の放出量変動の評価の要約を表 2.1 に示す．

名古屋大学の平尾らは，独自の逆推定手法（Hirao and Yamazawa, 2010）と，茅野らとは異なる地理範囲で放出量を推定した．すなわち，茅野らが発電所周辺 100 km 程度のデータを主に用いたのに対して，平尾らは東日本での大気中濃度および地表沈着量データを用いた．図 2.2 に，^{131}I と ^{137}Cs の放出量変動について両者の比較を示す（平尾・山澤，2012）．点で示した平尾の結果は，放射性プルームが陸側に流れた期間に限定されているが，3 月 14 日以降，両者の結果は非常によく一致している．

気象研究所の青山（Aoyama et al., 2012）は，大気および海洋拡散モデルを結合した計算結果と，測定された地表沈着量および海表面濃度から，^{137}Cs の大気中への総放出量を推定した．茅野らの結果は，青山の結果のほか，国内外の研究者が別途行ってきた以下の総放出量の推定値と比較された．

ノルウェー大気環境研究所の Stohl らは，^{133}Xe と ^{137}Cs の放出推移を，包括的核実験禁止条約機関（CTBTO）の環境モニタリングデータを用いて逆推定し（Stohl et al., 2012），原子力安全・保安院は，前述のように過酷事故解析コードを用いて放出量評価を行っている（原子力安全・保安院，2011b）．た

表 2.1　図 2.1 の検証に利用された研究

研究者	手法	使用計算モデル等*	使用データ
茅野（2012）	逆推定による ^{131}I と ^{137}Cs の放出変動評価	WSPEEDI：GPV/MSM[1) + MM5[2) + GEARN	主に福島県内の大気中濃度データ
平尾・山澤（2012）	同上	GPV/MSM + MM5 + ラグランジュ型モデル	東日本の大気中濃度および沈着量データ
大原・森野（2012）滝川（2012）速水（2012）	Terada et al.（2012）の放出推移を用いた大気拡散・沈着量計算	GPV/MSM + WRF[3) + CMAQ[4) GPV/MSM + WRF/Chem[5) MANAL + WRF + CAMx[6)	（結果の比較のために）^{137}Cs の地表汚染地図と東日本での ^{131}I と ^{137}Cs の降下量データ
Aoyama et al.（2012）	逆推定による ^{137}Cs の総放出量評価	大気拡散および海洋拡散モデル	海表面 ^{137}Cs 濃度および地表面沈着量

* 茅野（2012）は，他の検証研究との比較のため記載．1）気象業務支援センター（2012），2）Grell et al., 1994. 3）Skamarock et al., 2008. 4）Byun & Schere, 2006. 5）Grell et al., 2005. 6）ENVIRON, 2011.

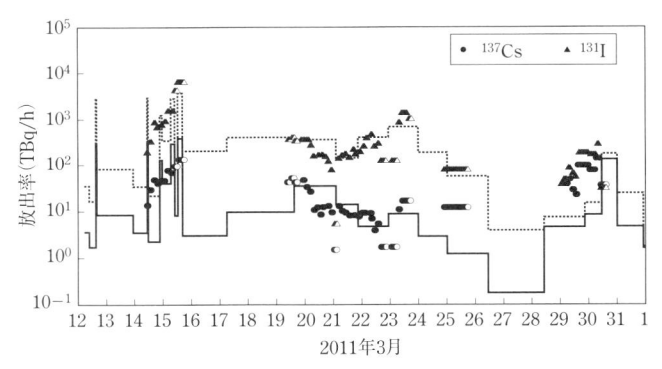

図 2.2　平尾・山澤（2012）が行った大気中への放出量推移の逆推定（点）と茅野らの結果の比較（^{131}I および ^{137}Cs）（TBq = 10^{12} Bq）

だし，その解析は 3 月 17 日頃までであり，その後の放出を考えると増加する可能性がある．またフランス放射線防護原子力安全研究所（IRSN）も手法の詳細は不明だが，ホームページ上で放射性希ガス，ヨウ素，セシウムの総放出量推定値を公開している（IRSN, 2011）．さらに，東京電力は，炉内解析と敷地境界の空間線量率データから放出量を評価した（東京電力，2012）．

　これらの結果の比較を表 2.2 に示す．この表によれば，^{131}I の総放出量は 90-500 PBq の範囲にあるが，最大値と最小値を除外すると 120-160 PBq の

表2.2 推定された ^{131}I と ^{137}Cs の大気中への総放出量の比較（PBq = 10^{15} Bq）

	^{131}I（PBq）	^{137}Cs（PBq）
日本原子力研究開発機構		
Chino et al.（2011）	150	13
Katata et al.（2012a, b）	130	11
Terada et al.（2012）	120	9
Aoyama et al.（2012）	—	15-20
Stohl et al.（2012）	—	37
原子力安全・保安院（2011b）		
4月12日（2011）	130	6
6月 6日（2011）	160	15
フランス放射線防護原子力安全研究所（IRSN）（2011）	90	10
東京電力（2012）	500	10

範囲に収まる．また，^{137}Cs の総放出量は 6-37 PBq であり，最大値と最小値を除外すると 9-20 PBq に収まる．茅野らの総放出量推定値は，表2.2 の推定値の幅の中では小さいほうであるが，図2.1 に示す放出量変動を用いてさまざまな大気拡散モデルで計算した ^{137}Cs の地表沈着量が陸上の沈着量測定値とおおむね整合性があることから，放射性物質が海側に流れた時の推定値が過小評価になっている可能性があり，今後解明されるべき課題である．

　放出量総量については，いくつかの手法で推定が行われ，表2.2 程度の幅はあるものの数値が明らかになってきた．放出の時間的変動については，逆推定により得られた結果は，少なくとも放射性プルームが陸側に流れている期間においては合理性があるものとなりつつあるが，海洋側に流れたときの精度評価に未解明な部分が多い．また，希ガスや短半減期核種など，環境モニタリングで濃度測定が困難な核種についても評価ができていない．炉内の過酷事故解析は，これらを明らかにする1つの手段となるが，過酷事故解析による放出量変動を用いて大気拡散計算を行っても，環境汚染状況を再現できない等の問題も残っている．

　大気放出量推定は，チェルノブイリ事故においても国際機関が最終的な報告を出すまでには何年も要している．自国で起きた事故に対して日本の研究者が共同でその評価にあたり，国際活動にも貢献することは重要な責務であり，今後とも継続的に活動を進める必要がある．

さらに，今後の事故対応については，大気放出量の推定について2つの技術開発が必要と考えられる．1つめは，さまざまな事故シナリオに基づく放出形態を網羅的にデータベース化し，実際の事故時に炉内の専門家がデータベースの中から「現実的な」最悪放出形態，すなわち，最悪でもこれくらいといったデータを，事故状況に基づきSPEEDIに提供する機能の開発である．結果的に過大評価になっても最悪の事態に備えた対策の実施は受容されると考える．

　2つめは，今回茅野らが行った逆推定の体系化である．最大のポイントは可能な限りリアルタイムに近づけることであり，航空機等による大気中濃度のその場測定とデータのオンライン発信の充実によるSPEEDIへの速やかな情報提供が必要である．推定値の評価には，さまざまな機関で行われた環境モニタリングの収集が重要であるが，今回は，それらがさまざまなウェブサイトに点在し，検索とデータベース化に多大な時間を要した．そのため，各機関が行う測定結果の統合データベースをオンラインで作るためのIT技術開発は，SPEEDIでの利用に限らず，今後必須であろう．

2.5　海への直接漏洩の推定

津旨大輔，升本順夫

　福島第一原発事故により，放射性物質が海洋に直接漏洩した．緊急時モニタリングの対象となった主要な放射性物質は，^{131}Iと^{134}Cs，^{137}Csであった．^{131}Iは半減期が約8日と短く，長期にわたる海洋汚染において重要でないため，また^{134}Csの漏洩量は^{137}Csとほぼ同じであるため，^{137}Csが直接漏洩の推定の対象となっている．

　その主な放出経路として，発電所の汚染水の直接漏洩と，大気へ放出された放射性物質の海洋への降下がある．目視によって確認された直接漏洩は，2011年4月1日正午から4月6日正午までの5日間とされている（日本国政府，2011）．ただし，2011年4月1日以前に直接漏洩が生じていなかったという直接的な証拠は存在しない．一方，福島第一原発近傍の5-6放水口から

北に 30 m 地点と南放水口から南に 330 m 地点において，3 月 21 日より ^{131}I，^{134}Cs，^{137}Cs のモニタリングが東京電力によって実施されている．モニタリングにより得られている値は，直接漏洩および大気からの降下が反映されたものである．

Tsumune et al.（2012）は，モニタリングデータの ^{131}I/^{137}Cs 放射能比を用いて，直接漏洩と大気からの沈着の影響の分離を試みた．大気中において ^{131}I は気体とサブミクロンスケールの粒子態，^{137}Cs は ^{131}I よりも大きい粒子態として，輸送される．この違いが沈着過程にも影響するため，大気を経由することによって ^{131}I/^{137}Cs 放射能比のばらつきは大きくなる．一方，直接漏洩の場合は，溶存態として存在している．また，^{131}I の半減期（8 日）は ^{137}Cs の半減期（30 年）にくらべて短いので，この期間内では，^{131}I/^{137}Cs 放射能比は，^{131}I の放射性崩壊のみによって変化すると考えることができる．

^{131}I/^{137}Cs 放射能比に着目し，福島第一原発近傍，福島第二原発近傍および第二原発より南に位置する岩沢海岸，および福島第一原発の 30 km 沖合のデータを解析した．その結果，直接漏洩は 2011 年 3 月 26 日以降に生じ，約 1 日後に沿岸に沿って 10 km 南の福島第二原発近傍に達し，さらに約 2 週間の時間スケールで，中規模渦などの影響により 30 km 沖合に達したことが示唆された．

次に，上記のような直接漏洩の量についても推定を行う必要がある．ただし，今回の事故のような場合，放射性物質がいつどれだけ流入したかの情報を正確に，かつタイムリーに得ることは難しい．そこで，海洋分散シミュレーションの結果とモニタリング観測結果から，逆に直接漏洩量を推定することが試みられている．表 2.3 にこれまでの見積もり結果をまとめる．

東京電力は，2011 年 4 月 1 日昼から 6 日昼にかけて発生した高濃度汚染水の流出により，0.94 PBq の ^{137}Cs が海洋へ直接漏洩したと見積もっている（日本国政府，2011）．しかしその後，後述する電力中央研究所の手法を用い，モニタリングデータとシミュレーション結果から，2011 年 3 月 26 日から 9 月 30 日までの港湾外への ^{137}Cs の直接漏洩量を 3.6 PBq と推定し，報告した（東京電力，2012）．

JAEA は，福島第一原発の放水口付近で観測された放射能が原発前の 1.5

表 2.3 海洋への直接漏洩量の推定結果

機関	期間	^{137}Cs の漏洩量 (PBq = 10^{15} Bq)	方法	参考文献
東京電力	4/1-4/6	0.94 (2.8 for ^{131}I, 0.94 for ^{134}Cs)	目視による観測結果	日本国政府（2011）
東京電力	3/26-9/30	3.6 (11 for ^{131}I, 3.5 for ^{134}Cs)	数値計算と観測結果の比較（電力中央研究所の方法）	東京電力（2012）
日本原子力研究開発機構	3/21-4/30	3.6 (11 for ^{131}I)	東京電力の観測結果を元に推定	Kawamura et al. (2011)
海洋研究開発機構	3/21-5/6	5.5-5.9	数値計算と観測結果の比較（逆推定法）	Miyazawa et al. (2013)
電力中央研究所	3/26-5/31	3.5±0.7	数値計算と観測結果の比較	Tsumune et al. (2012)
電力中央研究所	2011/3/26-2012/2/29	3.6±0.7 (11.1±2.2 for ^{131}I, 3.5±0.7 for ^{134}Cs)	数値計算と観測結果の比較	Tsumune et al. (2013)
IRSN	3/25-7/18	27	観測結果による総量を元に推定	Bailly du Bois et al. (2012)
SIROCCO	3/20-6/30	5.1-5.5	数値計算と観測結果の比較（逆推定法）	Estournel et al. (2012)

km^2 の海域で海面から深さ 1 m の厚さに均等に広がっていると仮定し，^{137}Cs の漏洩シナリオを作成した．東電による 4 月初めの漏洩量見積もりを基に調整した結果，2011 年 3 月 21 日から 4 月末までに 3.6 PBq の ^{137}Cs が放出されたと見積もっている（Kawamura et al., 2011）．

また，電力中央研究所は，単位放出量を与えた海洋分散シミュレーションの結果をモニタリング観測結果と比較，調整することで放出量を推定した．その結果，2011 年 3 月 26 日から 5 月末までの期間における海洋への直接漏洩量を 3.5±0.7 PBq と見積もった（Tsumune et al., 2012）．その後，2012 年 2 月末までに期間を延長した結果を 3.6±0.7 PBq としている（Tsumune et al., 2013）．

一方，IRSN は観測データを元に海洋中の ^{137}Cs の存在量を求め，福島第一原発の放水口付近の観測値から求めた漏洩シナリオを組み合わせることによって，27 PBq という推定結果を報告している（Bailly du Bois et al., 2012）．

また，フランスのトゥールーズ大学の SIROCCO グループは，福島第一

原発の放水口付近の観測値を元にした逆推定法によって，5.1-5.5 PBq という推定結果を得ている（Estournel *et al.*, 2012）．彼らは，フランス IRSN による 27 PBq の推定値が，その手法によって過大評価となっていることを指摘している．また，Miyazawa *et al.* (2013) は，海洋研究開発機構（JAMSTEC）で開発した日本沿海予測可能性実験（JCOPE）モデル*を用い，観測値を元にした逆推定法によって 5.5-5.9 PBq という推定値を報告している．これらの漏洩量の推定の元になった漏洩シナリオを用いたシミュレーション結果は，2011 年 3 月末から 4 月はじめにかけて最大値を示すことも含め，沿岸付近の ^{137}Cs の観測結果をよく再現している．

　初期の漏洩量推定結果のばらつきは大きかったが，各モデル結果の検証や再検討を行った結果，2012 年 12 月現在，直接漏洩量はおよそ 3-6 PBq の範囲に絞られてきている．ただし，これらの見積もりは，東京電力の原発付近でのモニタリング観測結果に強く依存していることや，海洋中の放射性物質の鉛直分布については仮定を置かざるを得ないため，不確定性が含まれていることに注意が必要である．

第3章

大気への拡散

3.1 放射性物質の輸送過程とそれに関わる気象場

中村　尚，森野　悠，滝川雅之

　原発事故では比較的短時間（数時間から数日）のうちに放射性物質の大量放出が起こる．このため，事故後に放射性物質がどの方角にどこまで遠方にどれだけ輸送され，どれだけ地表に沈着するかは，放出の規模だけでなく，放出時およびその後の気象条件に大きく左右される．気象条件としてとくに重要なのは風向・風速と降雨・降雪である．風向・風速は物質の輸送に直接関わる一方，降雨・降雪は大気中からの除去過程のうち最も重要な湿性沈着の支配要因である．

　大気中の至るところで発生する無数の微小な乱渦により，局所的に放出された物質は三次元的に拡散され広範に分布することとなり，その大気中濃度は時間とともに低下していく．上空では，高・低気圧に伴う，より大規模な渦や強い偏西風ジェット気流の縁の風速差（シア）によっても物質は混合される．ただし，このような混合・拡散を受けても，物質がその放出源から等方的に輸送されるわけではない．放出源から放出された物質の大部分は近傍を吹く風により移流されるため，風下側で濃度がとくに高くなる．このように，大気中の放射性物質の輸送には，移流・混合・拡散の各過程と湿性・乾性沈着による大気中からの除去過程とが関わっている．

　チェルノブイリ事故のような爆発的な放出でない限り，今回の福島第一原

発事故のように放射性物質のほとんどは地表から高さ1km程度の大気境界層*内に留まるため，その輸送には地表付近の風系が決定的に重要である．地表付近では風が比較的弱く，放射性物質の長距離輸送は起こりにくいので，環境への影響がとくに深刻となるような高濃度の範囲は放出源の近傍に留まるが，地域的な地形の影響を受けやすい．なお，境界層の厚さは，風速が強いほど，また静的安定度（気温の鉛直分布で決まる成層度）が低いほど増大する．たとえば，寒候期の夜間・早朝に高気圧に覆われた場合，地表付近の風が弱まり，かつ晴天のため放射冷却により地上気温が低下して静的安定度が増すため，上下方向の混合が抑制される．このため鉛直方向に拡散せず，水平移流も少なく，さらに湿性沈着も働かないため，放出された物質は原発のごく近傍の地表付近の大気中に留まる可能性が高い．このような大気状態は大都市におけるスモッグの発生条件としてよく知られているが，原発事故の場合にも当てはまる．逆に，日射により地上気温が上昇した場合や強風時には，深く発達した境界層内で放射性物質が上下によく混合される．

なお，日中に高く発達した境界層の上部にあった物質の一部が，夜間に境界層が薄くなった結果，高濃度気塊として自由大気*中に取り残される場合がある．また，低気圧に伴う上昇気流などによって放射性物質の一部が境界層を越えて自由大気に輸送されると，上空の強風により遠方まで輸送される．ただし，爆発的に放出された大量の放射性物質が一気に自由大気に到達した場合には，チェルノブイリ事故のときのように深刻な汚染が広域に拡がる恐れがある．

3.2　放射性セシウムの沈着量分布推定

森野　悠，滝川雅之，中村　尚

大気へ放出された放射性物質による環境（ここでは人体）へのインパクトとしては，呼吸器から吸入された大気浮遊物（とくに^{131}I）による影響（内部被ばく）が短期的には主要であるが，長期的に重要となるのは大気から地表面や海面に沈着した物質（とくに^{134}Csと^{137}Cs）による外部被ばくや経口

摂取による影響である．こうした陸域における長期的な影響の把握のためには，土壌表層から土壌深層へ，もしくは大気から森林や牧草地，農地へ沈着し，さらには地下水や河川を経由して海洋に至るまでの長期的かつ広範な移行過程を調査することが必要である．さらに，さまざまな媒体中の放射性物質濃度を予測する上で，放出された直後の状況を決定づけた大気経由の沈着量分布を正確に把握することが必要である．

原発由来の放射性物質のなかでとくに長期的な影響を及ぼすと考えられるのは放射性セシウムである．その大気経由の陸上への沈着量を把握する上で貴重なデータとして，文部科学省による定時降下物モニタリング*（原子力規制委員会，2011）と航空機モニタリング*（文部科学省，2011）が，それぞれ，特定地点での時間変化と特定期間の空間分布を提供している．

定時降下物モニタリングによって，2011年3月19-24日の期間に^{131}Iと^{137}Csの沈着量が各地で増大したこと（^{131}Iは1日当たり最大100 kBq/m^2，^{137}Csは1日当たり最大10 kBq/m^2），その後は3月30日，4月8-10日，4月18-20日にも沈着量が増大したものの，3月19-24日の期間と比べれば1桁以上低かったこと（^{131}Iは1日当たり最大1 kBq/m^2，^{137}Csは1日当たり0.1-1 kBq/m^2）などが明らかとなった．一方，航空機モニタリングより，飯舘村から福島市にかけての原発北西側，福島中通り，北関東，茨城県北部・南部，宮城県北部などの各地域で多くの^{134}Csと^{137}Csが地表に沈着したこと，および東北地方と関東地方を除くと^{137}Csの地表への沈着量はおおむね10 kBq/m^{2}以下であることなどがわかる（図3.1（a））．

ただし，沈着メカニズムの解析を行う上では，これらの実測データには制約がある．たとえば，定時降下物モニタリングの結果から，3月17日以前の沈着量を知ることはできない．また，航空機モニタリングの結果は積算沈着量であるため，局所的な高線量地域（ホットスポット）*の形成要因や形成時期の情報は得られない．これらの制約を補う上で，大気拡散モデル*による数値シミュレーション*を併用した解析は有用な情報をもたらす．シミュレーションでは，数値計算用プログラム（図3.2）を用いて，風の流れや降水，大気中の放射性物質の輸送・拡散，地表面沈着などをコンピュータ上の仮想空間で模擬する．

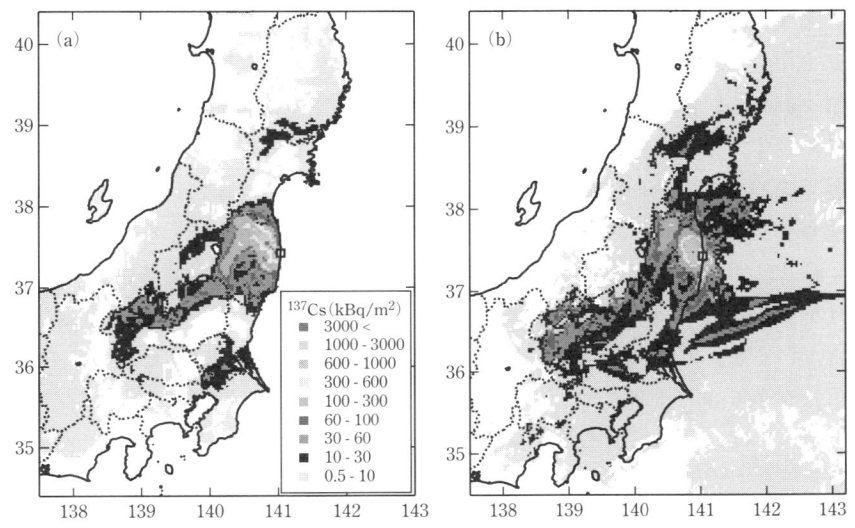

図 3.1 航空機モニタリング (a) と大気拡散シミュレーションモデル (b ; Morino et al., 2013) で推計された ^{137}Cs の積算沈着量
シミュレーション期間は 3 月 11 日 -4 月 20 日. (カラー口絵 3 参照)

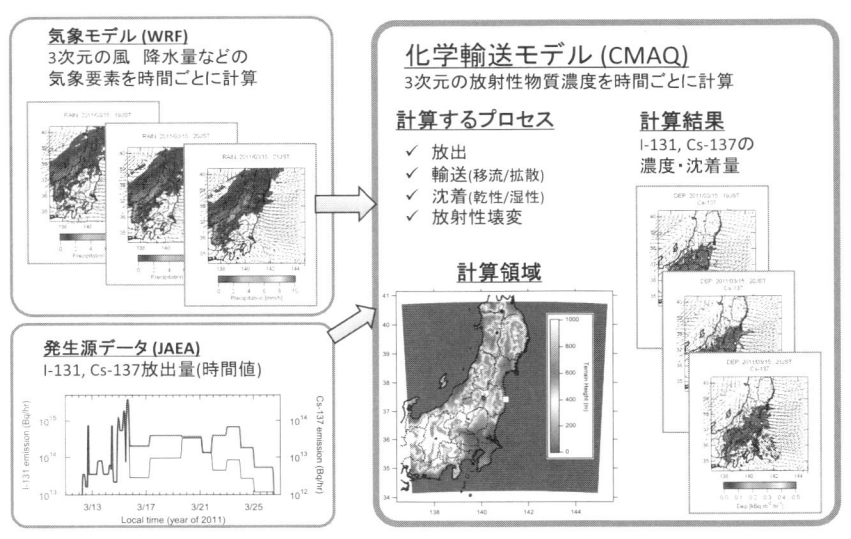

図 3.2 大気拡散シミュレーションの概略図

図 3.1（b）に，大気拡散シミュレーション結果の一例を示す（Morino et al., 2013）．シミュレーション結果を航空機モニタリングと比較すると，福島第一原発の北西・福島県中通り・北関東 3 県・茨城県南部から千葉県北西部にかけて，さらに宮城県南部・北部，埼玉県と東京都の西部など，沈着量の多い地域がおおよそ一致していることがわかる．大気拡散モデルは ^{137}Cs の沈着量が高い地域（10 kBq/m^2 以上）において，おおむね 1 桁の誤差範囲で積算沈着量を再現していた．さらに大気拡散モデルは，定時降下物モニタリングで測定された ^{137}Cs 沈着量の日ごとの変動もかなり良好に再現していた．とくに，3 月 20 日から 23 日にかけて東北地方や関東地方で ^{137}Cs の沈着量が多くなった様子や，以後約 10 日ごとの沈着量の増減やその空間分布についても，大気拡散モデルは定性的に再現していた．この大気拡散シミュレーション計算は茅野らが推定した放出量変動（第 2 章参照）を基に計算していることから，少なくとも放射性プルームが陸側に流れている期間においては，放出量が妥当に推計されていることが示唆される．モデルの計算結果は，^{137}Cs 沈着量の測定値（図 3.1（a））とファクター 10 * の範囲で一致していた．大気拡散シミュレーションに通常ファクター 2-5 程度の誤差が避けられないことを考えれば，茅野らの放出量推定値は，定量的には不確実性を含むものの，少なくとも 3 月 20 日以降については定性的には正しいものと考えられる．

大気拡散モデルの計算結果から，日本の陸上への ^{137}Cs の沈着は 3 月 15-16 日と 3 月 20-23 日の 2 つの期間に集中しており，ほとんどが湿性沈着と推測されている（図 3.3 に放射性物質の輸送経路と沈着過程の概略図を示した）．以下に，日本の陸上への ^{137}Cs 沈着メカニズムに着目して両期間の特徴を述べる．

（1） 2011 年 3 月 15 日から 16 日にかけての気象場と放射性物質の輸送

福島第一原発から最も多量の放射性物質が大気中に放出されたのは，3 月 14 日の夜から 16 日午前中にかけてと考えられている（図 2.1 参照）．このうち，15 日朝に放出された大量の放射性物質は福島県沿岸から北西方面の内陸地域に輸送され，かつその一部が北米・欧州へと遠距離輸送された

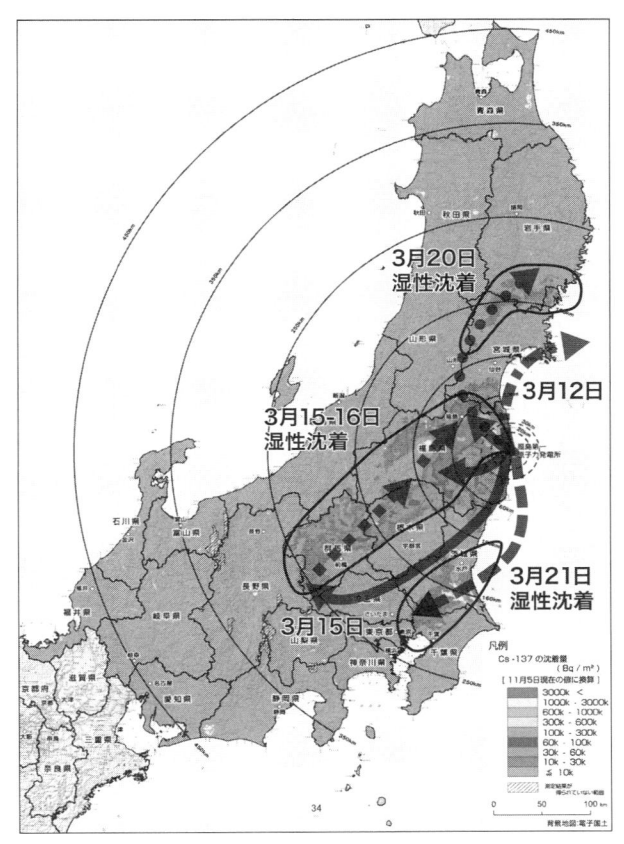

図 3.3 放射性物質の輸送経路と沈着過程の概略（JAEA 公開ワークショップで参加者の議論により作成した図）
　　　マップは文部科学省航空機モニタリングによる ^{137}Cs の沈着量分布を示す．（カラー口絵 2 参照）

(Takemura *et al.*, 2011)．これは，15 日午後に日本南岸を低気圧が通過したという「巡り合わせ」によるところが大きい．図 3.4 の地上天気図では，この低気圧の北西に，上空の深い気圧の谷に伴う低圧部が広がっていたことが確認できる．

　3 月 15 日の 1 号機および 2 号機などからの放射性物質の放出高度は比較的低く，東京電力での推定でも放出高度はそれぞれ 30 m 程度と推定されて

第 3 章　大気への拡散——53

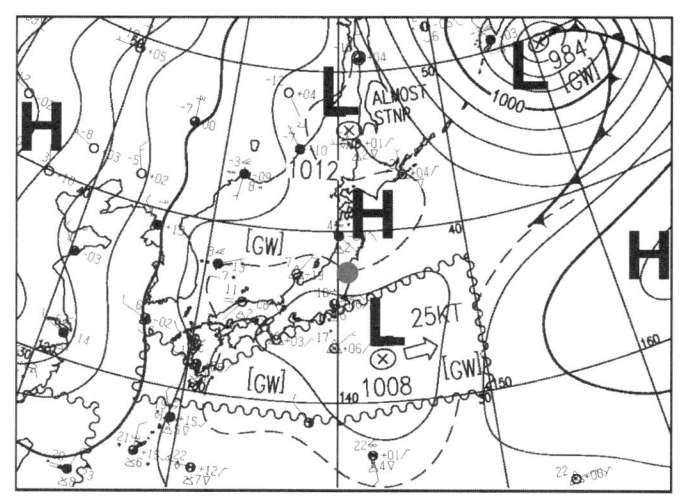

図 3.4　気象庁の解析による 2011 年 3 月 15 日 9 時の地上天気図
(Takemura *et al.*, 2011)
　　南方の低気圧（L）と北方の弱い高気圧（H）との間に位置する福島第一原発（灰色の丸）付近では，東寄りの地表風が吹きやすい．

いる．このため，その大部分が境界層内に留まり，下層風により内陸に輸送された．15 日早朝までに放出された放射性物質は，南岸低気圧に伴う北～北東寄りの風により，福島県沿岸を経て茨城・栃木県方面へとまず運ばれた．またこの時間帯は関東地方の平野部では降水がなく，希ガス等の通過による短期的な線量率の増大は各地で観測されているものの，放射性セシウム等の地表への沈着は比較的少なかったと考えられる．実際，日本原子力研究開発機構（JAEA）による茨城県東海村での観測では，15 日 6 時から 9 時にかけて ^{131}I の大気中濃度が 1600 Bq/m^3 に達しているが，9 時から 15 時にかけては 39 Bq/m^3 と急速にその濃度を減じており，空間線量率も 15 日 8 時に 3.6 μGy/h を示したものの，その後速やかに 1 桁程度減少している（古田ほか，2011）．これらのことから，午前中に大気中を通過した放射性物質を含むプルームは，地表面付近の乱渦や重力沈降などの影響によってその一部は地表に沈着したものの，降雨を伴わなかったため大気中からはさほど除去されず，その大部分は関東平野北部の内陸域へと輸送されたと考えられる．

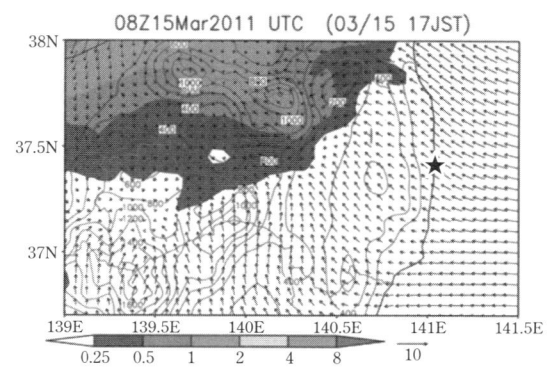

図 3.5 気象庁の解析による 2011 年 3 月 15 日 17 時の地上風（矢印；m/s）と時間降水量（網；mm）
陸上の等高線は地形の標高（m）．（カラー口絵 4 参照）

　低気圧北西方の低圧部が接近した 15 日午後には，北関東では南風に変わったため，放射性物質は北関東から福島県中通り地方へと輸送された．同じ頃，福島第一原発付近では北風から時計回りに変化し南東風に変わったため，午前中から昼過ぎにかけて放出された物質の大部分は，発電所北西方向の飯舘村方面へ輸送された．こうして境界層内を内陸に輸送された放射性物質のかなりの部分は，15 日午後から 16 日未明にかけて福島県内から北関東山岳部にかけて広く観測された降水（降雪）によって効果的に除去され，地表へ（湿性）沈着することによりホットスポットを形成するに至ったと考えられる（図 3.5）．大気拡散モデルによる推定では，各地域における ^{137}Cs の沈着のピークは 15 日 19 時前後であった．

　16 日朝には，低気圧はその北西にある低圧部と併合され，東方海上で急速に発達した．その背後の季節はずれの強い北西季節風により，16 日に放出された大量の放射性物質のほとんどは太平洋上へと輸送された．ただし，気象庁による日本周辺の領域解析によれば，強い寒気を伴う上空の深い気圧の谷の影響で，16 日の正午頃に福島県南部沿岸に小低気圧（寒気内低気圧）が発現し，福島県南部沿岸とその南方の北茨城市付近に限っては一時的に東風や南風が吹いた（図 3.6）．この局地風により，16 日朝までにいったん海

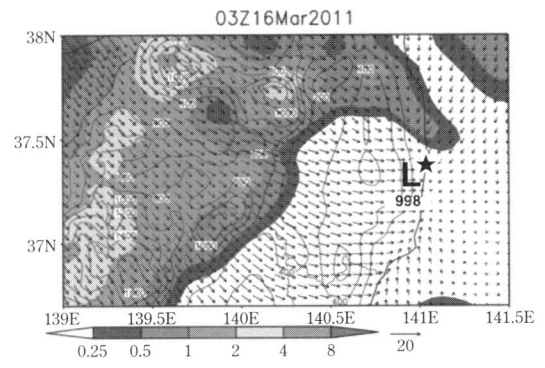

図3.6 気象庁の解析による 2011 年 3 月 16 日 12 時の地上風(矢印；m/s)と時間降水量(網；mm)．L は正午頃に発現した小低気圧(998 hPa)．陸上の等高線は地形の標高(m)．(カラー口絵 5 参照)

上に輸送された放射性物質の一部が，再び陸上に輸送されたと考えられる．

なお，地上低気圧の急発達をもたらしたのは，その北西上空に位置した強い気圧の谷で，東日本とその東方海上の広い範囲の上空に上昇気流をもたらした．これにより，境界層内部に留まっていた放射性物質の一部は対流圏中層まで持ち上げられ，平年よりも強い偏西風ジェット気流に乗って，北米，さらには欧州へと輸送された．北太平洋上空では，対流圏中層(高度 5.5 km 付近)の偏西風の速さが秒速 30 m を超えており，放射性物質は 3-4 日ほどで太平洋を横切って北米西岸へ到達したと考えられる(図 3.7；詳細は第 4 章を参照)．

(2) 2011 年 3 月 20 日から 23 日にかけての気象場と放射性物質の輸送

福島第一原発から放出された放射性物質を広く関東平野に輸送したのは，3 月 21 日から 23 日にかけて吹いた北東風である．原発から最も多量の放射性物質の放出があった 15 日早朝にも，福島県から関東地方にかけては北〜北東風が吹いていたが，正午までに東〜南東風に変わり，かつ降水が北部山岳域に限られたため，顕著な沈着もそこに限られていた．3 月 17 日以降，ベントや水素爆発に伴う大規模放出は起こらなくなっていたものの，福島第

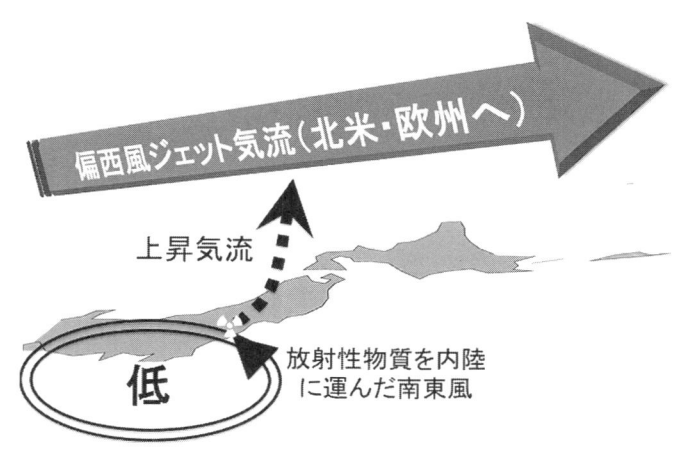

図3.7 福島第一原発から放出された放射性物質の広域輸送の仕組みを表す概念図
2011年3月15日における状況に関するもの.

一原発から継続的に放出された ^{137}Cs は，3月20日には昼頃から南風によってその後も宮城県北部から岩手県南部へ輸送され，夕方頃からの降水により湿性沈着した．この南風をもたらした大きな移動性高気圧が東方海上に退くにつれ，前線が東日本に南下した（図3.8，3.9）．

このため福島県沿岸部では，20日深夜以降は，風向が南風から北東風に反転し，放射性物質は関東方面に輸送され始めた．前線は3月21日から23日にかけて南岸沖に停滞するいわゆる「菜種梅雨」の状態だったため，関東平野では冷湿な北東風が時折降水を伴って持続し，広範な湿性沈着が断続的に起きたと考えられる．千葉県柏市周辺など関東平野に点在する多くのホットスポットは，こうして形成されたと考えられる[1]．たとえば東京大学柏の葉キャンパス（柏市）では，3月20日18時時点では 0.12 μSv/h だった空間線量率が，観測が再開された21日9時には 0.74 μSv/h に増加し，その後3月末まで継続して 0.5 μSv/h を超える値を示している（東京大学，2011）．近傍の茨城県坂東市にある気象庁アメダス坂東観測所では，21日の7時過ぎ

[1] 新聞等で報道された東京都内の浄水場で起きた水道水への放射性物質の混入も，このときの湿性沈着によるものと考えられる．

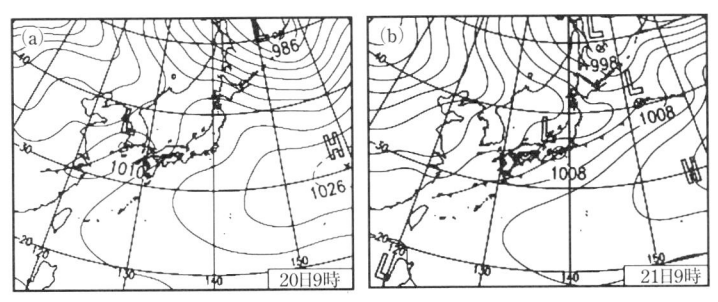

図 3.8　気象庁による 2011 年 3 月 20 日 9 時 (a) と 21 日 9 時 (b) の地上天気図

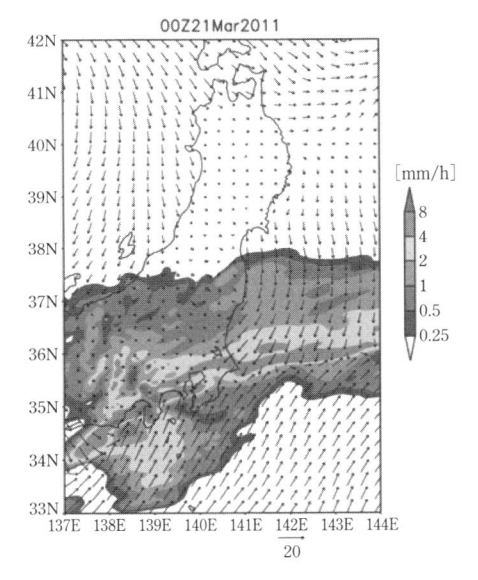

図 3.9　気象庁の解析による 2011 年 3 月 21 日 9 時の地上風（矢印；m/s）と時間降水量（網；mm/hr）
　関東南岸まで南下した前線のすぐ北側で強い降水と北東風が解析されている．（カラー口絵 6 参照）

より 1 時間当たり 0.5 mm を超える降水を観測していることから，21 日早朝に湿性沈着によって地表に沈着をもたらしたものと考えられる．ただし，ホットスポットの形成過程は局所スケールの気象場や降水過程などに強く依存するため，大気拡散モデルによる再現は未だ十分ではなく，今後さらに検証を進めていく必要がある．

3.3 今回の事故が他の季節や他の原発で起きたら？

中村　尚，森野　悠，滝川雅之

　上記の解析から，福島第一原発からの放射性物質の輸送過程は，放出の期間とそのときの気象条件との巡り合わせに強く依存することが明らかである．最大の放出のあった3月15日頃の状況を想定した思考実験を行ってみよう．もし上空の気圧の谷と付随する地上低気圧・低圧部の通過が1日早かったら，15日には原発付近で北西風が卓越し，放射性物質のほとんどは太平洋上へ輸送されてしまい，福島県内の汚染はずっと軽減された反面，海洋汚染はより深刻となっていただろう．もし3月15日の気圧配置が21日のようであったなら，関東平野の汚染はずっと深刻なものになっていただろう．2011年3月は寒気の勢力が例年になく強かった．もし平年並みに寒気が退き3月半ばに移動性高低気圧が交互に通過する状況だったとすれば，南東〜南寄りの風が1-2日持続し，阿武隈山地や仙台平野の汚染がもっと深刻化していたと推察される．

　次に，今回の事故が他の季節に起きたと仮定した思考実験を行ってみたい．真冬で北西季節風が卓越する状況であれば，太平洋上へ輸送された放射性物質による海洋汚染が懸念されるが，陸上の深刻な汚染は免れるだろう．一方，真夏であれば南寄りの季節風による輸送と，夕立などによる局地的な湿性沈着を介した福島県内陸域や仙台平野の汚染が懸念される．梅雨期や秋雨期では，停滞する前線の位置が鍵となる．前線が原発の北にあれば真夏のように内陸や仙台平野での汚染が，前線が南にあれば北東風による関東方面での汚染がそれぞれ懸念されるが，それとともに湿性沈着を促す降水がより広範囲で起こりやすいことにも留意する必要がある．たとえば，オホーツク海高気圧が東北地方に張り出す場合，福島県浜通り周辺には冷湿な北東風「やませ」が吹き込み，湿性沈着を促すことになる．

　なお，秋雨期には台風が接近しやすく，降水の影響がなければ，強風により汚染範囲が拡大する懸念がある．また，暖候期の台風（熱帯低気圧）や寒

候期の温帯低気圧接近時には，低気圧中心が原発のどの方角を通過するかに汚染の広がる向きが大きく依存する．一方，高気圧に覆われた弱風時は原発近傍の汚染がとくに深刻化し，日変化が大きいのが特徴である．地表付近の成層度が強まる早朝・夜間には，原発近傍の放射性物質の濃度がとくに高まるのに対し，海風が入る午後には内陸への輸送が懸念される．

では，わが国の他の原発で万一事故が起きたらどうだろうか？　上記の思考実験で用いた日本付近の気象場に関する四季の特徴を適用すれば，どの原発についても，思考実験はさほど難しいことではない．万一の事故発生時への備えとして，自らの居住地域が原発の風下側なのか風上側なのかを，現況天気図と予報天気図に基づき行政が（できれば住民も）即時に判断できるよう，日頃から訓練しておくことが肝要である．

放射性物質の放出がチェルノブイリ事故のように爆発的でない限り，物質の輸送は主に地表から高さ1km程度までの境界層内で起こる．境界層では地表摩擦の効果により気圧の高い方から低い方へと風が吹くため，おおまかに見れば，日本海側にある原発の事故では，冬の季節風や低気圧通過後の北西風により，内陸での汚染が深刻化しやすい．逆に，太平洋側にある原発の場合には，内陸への輸送の可能性を高めるのは，夏季季節風や低気圧接近時の南風や東風である．

ただし，風向が明瞭に時間変化する場合には，その瞬間の風系だけでは物質輸送の向きを必ずしも正確に推測できないことに注意が必要である．実は，原発からの物質輸送に関するこうした有益な情報（いつ，どこに運ばれやすいか）は定常放出量を用いたSPEEDIによるシミュレーションからも得られるのである．たとえ今回の原発事故の際のように放射性物質の放出量時系列が得られず，放出源に対する相対的な濃度分布の情報しか得られなくても，物質がどの方角にどの程度の速度で流されていくかに関するSPEEDIの情報は，住民避難のための方策立案に有用なのである（第8章参照）．

最後に「越境汚染」と呼ばれる広域輸送について考えておこう．わが国は偏西風帯に位置するため，どの原発で事故があったとしても，境界層を越えて自由大気中に上昇させられた放射性物質は，太平洋上を東へ輸送される確率がきわめて高い（第4章参照）．唯一西方へ輸送があるとすれば，事故を起

こした原発の付近かその北方を高気圧が通過する場合である．その場合，高気圧南側の下層の東風によって放射性物質が大陸方面へ輸送される可能性がある．実際，2011年4月上旬にはこうした状況下で微量ながらも放射性物質が韓国へ届いた（Hernandez-Ceballos *et al.*, 2012）．一方，中国や韓国の原発で万一事故が起きれば，放射性物質が偏西風に乗ってわが国に到達する可能性が高いが，これは毎年起こる黄砂の状況を見れば明らかである．わが国にどの程度の影響があるかは，放射性物質放出の規模やその時の気象状況に大きく依存する．

3.4 大気拡散モデルの不確実性の要因

滝川雅之，森野　悠，中村　尚

　これまでも述べてきたように，時間的，空間的に制約がある観測結果を基に広域的な分布を推定したり，高沈着量域の生成プロセスを推定したりする上で，大気拡散モデルは非常に有益である．ただし，モデルシミュレーションには放出量，風による輸送・拡散過程，降雨等に伴う沈着過程による大気からの除去過程のそれぞれについて不確実性が存在するため，シミュレーションの利用には十分な注意が必要である．

　今回の事例では，緊急時対策支援システム ERSS*（Emergency Response Support System）による放出量予測や原子炉排気筒からの放出流量測定が震災のため利用できなかったため，モニタリングポスト*等でのダストサンプリングや線量率観測などを用いて放出量推定を行っている（第2章参照）．また，原発周辺は地震発生後3月14日日中までは西風が卓越し，放射性物質が主に海上へと輸送されたと推定される．このため，宮城県女川町など一部の地点で線量率の一時的増大が観測された以外に手がかりとなり得る情報がなく，当該期間にどの程度の放射性物質の放出があったかを推定するのは非常に困難である．さらに，2014年5月時点においても各研究機関等による大気放出量推定値には期間によっては3桁程度もの差異があり，「どの期間にどの程度放出されたのか」という基本事実の把握についても，

未だ大きな不確定性が残されているのが実情である.

　一方,風向・風速および降水など輸送・除去過程に関わる基礎的な気象データに関しても,地震と津波の影響で東北地方太平洋側には広域にデータ欠損が見られる.とくに,福島県内では,31 カ所の気象庁測候所もしくはアメダス観測所のうち,3 月 15 日時点で観測を行っていた観測所は浜通り地方では皆無で,原発敷地内あるいはその周辺のわずかなモニタリングポストでしか気象データが取得できていなかった.こうしたデータ欠損は,地震動の直接的影響や津波による機器の故障,あるいは非常用電源装置の機能喪失による運用停止等によるものである.このため「どこに運ばれ,どの程度大気から除去されたのか」を理解するための支配的要因の 1 つである当該期間の気象条件について,大気モデルの結果をきちんと検証することは困難である.とくに,3 月 15 日から 16 日にかけては 1 時間当たり 0.5 mm 以下の非常に弱い降水が福島県内とその周辺で広域にわたってあったとモデル等から推測される(図 3.5,図 3.6 参照)が,そのような降水の時空間分布に関する観測データはきわめて限定的である.一方,福島第一原発から内陸方面への輸送経路上に位置する阿武隈山地においては,尾根や谷によって局所的な地上風系や降水分布が影響を受けていた可能性が高いが,大気モデルの分解能(格子点間隔)より細かい局所的な地形の影響をモデルで適切に考慮することは困難である.

　SPEEDI など国内外で使用されている大気拡散モデルは,それぞれ異なる計算モジュールを用いて大気からの除去過程等を推定しているが,基本的にこれらのモデルは過去の事例や理論に基づき定式化された計算手法を用いており,同一の気象場を用いたとしても,沈着量分布推定などではモデルによって差異が現れる.たとえば,SPEEDI はチェルノブイリ事故などの事例を踏まえて,降水強度の関数として除去率を求めている.一方,国立環境研究所で使用している CMAQ モデル*(the models-3 Community Multiscale Air Quality ; Morino *et al.*, 2011, 2013)は,本来大気汚染物質等に関するシミュレーションを行うモデルであり,粒径分布等から放射性セシウムが(酸性雨等の元となる)硫酸エアロゾル*のなかに含まれている可能性(Kaneyasu *et al.*, 2012)を踏まえ,放射性セシウムの大気からの除去過程が硫酸エアロゾ

ルのそれと同様と仮定して計算している．

　大気拡散モデルによる沈着量分布推定などには，観測と比較しておおむね1桁程度の差異がある．多種多様な観測データとの比較，および複数モデルの相互比較によって大気拡散モデルの再現性の検証を進めていくとともに，その結果を踏まえて今回の事象の把握および対策検討に用いていく必要がある．

3.5　福島大学の大気観測による放射性物質の動態

渡邊　明

　福島大学では，時間とともに変化していく放射能汚染の実態を可能な限り残す仕事を行ってきた．今回の事故とは関わりなく，1988年4月から開始した酸性雨の観測は今も続いており，事故当時も汚染した雨水や降下粉じんがこの観測で採取され，その試料から放射性物質の降下量が測定できた．そんななか，バイサラ社から放射能ゾンデ*観測の支援と東京大学大気海洋研究所からの観測支援の話が持ち込まれた．放射能ゾンデの観測者を学内で募り，2011年4月15日から4月29日までの連日と，月1回の観測を同年8月まで実施した．その期間の観測結果が図3.10である．これらの高濃度放射性物質の存在は，大気モデルで計算した事故現場からの直接輸送と一致している．ただし大気中の放射性物質がセシウムとすればβ線とγ線強度は同じところで強くなるはずであるが，β線のみ対流圏面下部で増大している．とくに，多湿領域で高線量となっており，雲粒子などに放射性物質が濃縮・捕集されたのではないかと推測された．

　図3.11に福島大学屋上で観測した大気中の放射性物質の濃度の推移を示す．福島大学屋上のハイボリュームサンプラーで^{131}Iが検出された最終日は6月15日，高濃度セシウムが観測され事故現場からの直接輸送が確認されたのは10月27日まで続いた．大気中の放射性物質は，事故から時間の経過で単純に減少すると考えていたが，11月上旬を底に，再び増加傾向を示している．強風による再飛散*などがその原因と考えられるが，この濃度は約

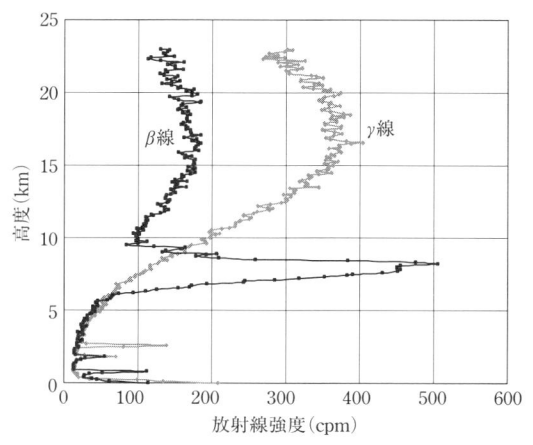

図 3.10　2011 年 4 月 15 日から 29 日までの 15 日間における東北地方上空における平均的な β 線および γ 線の強度の鉛直分布

　高度 100 m ごとに平均し，さらに 15 回の観測値を平均した分布．

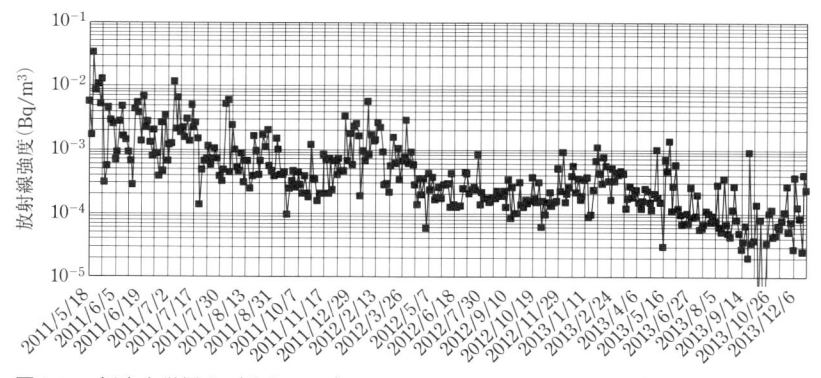

図 3.11　福島大学屋上（地上 24 m）のハイボリュームサンプラー（吸引量：毎分 700 L＝1000 m^3/日）による大気中放射能濃度の推移（2011 年 5 月 18 日-2013 年 12 月 31 日）

40 日周期で変動している．前述の放射能ゾンデ観測で計測された上層大気中の放射性物質が，徐々に降下している可能性を窺わせる．また，2 号機建屋のブローアウトパネル開口部が閉鎖された 2013 年 3 月まで約 1000 万

Bq/h の放射性物質の放出が続き，その後も 1 桁小さくなったものの 100 万 Bq/h の放出が続いており（東京電力，2013），モニタリングデータの解析と大気拡散モデルを用いた予測を安全管理に生かしていく必要がある．

（1） 空間線量率のモニタリング

　福島第一原発事故で多量の放射性物質が一般環境中に放出された．原子力発電所に設置が義務づけられているモニタリングポストは，地震と津波で崩壊したり，電源の切断で使用できなくなったり，その多くがモニタリング機能を失った．事故発生当時は基本的に人海戦術で，移動観測をするなどして空間線量率の測定が実施された．

　図 3.12 は事故発生直後の 2011 年 3 月 14 日から 31 日まで人的に測定されたいわき市と福島市での毎時の空間線量率の推移と，同期間のアメダスで観測した 1 時間降水量の推移を示したものである．いわき市では 15 日 4 時に 23.7 μSv/h を記録し，福島市では 15 日 19 時に 23.9 μSv/h を記録している．いわき市では福島市とほぼ同じ濃度の放射性物質が輸送されたものの沈着量は少なく，脈動しながら減少し，15 日 8 時には 2.7 μSv/h になっている．一方，福島市はピークを境に約 8 日間で半減するような減衰曲線で減少している．この両者の違いは，高線量時期と降水現象とが同時に発生しているかどうかの差異だけである．いわき市は高濃度プルームが通過し，降水現象がなく，乾性で沈着しているが，福島市の場合はむしろ放射性物質が雨で地表に沈着することで高線量率が出現していると考えられる．こうしたモニタリング結果や沈着過程が事前に理解されれば，基本的に屋内退避などの避難行動が可能で，被ばく低減に大きな役割を果たしたと考えられる．とくに，いわき市では汚染気塊が通過するのを避けるだけで低減できた例である．こうした事実をみると商用電源に依存しない独立性を持ったモニタリングが重要である．

　今回の事故を受けて文部科学省は 2012 年度内に学校を中心とし，福島県内 2700 カ所にモニタリングポストを設置し，地上 1 m の空間線量率をリアルタイムで確認できる体制を整えた．しかし，空間線量率のデータを知らせるだけでは物足りない状況が生まれている．1 つは設置場所が学校中心で，

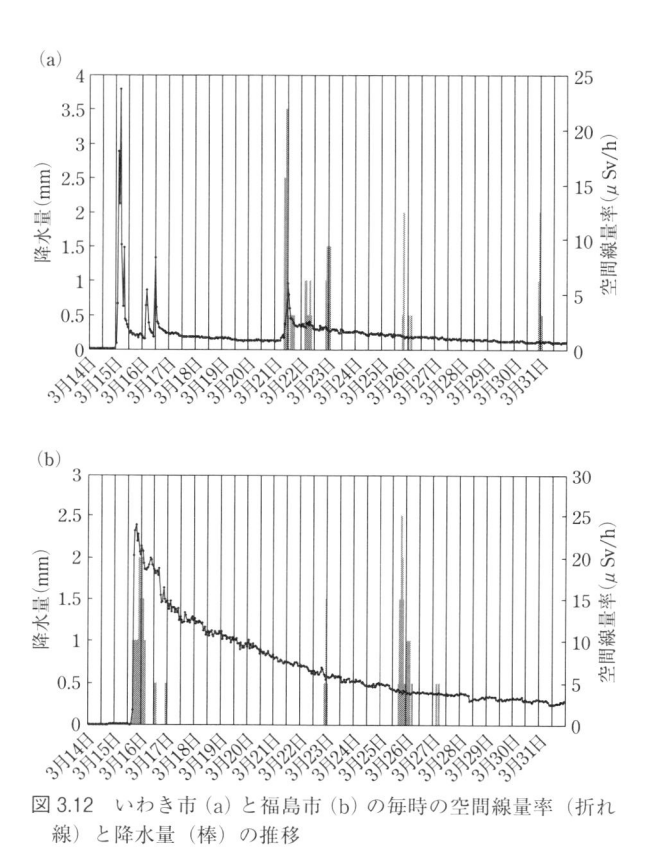

図 3.12 いわき市 (a) と福島市 (b) の毎時の空間線量率（折れ線）と降水量（棒）の推移

自治体の復興計画や除染計画等に対応したモニタリングが展開できていないことである．もう1つは，一喜一憂しながら監視しているモニタリングポストの値の変動原因が解明されていないことである．図 3.12 に示した両市のモニタリングデータでも空間線量率が時々高くなったり，脈動したりしている．そもそも確率的な放射崩壊がなぜこのように変動するのか，計測機器の温度補正の問題という説もあるが，気温との関係も明らかではない．それでは放射性物質自体がモニタリングポストの周囲で変動しているのかといえば，線量率が変わるほど多くの放射性物質の移動や蓄積は考えにくい．ただ，この時期には事故現場から何度となく（福島市の場合は3月中に少なくとも5

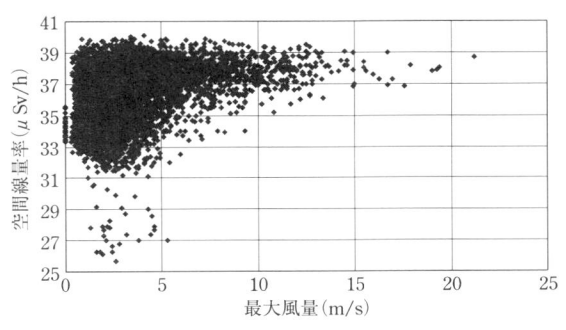

図 3.13 毎時の最大風速と空間線量率の関係

回）放射性物質が大気中を輸送されており，それらの変動を理解するためにも気象測器と放射線測定器とを併せもったモニタリングポストの設置が必要である．

　こうした観点から福島大学は，気象測器と放射線測定器を一体化し，太陽パネルと電池で稼働するモニタリングポストを開発し，計測を開始した．福島第一原発事故から1年後の気象要素と空間線量率の同時測定で，降雨や降雪，積雪時には水による放射線の遮蔽効果で空間線量率が減少することが明らかになった．また，図 3.13 に示すように，やや強風のときには高線量率が出現しやすい傾向があるものの，空間線量率変動と風速には直接の関係は見出されなかった．同様に湿度や気温，風向との関係も明らかではない．しかし，今後の除染作業においても，また，仮置き場や中間貯蔵施設ではそれらの施設がなくなるまで監視が必要で，気象測器を併せもつ線量計の設置と，容易に監視できるネット通信体制を確立することが必要なことはいうまでもない．

（2）　大気中濃度と降下量のモニタリング

　モニタリングは空間線量率だけでよいのであろうか．今後のためにも，人類史に残る原発事故による被ばくに対して，きちんとした被ばく線量評価を行い疫学的調査に利用できるデータとして完成させることは，事故に対する責任の1つの取り方である．このためにも，さまざまな項目についての環境

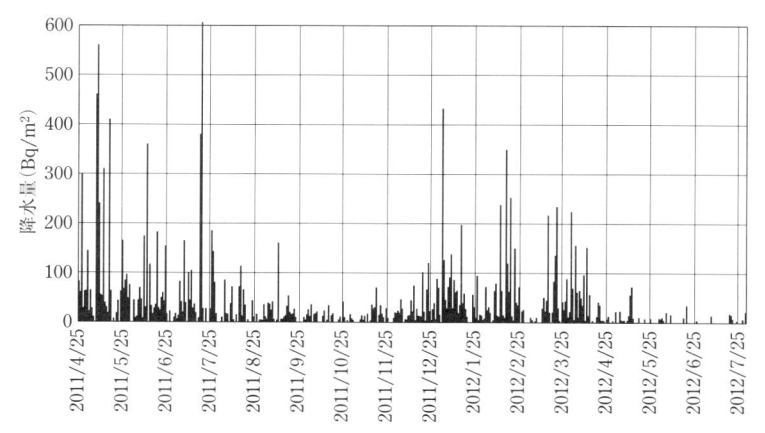

図 3.14 福島市市内で福島県原子力センターが計測している毎日の放射性物質の降下量 (Bq/m^2)

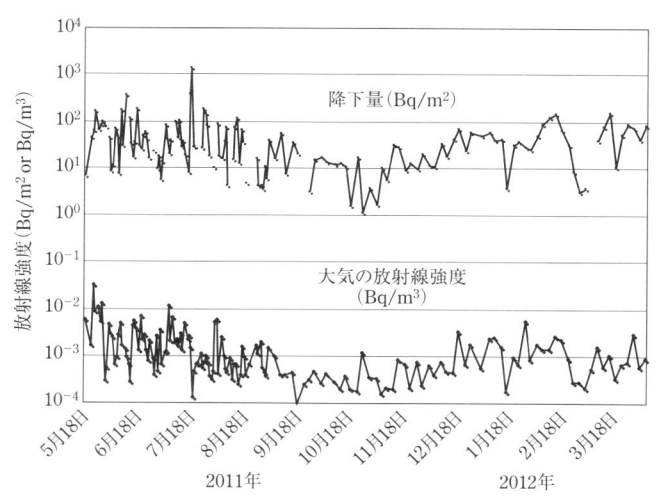

図 3.15 福島県原子力センターが計測している放射性物質の日降下量 (Bq/m^2) と福島大学が測定している大気中濃度 (Bq/m^3) との関係（両者とも対数）

監視が必要である．たとえば，放射性物質の動態を明らかにするためには，大気中の濃度，それに伴う大気からの降下量，地表での流出や移動等，放射性物質の収支をモニタリングすることが必要である．しかし，現在理解でき

ているのは放射線強度（線量率）のみで，収支を理解するには至っていない．

図3.14は福島県原子力センターで毎日観測している放射性物質の降下量を示したものである．事故現場からの放射性物質の放出の減少で，降下量も減少するかと思えば，2011年11月上旬を底に，再度増加し，2012年1月，2月，3月にピークとなっている．これは大気中の放射性物質濃度の変動と同じである．2011年3月27日から2012年9月30日までの総降下量は2万Bq/m^2に達し，決して無視できる量ではない．

図3.15は福島大学屋上で計測している放射性物質の大気中濃度と降下量を併せて示したものである．大気中濃度も降下量と同様な変動をしている．降下量は地表付近の放射性物質が再飛散し，降下するものを無視すれば，基本的に大気中の放射性物質が沈着しているはずで，沈着速度は一定時間の平均的な大気中濃度で降下量を割ることによって求められる．その沈着速度は約30 cm/sと大気モデル等で用いている値にくらべて非常に大きい値になっている．また，大気中の放射性物質濃度から（第1章で述べた線量換算係数を用いて）求められる呼吸による内部被ばく量は，1年間で$0.17\,\mu Sv$程度になっていることも，こうした大気中濃度観測から明らかにすることができる．

3.6　放射性物質の大気中濃度データの発掘と総合解析

鶴田治雄

福島県内では，事故直後の大気中の放射性核種のデータが非常に限られており，初期内部被ばく量の推定の不確実性が大きい．そのために，研究者と関係者はそのときの試料やデータの確保と発掘に多くの努力を払っている．文部科学省と福島県原子力センターは，2011年3月12-13日に，原発周辺でダストサンプラーにより大気中の放射性物質の測定を実施しており，3月18日以降はさらに範囲を広げて70 km付近でも採取している．また，東京電力も福島第一原発と第二原発の敷地内で，3月19日から同様な測定を実施している．これらのデータはそれぞれのホームページ[2]で公開されている．

しかし，それらの測定は，1日に1，2回で大気採取時間は10-40分と短く，場所も移動しているときもあり，時空間的に限られている．一方，関東地方では，事故直後からいくつかの機関が独自に測定を始めてその結果を公表しているが，それらをとりまとめた報告はない．さらに，多くの地点で独自に測定されたデータが公表されているが，そのままでは十分に活用することができない．また，未公表のデータや試料もあると思われるので，日本学術会議などで，データをとりまとめ，保存する取り組みが開始された（11.2節参照）．本節では，データや試料の発掘，また個々に発表されているデータのとりまとめ結果などについて，その活動の一端を紹介する．

（1） 関東地方における大気中放射性物質の連続測定結果の総合解析

関東地方では，少なくとも10の機関が独自の方法で，事故直後から大気の採取と放射性物質の分析を開始しており，それぞれのデータおよび解析結果は，論文としてあるいはホームページで公開されている．しかし，それらのデータは，総合的に解析されていなかったので，広域の汚染状況と主な放射性物質である ^{131}I と ^{137}Cs の動態について解析を行った．

図3.16は，測定が行われた8地点（10研究機関）であり，群馬県高崎市（包括的核実験禁止条約（CTBT）放射性核種観測所），茨城県東海村（JAEA東海研究開発センター（TRDC）内の核燃料サイクル工学研究所（NCL）と原子力科学研究所（NSRI）），茨城県大洗（JAEA大洗研究開発センター（ORDC）），茨城県つくば市（国立環境研究所/高エネルギー加速器研究機構（N），気象研究所（M）），埼玉県和光市（理化学研究所），東京都世田谷区深沢（東京都立産業技術研究センター），千葉県千葉市稲毛（日本分析センター），神奈川県川崎市田島（旧川崎市公害研究所），である．これらの機関で測定された，2011年3月13日から3月31日までの ^{131}I と ^{137}Cs のデータを総合的に解析した結果（鶴田・中島，2012；Tsuruta *et al.*, 2012；鶴

---

[2] http://radioactivity.nsr.go.jp/ja/contents/8000/7572/24/dust%20sampling_All%20Results%20for%20May%202011.pdf
http://www.tepco.co.jp/nu/fukushima-np/f1/smp/index-j.html
http://www.tepco.co.jp/nu/fukushima-np/f2/indexold-j.html

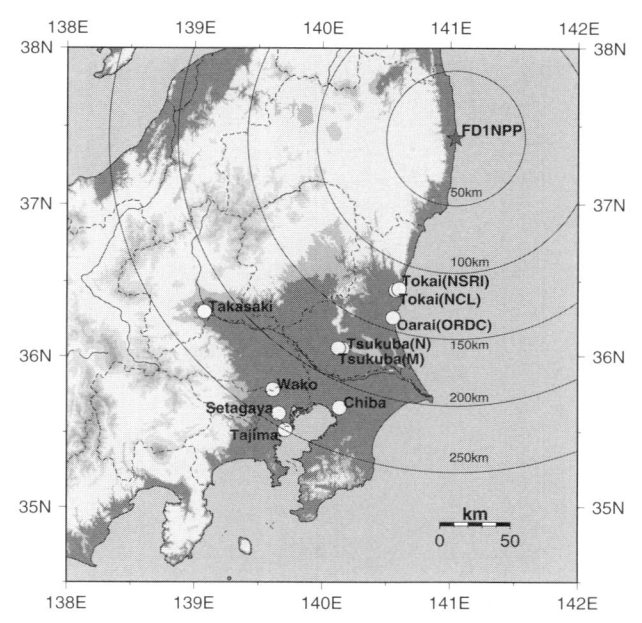

図 3.16 関東地方において事故直後から大気中放射性物質を連続測定していた地点（Tsuruta et al., 2012）

田ほか，2013）の概要を紹介する．（なお，神奈川県茅ヶ崎市でも同様な測定が実施されていたことが最近わかった（神奈川県衛生研究所，2012）．）

（ⅰ）すべての地点で共通に，大気中の ^{131}I と ^{137}Cs の放射能濃度が高くなった時期は 3 月 15-16 日と 3 月 20-23 日の 2 期間であり，空間線量率が高くなった時期と一致した．図 3.17 に東海村でのデータ（古田ほか，2011；鶴田・中島，2012；Tsuruta et al., 2012；鶴田ほか，2013）を示す．

（ⅱ）大気拡散モデルによる数値計算によれば，これらの高濃度の放射性物質を含んだ空気塊は，福島第一原発から大気中に放出されたものが，プルームとして風下側に輸送されたものであり，風向が時間とともに変化していたので，プルームが通過した時間は短かった．

第 3 章 大気への拡散——71

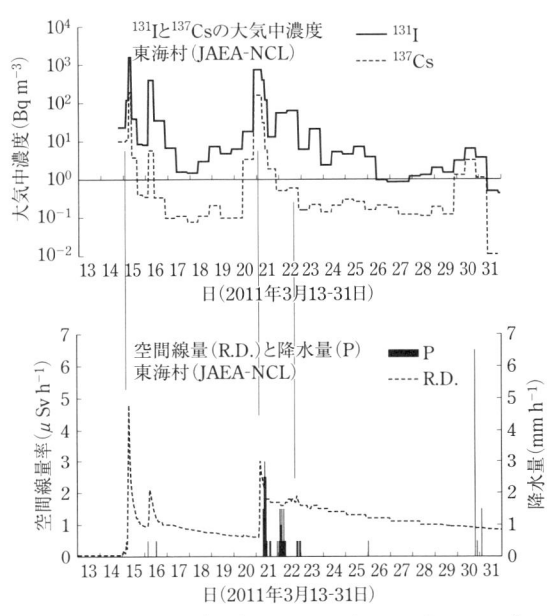

図3.17 茨城県東海村（JAEA-NCL）における2011年3月13-31日の期間の時系列データ（Tsuruta et al., 2012）
上段：大気中の^{131}Iと^{137}Cs濃度（縦軸は対数），下段：空間線量率（R.D.）と降水量（P）．

（iii）^{131}Iは，粒子状と気体状で存在するが，東海村のNCRとつくば（Doi et al., 2013）では，それぞれを別々に採取して測定した．粒子状^{131}Iの，全体の^{131}Iに対する割合について解析したところ，これら2地点で共通して見られたことは，高濃度になった2期間は，その割合が大きく（0.5-0.8），その他の期間は小さかった（0.2-0.4）ことである．これら2地点では，採取方法は異なっており，また，2地点間は直線距離で約65 kmと比較的離れているにもかかわらず，その比が同じ変化をしていた．なお，この比は，東海村でも測定機関によって異なっており，東海村のNSRIの測定によれば，空間線量率がピークを示したときは最大0.7で，放射性プルームが到達していないときは0.1と小さかった（Ohkura et al., 2012）．これらの値は，前出した東海村（NCL）やつくばでの比と異なっている場合もあり，採取方法の違いなどさ

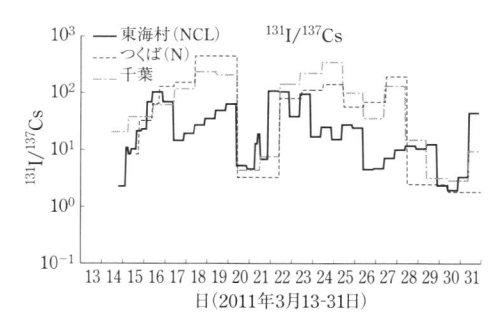

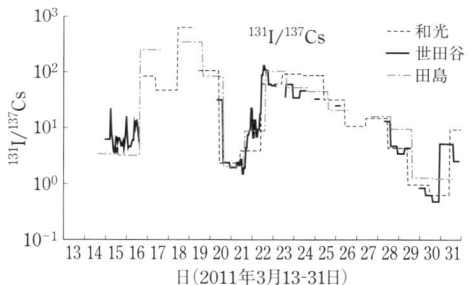

図 3.18 2011 年 3 月 13-31 日の期間の大気中の ^{131}I と ^{137}Cs の濃度比（Tsuruta *et al.*, 2012）
　上段：東海村（JAEA-NCL），つくば（N），千葉の3地点．下段：和光，世田谷，田島の3地点．

らに詳細な検討が必要である（鶴田ほか，2013）．これらから，一般的に ^{131}I は，高濃度の期間中は，少なくとも半分は粒子状で存在し，そのほかの低濃度の日は，おもに気体で存在していたことがわかった．なお，チェルノブイリでの原発事故後でも，ヨーロッパでの測定によれば，事故後4日目のドイツにおける降水前の大気中の粒子状 ^{131}I の全体の ^{131}I に占める割合は，約 40% だったが，降水後は 22% 以下と減少しており，関東地方と同様な結果が得られていた（文部科学省，2003）．

（iv）一方，^{131}I と ^{137}Cs の放射能比は，地点に関係なく，時間的にほとんど同じ変化を示した（図 3.18）．この比（^{131}I/^{137}Cs）は，放射性物質濃度の高かった，3月 15-16 日および 3月 20-21 日では約 10 かそれ以下だったが，

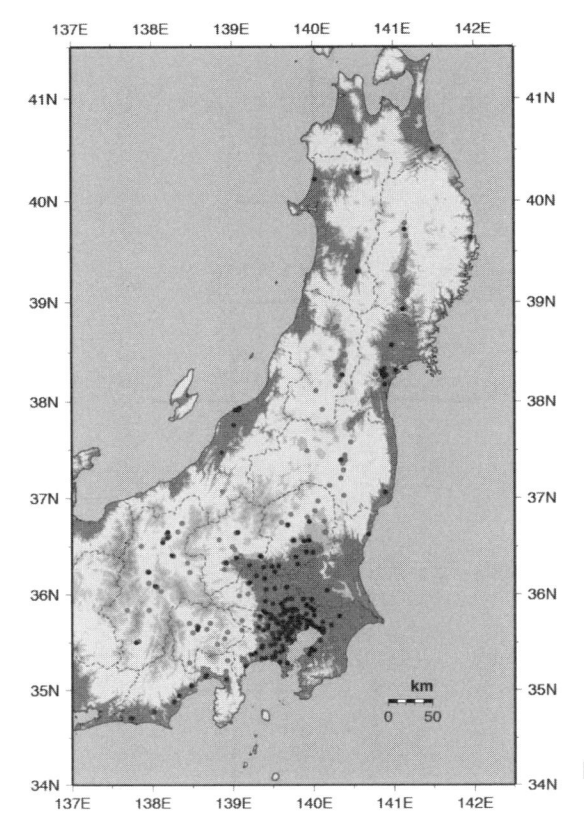

図 3.19 東日本の大気環境常時測定地点

その他の期間は 100 前後と非常に大きかった．前者は，原子炉容器内部における 3 月 11 日時点での存在比（西原ほか，2012）によく対応しており，圧力容器のドライウェルからの放出と推定された．一方，後者は，^{137}Cs の濃度が非常に低いのに ^{131}I が相対的に高いことによるもので，その原因が放出率の変化なのか，いったん沈着した地表面からの物理的な再飛散や蒸発などによるものかは，まだよくわかっていない．

このように，個々に公表されたデータをとりまとめて総合的に解析することにより，あらたな知見が得られた．

（2） 浮遊粒子状物質（SPM）計測の利用

もし，多くの地点における大気中の放射性核種の放射能濃度の連続測定値が存在していて，その時空間分布が作成できれば，初期内部被ばく量の推定，大気拡散モデルの改良，福島第一原発からの放射性物質の放出率の再推定などに，大きく貢献できる．しかし，そのような観測データは，これまでは前述した関東地方の 8 地点に限られていた．一方，日本の大気環境常時測定局では，大気汚染防止法に基づき，各自治体が環境省と連携して，浮遊粒子状物質（SPM）を，1 時間ごとに連続して測定している（図 3.19）．この原理は，大気を毎分 15-18 L で吸引して，テープろ紙上に大気中の SPM を捕集し，β 線の SPM による減衰を利用して，SPM の質量濃度を測定するものである．この試料が保存されていて，1 時間ごとの放射性物質の濃度を精度よく分析できれば，時空間分布の作成に向けて，大きな進展が期待されるので，現在検討中である．

3.7　大気エアロゾル放射能の観測と地表からの再飛散の影響

北　和之

事故後の大気中の人工放射性物質の変動については，本書においてもすでにいくつか示されているが，日本地球化学会をはじめとする日本地球惑星科学連合と日本放射化学会の連携緊急モニタリングチームの活動は，より広域的な人工放射性物質の広がりとそのメカニズムを理解する上で重要なデータを提供しつつある．

このチームに参加した研究者の努力により，日本各地の 20 以上の地点において，事故直後の 2011 年 3 月下旬～4 月上旬から大気エアロゾル*（粒子）のサンプリングが開始された．同年 5 月にサンプリング地点は 11 ヵ所に再編され，さらに 9 月以降は福島第一原発を距離 70-100 km で囲むように位置する仙台（のち丸森町），福島，郡山，日立の 4 地点において現在（2014 年 5 月）も測定が継続されている．この 4 地点での大気中の ^{131}I および放射性セシウムによる放射能濃度は，事故直後の 3 月下旬～4 月初めには，

しばしば 1 Bq/m³ 以上の値を示したが，その後増大減少を繰り返しつつも 2011 年 9-10 月まで全般的に減少していった．上記 4 地点で濃度変動範囲に有意差はなく，事故後 2 カ月後の 5 月には 0.0001-0.02 Bq/m³，5 カ月後の 8 月には放射性セシウム濃度は 0.00005-0.005 Bq/m³ まで減少した．半減期の短い ^{131}I はより減少が速く，7 月以降はほぼ常に検出限界以下の低濃度となった．

　各観測地点において，大気中の ^{131}I および放射性セシウムによる放射能濃度は，しばしば 1-2 日の短期間の内に 1-2 桁の大きな変化を示す．図 3.20 は，福島第一原発から見てほぼ同方向に位置している日立，柏，および横浜で観測された大気エアロゾルの ^{137}Cs 放射能濃度の時間変化を示している．^{134}Cs も同様の変化を示す．この短期間的な増減は，これらの観測地点でしばしばほぼ同時に起こっていることがわかる．同図において，大気拡散モデル（滝川雅之，私信，2011）によって推定された福島第一原発から放出された ^{137}Cs による大気放射能濃度値が観測値と比較されているが，2011 年 6 月以前では観測値とモデル推定値の極大値となるタイミングが一致していることが多い．これらの結果は，この時期の大気放射能増加が，減少しつつも続いていた福島第一原発から大気への漏洩によって放出された放射性物質が風により輸送されてきたことによるものであることを示している．この放射性物質の移流の影響と思われる大気中での放射能増加は，2011 年 10 月以降ほとんど見られなくなった．

　図 3.20 のモデルにおいて福島第一原発からの風による輸送の影響を受けないときに，大気中の ^{137}Cs 放射能濃度のモデル推定値は 2-3 桁以上減少しているが，観測値はそれほど減少していない．また，2011 年 10 月以降，大気中の ^{137}Cs 放射能濃度は増減を繰り返すものの，系統的な減少傾向は見られず，約 0.01 Bq/m³ と事故以前より 3 桁程度高い値も観測されている．これらの時期の大気中の放射性セシウム濃度は，観測地点により系統的に異なっており，福島第一原発からの距離よりむしろ各観測地点での放射性セシウムの沈着量と正相関している．このことから，大気中の放射性セシウムは，観測地点付近の地表（土壌，植生）から放射性物質が風により巻き上げられる，再飛散によってもたらされたものであると考えられる．この放射性物質

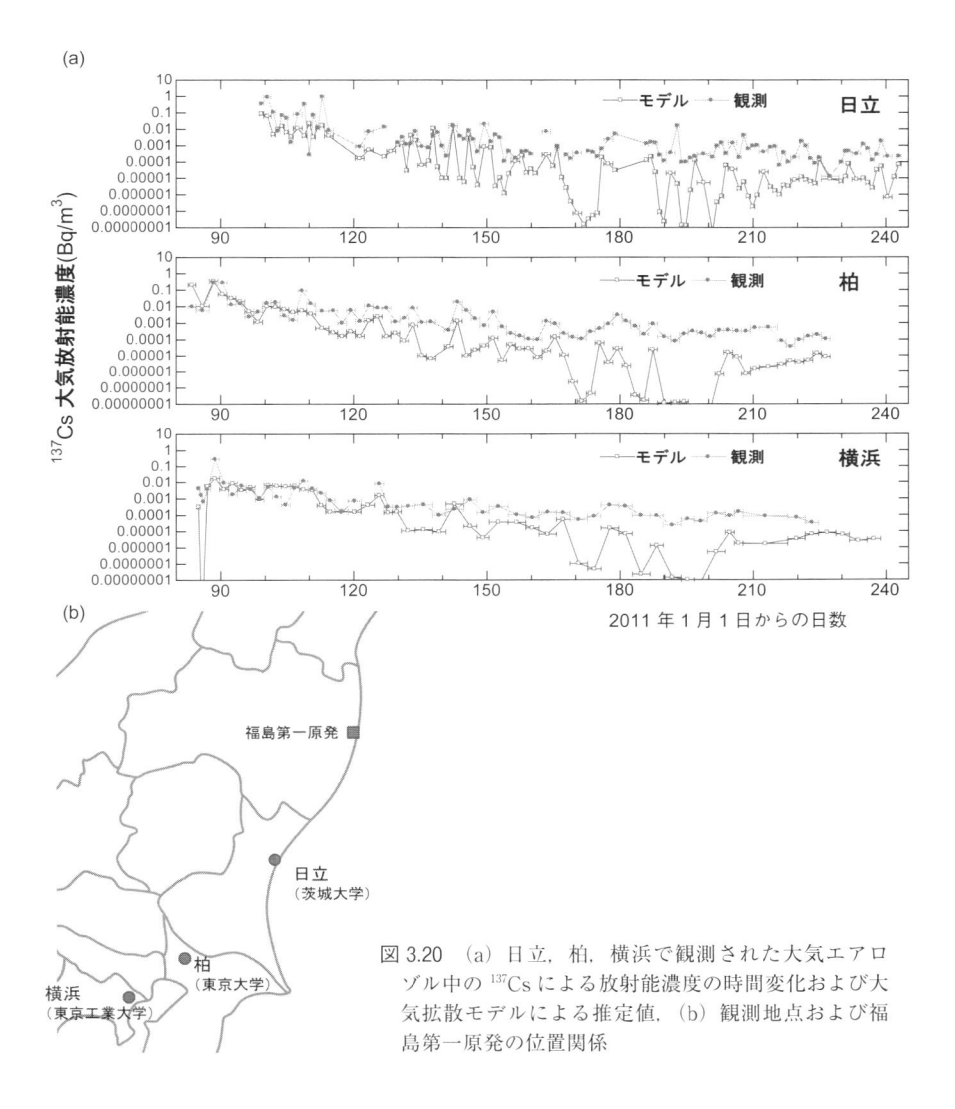

図 3.20 (a) 日立，柏，横浜で観測された大気エアロゾル中の ^{137}Cs による放射能濃度の時間変化および大気拡散モデルによる推定値．(b) 観測地点および福島第一原発の位置関係

の大気への再飛散のメカニズムおよびそれにより巻き上げられる放射性セシウムの定量化については，文部科学省および原子力規制庁による調査事業や，新学術領域研究「福島原発事故により放出された放射性核種の環境動態に関する学際的研究」による調査などにより進められている．

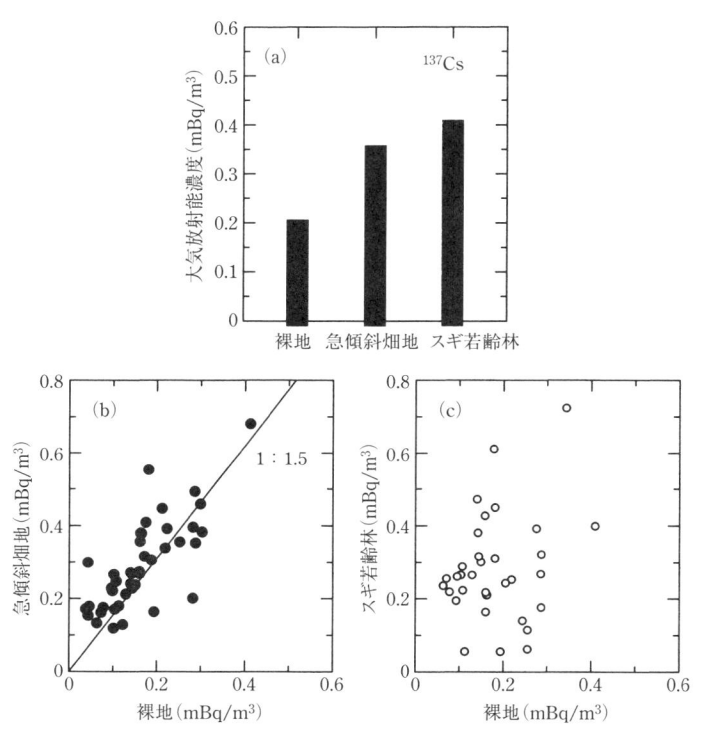

図 3.21 (a) 福島県川俣町の 3 地点（裸地，畑地，スギ若齢林）にて，2012 年 1-3 月に測定された大気エアロゾルの ^{137}Cs による放射能濃度平均値（日本原子力研究開発機構，2013）．(b) 裸地と畑地で同じ期間に測定された ^{137}Cs による放射能濃度の相関．(c) 裸地とスギ若齢林で同じ期間に測定された ^{137}Cs による放射能濃度の相関．

　図 3.21 (a) は，この調査において福島県川俣町の協力により，互いに数 km 離れた土地利用の異なる地点（裸地，畑地，スギ林）で測定された，2012 年 1-3 月の大気中の ^{137}Cs による放射能濃度の平均値を示したものである（日本原子力研究開発機構，2013 より抜粋）．図 3.21 (b) に示すように，裸地と畑地での大気中の放射能濃度はよい正相関を示し，その比（約 1.5）は裸地と畑地の地表に沈着している ^{137}Cs 濃度の比とほぼ一致している．これらの場所では地表から大気への再飛散の割合はほぼ同じであると考えられる．
　当初再飛散の主要なメカニズムは，表層の土壌粒子の風による巻き上げに

より，土壌粒子に付着している放射性セシウムが大気中に供給されると予想されていた．しかし土壌粒子が直接飛散するためには，通常土壌が乾燥し，かつ地表風速が5-6 m/sを超えるといった条件が必要であるが，調査期間の大部分でこの条件が満たされないにもかかわらず，大気中に相当量の放射性セシウムが観測された．したがって，風による土壌粒子の直接飛散以外の，何らかのメカニズムが主要な役割を果たしていると考えられるが，まだよくわかっていない．また，図3.21（a）に示すようにスギ若齢林では，他の2地点より地表に沈着している^{137}Cs濃度が低いにもかかわらず大気中の放射能濃度は高く，また図3.21（c）に示すように他2地点での大気中の放射能濃度との相関もよくない．したがって，森林では異なる再飛散メカニズムも重要である可能性があり，現在も調査を続けている．

大気中の放射能濃度は，2011年9月以降，事故後3年を経過した2014年現在でも系統的に減少しているとはいえず，再飛散による影響は長期にわたり持続するため，今後の推移をしっかり監視する必要がある．事故後の大気中の人工放射性物質による放射能濃度は，ラドンなど自然によるものよりも低く，平均的な健康リスクは小さいと考えられるが，農作業や野焼き，森林火災，あるいはゴミ・がれきの焼却などによって，局所的には飛散濃度が高くなる可能性がある．これらさまざまな再飛散メカニズムの解明と定量化は，今後の課題となっている．

3.8　大気エアロゾルとしての放射性物質の特性

高橋嘉夫，吉田尚弘

前節までに述べられたエアロゾルについて，物質科学的観点から考えてみよう．本書で繰り返し述べられているように，今回の事故で放出された放射性核種のうち，福島第一原発事故の現場から揮発した後にエアロゾル化して拡散したのは，主に放射性セシウムと放射性ヨウ素である．これらの環境中での挙動は，突き詰めれば原子レベルの化学種・化学的素過程に支配されており，その把握なしに今回の事故による放射性核種の拡散現象の正しい理解

(a) (b)

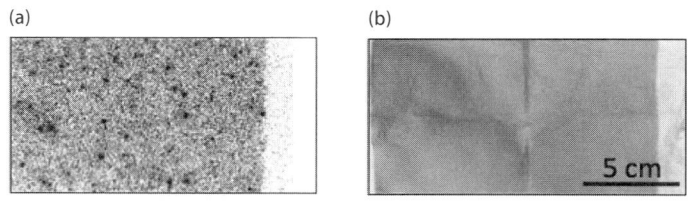

図 3.22 エアロゾルフィルター（2011 年 3 月 20 日，川崎市で採取）の
イメージングプレート像(a) および光学写真(b)（Tanaka et al., 2013）

や将来予測はできない．しかし，このエアロゾル化とその後の拡散プロセスが，化学的にどのように起きたかを実際に採取された試料の分析から解析するのは簡単ではない．なぜなら，これら放射性核種のモル濃度は，通常の化学種解析（たとえばエアロゾル中の放射性セシウムが CsI, CsOH, CsCl などのいずれの化学種として存在するかなど）に有効な分光法や電子顕微鏡が使える濃度よりはるかに低いためである．そこで限られた分析からエアロゾル中の放射性セシウムを調べた結果を紹介しよう．

図 3.22（a）（b）には，事故直後に川崎市公害研究所で採取されたエアロゾルフィルターのイメージングプレート画像*（IP 画像；主に β 線を出す放射性核種の分布を表す）と，比較として同じフィルターを通常のカメラで撮影した写真を示す．(b) の写真に見られる暗色部は，平常時と同様に捕集されたエアロゾルがフィルター上に均一に存在することを示す．一方，(a) の IP 画像には不均一に分布する黒い点が見られる．この分析時点では ^{131}I はすでに壊変しきっているため，この像は放射性セシウムの濃度が高い粒子が，フィルター上に不均一に存在することを示す．もし放射性物質の粒子が，非放射性の通常のエアロゾルと同じ数だけあれば，このような不均一な分布は観察されないはずである．つまり，この不均一な分布は，大気中で通常見られるたくさんのエアロゾル粒子の中に，まれに放射性セシウムを高濃度に含む粒子が存在していたことを示している．このことに合致するように，Adachi et al.（2013）では，^{137}Cs を高濃度に濃縮した不溶性の粒子を発見するにいたっている．

エアロゾル中の放射性セシウムがその後どのような挙動を示すかは，水へ

の溶けやすさに大きく支配される．上述のような不溶性の粒子が見つかってはいるものの，われわれが調べた川崎市で採取されたフィルターの場合，水に浸すと 50-90% の放射性セシウムが水に溶解した．このことから，エアロゾル中の放射性セシウムは比較的水に溶けやすい化学種（たとえば塩化物，硫酸塩，硝酸塩など）であったことがわかる．つまり，放射性セシウムを含むエアロゾルが地面に乾性沈着した場合，その後の降雨などにより多くの放射性セシウムが水にいったん溶け出した可能性を示唆する．あるいは湿性沈着では，その雨や雪の粒のなかで放射性セシウムがいったん溶けたことを示唆する．一方で，残りのセシウムは不溶性であり，これらは酸化物であったり，不溶性のマトリクス（たとえば燃料棒を覆っていたジルコニウムの酸化物など）中に取り込まれていたりする可能性があるが，この実態はまだわかっていない．

この他，Kaneyasu et $al.$ (2012) は，事故後の 2011 年 4-5 月につくばでエアロゾルを粒径別に採取し，その粒径分布が硫酸イオンと相関することから，放射性セシウムが大気中で液滴にいったん取り込まれた後に水が蒸発することで生成したエアロゾル（蓄積モード，液滴モードなどと呼ばれる）であることを示している．この場合，放射性セシウムは水溶性と考えられ，上記の結果と整合的である．一方で，事故時につくばで採取されたエアロゾル中の放射性セシウムは不溶性であったとする報告（末木ほか，2012）もあり，さまざまな場所で事故時に採取されたエアロゾル試料の発掘（3.6 節参照）と分析がより多くなされる必要がある．

3.9 燃焼や爆発で放出される金属粒子のサイズと分布

谷畑勇夫，藤原　守

燃焼や爆発で放出される放射性物質はガス状および粒子状の形態を取る．とくに，粒子状物質の場合にはその粒子サイズ（粒径）が，放出過程の評価や，環境中の移行過程の把握のために重要となる．爆発や火災で放出される金属粒子の粉じんの粒径は，その条件によって大きく変化するが，一般的に

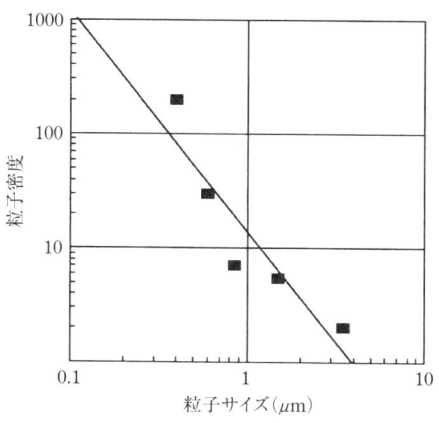

図 3.23 燃焼で放出される粒子サイズとその単位体積（L）当たりのガス中での粒子数の関係（八島ほか，2010）

大きなサイズになると急激にその数が減少する．その様子を観測した例として Mg の燃焼で測定されたものがある．図 3.23 に示すように「べき乗」の関数となっていることがわかる（八島ほか，2010）．この図の場合，粒子密度は粒子サイズの −1.9 乗に比例している．

粒子の中に含まれている元素量はサイズの 3 乗に比例するので大きい粒子の数は少ないが，含まれる元素の総量は多くなる．たとえばある大きさの粒子があったとすると，その 2 倍のサイズをもった粒子数はその約 1/4 である．しかし，この粒子の中に含まれる元素の数は元の粒子の 8 倍である．

もし同じサイズの降下物であれば，粒子の粒径分布そのものが放射性物質量の分布になり，単位面積当たりの降下粒子数（N）が増えれば，揺らぎは $1/\sqrt{N}$ で減少するが，上記のように数の少ない大きな粒子に含まれる元素量が多いので，これが混ざると大きな変化になり，上に述べたような粒子サイズの揺らぎをもった多くの降下物があった場合には，大きな揺らぎをもつことになる．この条件は粒子密度が粒子サイズの −3 乗より弱い変化をしている場合にはいつでも成り立つ．

第4章
全球への輸送

田中泰宙,竹村俊彦,青山道夫

　福島第一原発事故によって大気中に放出された放射性物質は,日本国内のみでなく,地球全体を巡る大気の流れによって地球規模にも拡散した.第3章で述べられているように,事故の発生した3月中旬は,強い偏西風と発達する低気圧が東北地方上空を通過した.このため,大気中に放出された放射性物質の多くは東に向かって,エアロゾル粒子または気体として大気中を輸送されたと考えられる.

　これまでの大気微量物質に関する研究から,エアロゾル粒子は非常に遠距離まで輸送されることが知られている.たとえば,東アジアを起源とする大気汚染物質や,中国・モンゴルの乾燥地を起源とする黄砂粒子は,太平洋を越えて米国でも観測されており,また地球を一周したという報告もある(Uno *et al.*, 2009).このため,この事故による放射能環境汚染の全体像を把握するためには,日本国内のみでなく,放射性物質が全球にどのように輸送され,沈着したかを明らかにする必要がある.

　これまでに,福島第一原発事故で放出された放射性物質は世界の各地で検出されており,また広域を対象とした数値モデルによる移流拡散シミュレーションも,さまざまな機関によって行われている.本章では,この放射性物質の地球規模の輸送について,観測による検出の報告と,全球モデルを用いたシミュレーションによる大気輸送の特徴,および観測とモデルシミュレーションによる放出量推定について述べる.

4.1 世界各地における放射性物質の観測

人体や環境への放射性物質の潜在的なリスクを評価するため，福島第一原発事故による放射性物質の観測は，世界各地でも事故の直後から開始されている．放射性物質の地球規模の輸送の観測では，^{131}I（ヨウ素 131），^{134}Cs（セシウム 134），^{137}Cs（セシウム 137），^{133}Xe（キセノン 133）などが観測されている．とくに，^{133}Xe は気体であるため粒子状物質よりも漏洩しやすいこと，半減期が約 5.2 日と大気中の輸送を検出するのに適度な長さであること，化学的に不活性で化学反応や降水によって除去されないことから，地下核実験や核燃料被覆管の漏洩の指標として用いられている．

包括的核実験禁止条約機関（CTBTO；Comprehensive Nuclear-Test-Ban Treaty Organization）＊では，通常時から核兵器の製造や実験，原子力施設稼働の監視のため，国際監視システム（IMS；International Monitoring System）として 80 地点の粒子状放射性物質観測所と 40 地点の放射性キセノン観測所の配置を予定し，設置を進めている（Medici, 2001；CTBTO, 2011a）．福島第一原発事故時には，このうちの 64 地点で粒子状の放射性物質，また 27 地点で放射性キセノンの観測が行われた（米沢・山本，2011；CTBTO, 2011a）．日本における CTBTO の拠点は高崎（群馬県）と沖縄の 2 カ所に設置され，今回の原発事故以後の測定値が公開されている（米沢・山本，2011；軍縮・不拡散促進センター，2011）．世界各地にある CTBTO の観測施設においても継続的に測定が行われ，福島第一原発事故に起因すると見られる放射性物質の検出が報告されている．事故に起因する放射性物質の日本以外での濃度は，拡散によって希釈されて濃度が大幅に低く，人体への影響はないと考えられるレベルになっているものの，北半球のほぼ全域にわたる多数の観測所で検出されている．

福島第一原発から放出された放射性物質は，3 月 14 日にロシア東部の CTBTO の観測点で観測された後，米国およびカナダで観測されている．CTBTO 以外の機関からも，放射性物質の観測は多数報告されている．米国

リッチランドのパシフィックノースウェスト国立研究所（PNNL）では，3月16日以降，福島第一原発事故起源と見られる ^{133}Xe を検出している（Bowyer et al., 2011；図4.1 (a)）．Diaz Leon et al. (2011) は，米国西海岸のシアトルにおいて3月17-18日の間に ^{131}I，^{134}Cs，^{137}Cs，^{132}Te を検出し，日本からシアトルへの輸送を5-6日と推定している．また，そこで検出された放射性物質には寿命の短いものが多数含まれていることから，この放射性物質は使用済み核燃料起源ではなく，直前まで運転していた原子炉から放出されたものであると推定されている（Diaz Leon et al., 2011）．これらの観測から，^{133}Xe は ^{137}Cs 等よりも早く到達していることが確認されており，^{133}Xe は事故の比較的早期に放出が開始されたと推定されている（e.g., Stohl et al., 2012）．

米国環境保護庁（EPA）* は，RadNet（National Air and Radiation Environmental Laboratory；大気環境放射線観測ネットワーク）* での観測において，放射性物質を3月18日に観測したことを報告している．また，米国の大気沈着量観測プログラム（NADP；National Atmospheric Deposition Program）* は，ネットワーク観測によって ^{131}I および ^{137}Cs，^{134}Cs の北米の広範囲にわたる多点での沈着量観測を行っている（Wetherbee et al., 2012）．Wetherbee et al. (2012) は，NADP および RadNet による観測を解析し，米国で観測された ^{131}I は長距離輸送物質の典型的な特徴を示し，西から東へ向かうにつれて沈着量が減少していること，また米国における福島第一原発事故起源の放射性物質降下量はチェルノブイリ原発事故起源よりも多いことを報告している．また，カリフォルニア州ラホーヤでは，3月28日に自然状態よりも非常に高い濃度の硫黄の放射性同位体 ^{35}S も検出され，原子炉での中性子の発生が原因であると推定されている（Priyadarshi et al., 2011）．

放射性物質はさらに大西洋を越え，漏洩後7-8日後に北欧をはじめとして欧州に到達している．欧州では放射性物質を観測する研究者間のネットワークが構築されており，150地点以上で観測が行われている（Masson et al., 2011）．欧州では，まずアイスランドにおいて3月19-20日に ^{131}I が検出され，次いで3月23日には ^{137}Cs 他の放射性物質が検出されている（図4.1 (b)；Icelandic Radiation Safety Authority, 2011）．その後ノルウェー，ドイツ，フランス，ギリシャ（Manolopoulou et al., 2011）など，欧州各地で観測されて

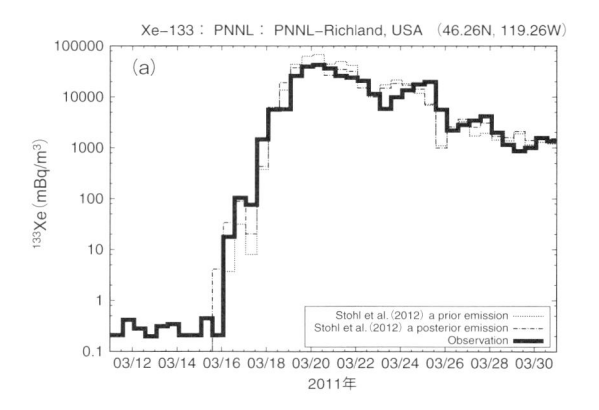

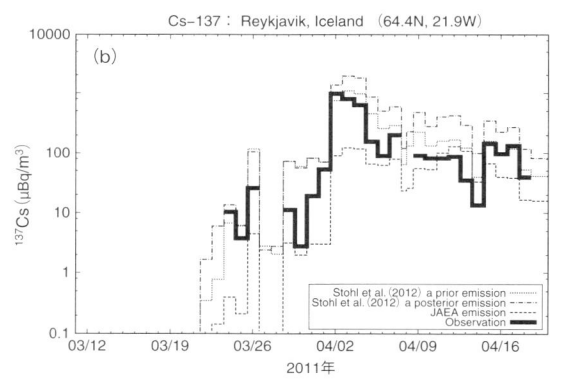

図 4.1 観測による ^{133}Xe および ^{137}Cs の時系列値（実線）と気象研究所の全球モデル MASINGAR mk-2 シミュレーションとの比較
(a) 米国リッチランドにおける ^{133}Xe, (b) アイスランドレイキャビクにおける ^{137}Cs. シミュレーションによる時系列値は，点線は Stohl *et al.* (2012) による逆推定前の第一推定，一点鎖線は Stohl *et al.* (2012) の逆推定による推定値，破線は JAEA の推定による放出量を用いた場合の結果である．

いる．Masson *et al.* (2011) は，欧州上を通過した ^{131}I は，放出総量（約 150 PBq）の 1% 以下である約 1 PBq と推定している．

欧州を通過した後，放射性物質はロシア（Bolsunovsky and Dementyev, 2011），さらにモンゴル・中国の CTBTO の観測点で検出されている．さらに韓国においても 3 月 23 日から 27 日に ^{133}Xe が（サーチナ，2011），3 月 28 日には ^{131}I が検出されている（Kim *et al.*, 2012）．また韓国では 4 月 6-7 日に

南部で比較的高い濃度の ^{131}I（$3.12\,\mathrm{mBq/m^3}$），^{134}Cs（$1.25\,\mathrm{mBq/m^3}$），^{137}Cs（$1.19\,\mathrm{mBq/m^3}$）が検出されている．これは日本の南海上を通り，さらに東シナ海をまわって到達したと流跡線解析*から推定されている．

このように，偏西風に乗って東に輸送された放射性物質は，漏洩開始後約15–16日の3月27–28日までには北半球全体に拡散し，検出可能な状態になったと推定される．また，ハワイなど太平洋熱帯域では，北太平洋上で発達した低気圧による渦から太平洋を南に輸送される成分が分離し，3月下旬から4月にかけて観測されている．

さらに，日本から南西方向への流れに乗って輸送された放射性物質は，沖縄，台湾（Hsu et al., 2012；Huh et al., 2012）から東南アジアにかけて検出されている．フィリピンでは3月23日から4月下旬にかけて ^{131}I，^{137}Cs，^{134}Cs が（Philippine Nuclear Research Institute, 2011），ベトナムではハノイ市，ホーチミン市，ダラット市で3月27日から ^{131}I，^{134}Cs および ^{137}Cs が検出されており，4月22日まで続いている（Long et al., 2011）．また，4月半ば頃には放射性物質は南半球まで拡散し，オーストラリア，マレーシア，パプアニューギニアのCTBTOの観測点でも検出されていることが報告されている（CTBTO, 2011b）が，その濃度は非常に低い．

4.2　事故直後からの広域シミュレーションの経緯

大気輸送モデルによる広域への拡散シミュレーションは，地震・津波による原発事故が発生した当初から行われていた．世界気象機関（WMO；World Meteorological Organization）では，火山噴火や原発事故等の事態への対応として，緊急時対応センターが設置されている．WMOは，今回の非常事態への対応をただちに行った（WMO, 2011）．WMOは国際原子力機関（IAEA）の要請に応じて，環境緊急対応（EER；Environmental Emergency Response）地区特別気象センター（RSMC；Regional Specialized Meteorological Center）に対して放射性物質の拡散情報の提供を要請した．

気象庁はこのWMOのEERのアジア地区RSMCの1つに指定されてお

り，原発事故の非常事態発生時に大気中に放出された有害物質の拡散予測情報を提供する役割をもっている．このため，気象庁は全球ラグランジュ型環境緊急対応モデルによる大気拡散シミュレーション情報の IAEA への提供を行った．提供された情報は，IAEA の要請に基づき，放射性物質の放出量は一定の想定値として，気象庁の気象データを用いて移流拡散シミュレーションを行った結果による地表付近（高度 500 m まで）の濃度，地表への降下量，および流跡線である．ただし，モデルの空間解像度は 100 km 程度であり，また観測された放射性物質濃度などは計算に反映されていないため，気象庁では国内の緊急時対策にはならないとしている（気象庁，2011）．

　オーストリア気象地球力学研究所（ZAMG；Zentralanstalt für Meteorologie und Geodynamik）では，3 月 12 日には放射性物質の推定拡散情報を公開し（Wotawa, 2011），3 月 15 日には WMO の要請により IAEA の事故および緊急事態対応センター（IEC）に詳細な大気拡散シミュレーションと気象情報を提供した．ZAMG によるシミュレーションの結果は，3 月 15 日にはドイツのニュース週刊誌である Spiegel 誌のウェブサイト（Spiegel online, 2011）にも取り上げられたことで，インターネットを通じて日本国内でも知られるようになった．ほかにも，フランス放射線防護原子力安全研究所（IRSN）*，ノルウェー気象研究所（NILU；Norsk institutt for luftforskning），ドイツ気象局（DWD；Deutscher Wetterdienst）などで広域への予測シミュレーションが行われ，インターネットを通じて公開された．とくに，IRSN では海洋への影響予測も公開され，これらの情報は翻訳ボランティアグループによって和訳され公開するなどの対応を行っていた．

　これらの日本以外の機関からの広域拡散予測情報は，日本国内において SPEEDI の稼働状況が初期には把握されず，その後も 4 月 23 日まで予測資料が外部に公開されないなかで，注目されることとなった．また，気象庁が IAEA に提供している EER の拡散シミュレーション情報を国内へは公開していないことも批判の対象となり（読売新聞，2011a），4 月 4 日の官房長官会見（首相官邸ホームページ，2011）後に国内向けに公開されることとなった（読売新聞，2011b）．このことはインターネットによって情報が世界的に素早く公開・共有されるなかで，緊急時の情報公開のあり方について課題を残す

こととなった．

　大学を中心とした日本国内の研究グループも，初期の段階から全球モデルを用いた広域輸送実験を行い，2011 年の 6 月には研究論文を公表した（Takemura et al., 2011）．また，国内外の多くの研究機関においても，広域を対象とした福島第一原発事故起源の放射性物質の輸送シミュレーションが行われている．次に，これらのシミュレーションによって推定された放射性物質の輸送経路について述べる．

4.3　全球規模モデルによる放射性物質のシミュレーション

　第 3 章で記されているように，放射性物質は気体ないしエアロゾルと呼ばれる大気中の微粒子として大気中を輸送される．現在の多くの大気大循環モデルでは，大気中のエアロゾルは気候に影響を与える因子として組み込まれているため，既存の数値モデルの枠組みを用いることによって，放射性物質の放出や大気中から除去されるプロセスのシミュレーションを実施することが可能である．

　上述の日本国内の研究グループによる研究論文である Takemura et al. (2011) は，水平解像度約 0.56°（約 50 km）の全球エアロゾルモデル SPRINTARS（Spectral Radiation-Transport Model for Aerosol Species；http://sprintars.net）* を用いて，粒径 10 μm の粒子を 3 月 15 日（日本時間）から一定放出量で与えるという仮定の下にトレーサーによるシミュレーション実験を行ったものである（図 4.2）．このシミュレーションでは，放出開始から 4 日後に微粒子は太平洋を越えて米国西海岸に到達し，そのときの濃度は原発近傍の 1 億分の 1 まで低下するという結果が得られた．放出開始から 6 日後にはアイスランド周辺に達し，その後，ヨーロッパへも到達した．これらの結果は，CTBTO の発表や各国から発表された放射性物質の検出のタイミングとほぼ整合的である．このシミュレーションでは放出の時間変化を考慮しない単位放出量の仮定を採っているが，北半球を巡る放射性物質の流れを定性的にはよく表している．

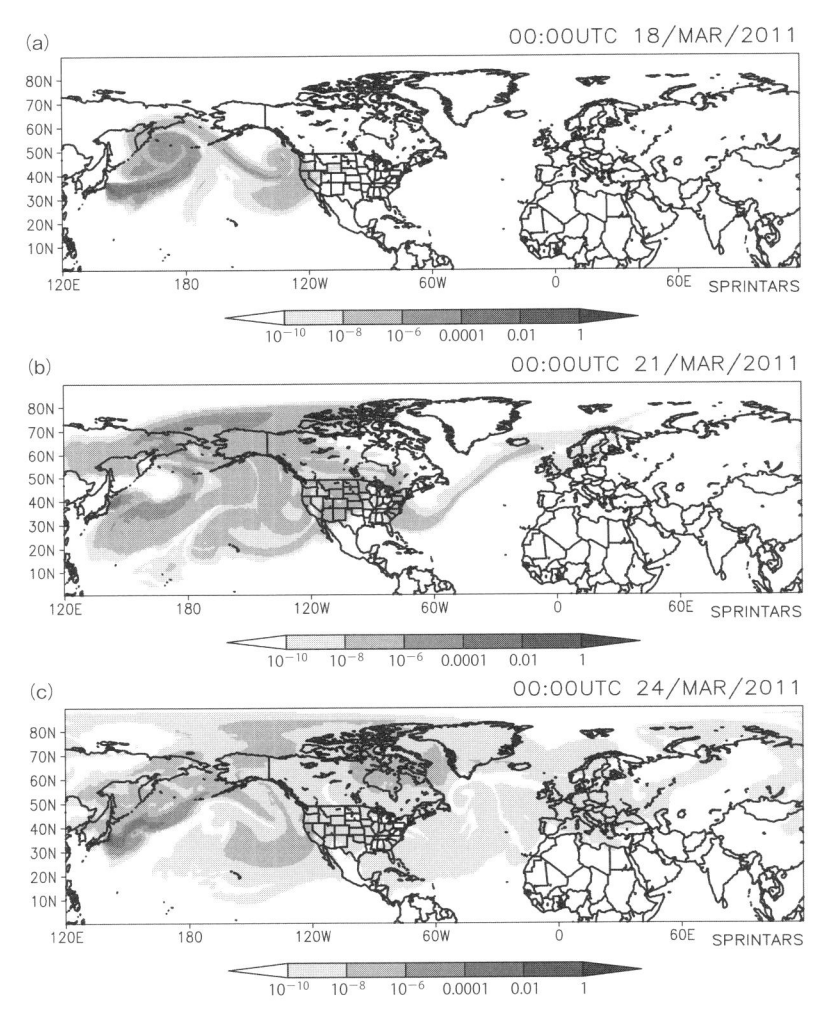

図 4.2　全球エアロゾルモデル SPRINTARS のシミュレーションによる，北半球の地表付近における福島第一原発から 3 月 14 日 1200 UTC（世界標準時）に放出された粒子の相対的な濃度（Takemura *et al.*, 2011 より）

(a) 2011 年 3 月 18 日，(b) 21 日，(c) 24 日．濃度は福島第一原発近傍を 1 としたときの相対的な濃度で，等値線は色が 1 つ変わるごとに 100 分の 1 となる．

その後，日本原子力研究開発機構（JAEA）等の研究によって放射性物質放出量の時間的変化が推定され（Chino et al., 2011；Stohl et al., 2012），より現実的な条件での放射性物質の輸送と沈着量のシミュレーションが可能となりつつある．気象庁気象研究所では全球モデルにこれらの放出量推定値を適用して，福島第一原発事故によって大気中に放出された放射性物質の広域への大気拡散シミュレーションを行っている（田中ほか，2012）．以下，気象研究所の全球シミュレーションの概要と結果について述べる．

　気象研究所の全球シミュレーションには，大気大循環モデル MRI-AGCM3*と結合されたエアロゾルモデル MASINGAR mk-2*を用いている．このモデルは基本的には気象庁の黄砂予測情報業務に用いられるものと同じものであるが，モデルの空間解像度は水平方向を約 55 km，鉛直方向を 48 層（気象庁黄砂予測情報はそれぞれ約 110 km，20 層）と，より詳細にしたものである．シミュレーションでは，放射性核種として ^{131}I，^{132}I，^{132}Te，^{133}Xe，^{134}Cs，^{137}Cs を扱っている．数値モデル内では，^{133}Xe は気体として存在し，放射性壊変のみで除去されると仮定している．その他の物質は硫酸塩粒子を担体とするエアロゾル態とし，放射性壊変と乾性・湿性沈着により大気から除去されると仮定している．

　放射性物質の放出量データには，JAEA による ^{131}I，^{132}Te，^{134}Cs，^{137}Cs の推定値と，Stohl et al.（2012）による ^{133}Xe および ^{137}Cs の値を用いている．JAEA と Stohl et al.（2012）による ^{137}Cs の放出推定値の総量は大きく異なっており，4月後半までの推定値では JAEA（Terada et al., 2012）は 8.8 PBq，Stohl et al.（2012）は 36.6 PBq と，約4倍の差がある（第2章参照）．また，Stohl et al.（2012）による ^{133}Xe の放出推定量は 15.3 エクサベクレル（EBq）（逆推定前の初期値は 12.4 EBq）である．

　シミュレーションの結果は，北米や太平洋，北欧などで観測された放射性物質の到達時期をおおむね良好に再現している（図 4.1，図 4.3）．とくに，北米に到達する ^{133}Xe の到達時期と濃度はほぼ一致する．再現された ^{137}Cs の濃度はおおむね観測値とよく相関するものの，気象研究所のモデルでは，北欧に到達する濃度を過小に，太平洋熱帯および東南アジアでの濃度を過大に評価する傾向にあり，主に降水による除去過程に不確実性が大きいと考え

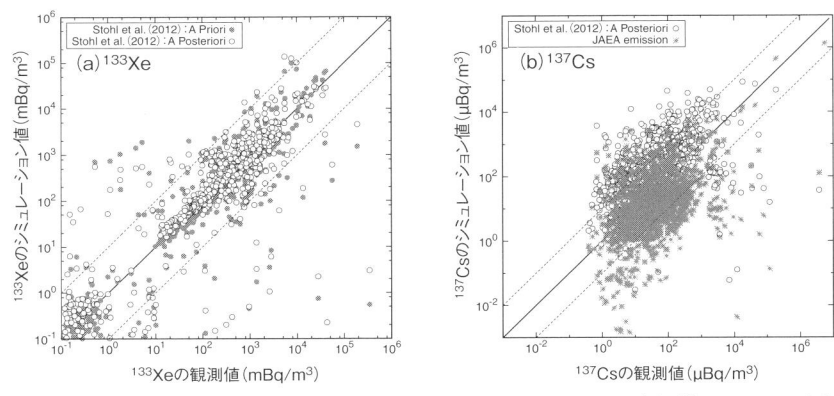

図 4.3　気象研究所の全球モデルを用いたシミュレーションによる（a）^{133}Xe および（b）^{137}Cs と観測値との比較

期間は 2011 年 3 月 10 日から 4 月 30 日．(a) でグレーの丸印（●）は Stohl *et al.* (2012) による ^{133}Xe の放出量の第一推定値，白丸（○）は逆解析による放出量推定値を用いたシミュレーション結果である．(b) でグレーのアスタリスク（＊）は JAEA の推定による ^{137}Cs 放出量推定値，白丸（○）は Stohl *et al.* (2012) の逆解析による放出量推定値を用いたシミュレーション結果である．中央の実線はシミュレーションと観測値が 1：1 の値，上下の線はファクター 10* の過大・過小評価を示している．

られる．また，JAEA の放出量推定値を用いた場合には，全体的には過小評価の傾向，Stohl *et al.* (2012) の推定値を用いた場合には，全体的に過大評価になる傾向がある（図 4.3）．

日本での ^{137}Cs 沈着量分布を現地観測・航空機観測による分布と比較すると，細かな構造は再現できないが，影響の範囲や値のオーダーは妥当な範囲にある．地球全体で見ると，放射性物質はそのほとんどが東に流され，太平洋上に沈着している（図 4.4）．このシミュレーションでは大気中に放出された ^{137}Cs のうち JAEA の放出量推定値を用いた場合は約 70%，Stohl *et al.* (2012) の放出量推定値を用いた場合には約 82% が北太平洋に沈着するという結果となっている．

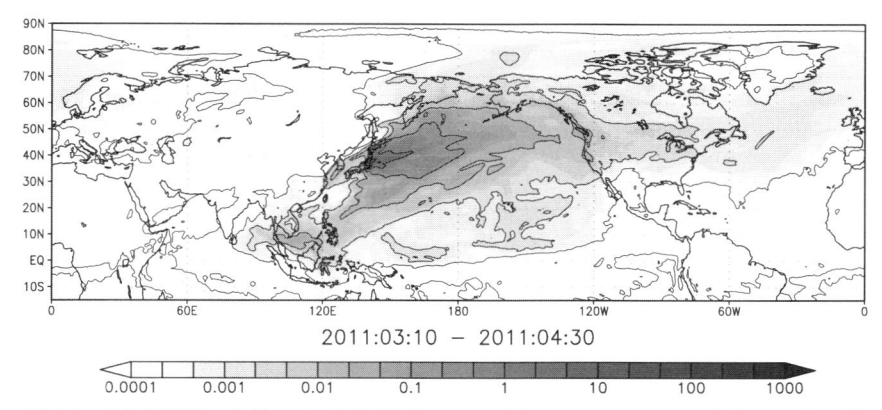

図4.4 気象研究所の全球モデル MASINGAR mk-2 シミュレーションによる 2011 年 3 月から 4 月にかけての ^{137}Cs の総沈着量（単位は kBq/m^2）
　気象場は気象庁全球解析値を参照値としてナッジング手法＊によって同化し，^{137}Cs の放出量には JAEA による推定値を用いている．

4.4　全球の観測値とシミュレーションに基づく放出量の推定

　第 2 章でも述べられているように，数値モデルは観測値との比較を通じて放射性物質の放出量を逆推定するためにも用いられる．これまでに数値モデルによって推定された ^{137}Cs の放出量推定値を表 4.1 に示す．JAEA の放出量推定値は，日本国内での観測値とシミュレーションによる比較から得られたものである（Chino et al., 2011；Terada et al., 2012；第 2 章参照）．そのため日本側に放射性物質が流れる場合は，比較的精度よく放出量が推定されているが，太平洋側に輸送された場合は観測点がないため，推定値に大きな不確実性が生じる．JAEA の推定値（Terada et al., 2012）が 8.8 PBq と少ない傾向にあるのは，このためと考えられる．

　これに対して Stohl et al.（2012）の放出量推定値は，原子炉の炉心解析による放出量推定値を第一推定値として，日本国内を含む世界各地の大気中濃度および沈着の観測値と，彼らの用いる大気拡散モデル FLEXPART＊ の結

表 4.1 福島第一原発事故による，発電所から大気中への ^{137}Cs の数値モデルを用いた放出量推定値

文献	^{137}Cs 放出総量	
JAEA（Terada *et al.*, 2012）	8.8 PBq	（3/10-4/30）
Stohl *et al.*（2012）	36.6 PBq（20.1-53.1）	（3/10-4/20）：統計解析的手法
Winiarek *et al.*（2012）	10-19 PBq	（3/11-3/26）：統計解析的手法
Ten Hoeve and Jacobson（2012）	17.0 PBq	（3/12-4/12）
Maki *et al.*（2012）	13-24 PBq	（3/10-4/20）：統計解析的手法
Aoyama（2013）	14-17 PBq	海洋での観測濃度値と数値モデルから

果から統計解析的な逆推定手法を用いて求められたものである．この手法では全球的な観測点を用いることによって，太平洋側に流出した放射性物質の量を特定しやすくなると考えられるが，輸送距離が長くなるにつれ，降水による除去過程など数値モデルに起因する不確実性が大きくなる．Stohl *et al.*（2012）による ^{137}Cs の逆推定値は 36.6 PBq と，ほかの推定値とくらべて非常に大きな値となっている．気象研究所の数値シミュレーションモデルで Stohl *et al.*（2012）と同じ放出量推定値を用いた場合，全体に過大評価となり，逆推定による値がモデルに強く依存していることをうかがわせている．

気象研究所の眞木は，全球モデル MASINGAR mk-2 を用いて Stohl *et al.*（2012）とほぼ同等な逆推定手法を用いたときの ^{137}Cs の放出量推定値は 13-24 PBq と推定しており，これは JAEA と Stohl *et al.*（2012）による推定値の中間程度となっている（Maki *et al.*, 2012）．また，Winiarek *et al.*（2012）は，観測値とモデルを用いた逆推定を行う場合も，解法および初期値の仮定に推定値は大きく依存することを指摘している．Stohl *et al.*（2012）は ^{133}Xe の逆推定も行っており，その結果から，^{133}Xe の放出は第一推定値よりもかなり早い時期からはじまっており，^{133}Xe の漏洩が 3 月 11 日の地震直後，ベント前から起こっていた可能性があると論じている．

放出量推定の不確実性が大きいことの原因として，放射性物質の大部分が降下した太平洋上において，逆推定に用いることのできる観測値がほとんど存在しないことが大きな問題として挙げられる．このため，青山（2012）は第 5 章で述べられている海水サンプル中の ^{134}Cs, ^{137}Cs 濃度を元に推定を行っている．青山（2012）の手法では，観測に基づいて海水中セシウム濃度デ

ータの地図を作成し，これと数値シミュレーションによる海水中のセシウム濃度を比較・解析することによって，放出された ^{137}Cs の総量を求めている．数値シミュレーションによる海水中セシウム濃度は，気象研究所の3つの異なる広域大気モデルによる海への沈着量をもとに，電力中央研究所の海洋モデルを用いて計算している．この手法からは，福島第一原発事故による ^{137}Cs の大気中への放出量は 14-17 PBq と推定されている．

　観測とシミュレーションを用いた放出量の逆推定は，シミュレーションモデルの精緻化とともに，より多くの品質の高い観測値を取り込むこと，気象予測で用いられるアンサンブルカルマンフィルター等の4次元データ同化手法を用いることなどが課題として挙げられる．また，放射性物質濃度のデータのみでなく，線量率の観測データを放射性核種の地表面の汚染密度や大気中濃度等へ変換して用いることができれば，より詳細な逆推定を行うことができると期待される．

4.5　全球シミュレーションの課題点

　これまでに見たように，世界各地における観測と全球を対象とした数値シミュレーションによって，放射性物質の地球規模での輸送はその実態が明らかになりつつある．本章の最後に，全球シミュレーションの今後の課題点として，モデルの不確実性の低減に向けての課題について述べる．

　全球モデルにおいて課題となる点は領域モデルとほぼ共通している．大原・森野（2012）に述べられているように，次の点が重要な課題として挙げられる．

・放射性物質の放出量推定値の不確実性の低減
・気体やエアロゾルなど，放射性物質の存在形態に関する理解
・気象場の可能な限り正確な表現と降水による沈着（湿性沈着）過程の精緻化
・ネスティング手法* などによる福島第一原発周辺の地形を十分に表現でき

るような空間分解能の確保
・地表面や植生からの再飛散過程の理解とモデル化
・モデルの相互比較や複数モデルを用いたアンサンブル実験＊によるシミュレーションの不確実性の把握

　先に述べたように，観測とシミュレーションを用いた放出量推定に関する研究が，原発事故の評価としてとくに重要である．
　数値モデルで用いられるプロセスの中では，降水による大気からの除去が最も不確実性が大きいと考えられる．これにはエアロゾル粒子やガスがどのように降水粒子に取り込まれるかという微物理的なプロセスと，数値モデルによる降水の表現という気象要素の再現性の2つが関わってくる．気象要素の再現性に関しては，基準として用いる気象解析値によっても，シミュレーション結果は大きく異なる可能性がある．Stohl et al. (2012) は放射性物質シミュレーションに異なる気象解析値を用いると，放出量推定値は大きく異なると述べている．
　福島第一原発という非常に狭い領域から放出される放射性物質を数値モデル上で精度よく表現するためには，モデルの空間分解能を十分に高くする必要がある．しかし，現在の全球モデルによる放射性物質シミュレーションでは，水平方向の分解能は高いものでも数十 km 程度で，原発周辺の複雑な地形などを表現するためには十分とはいえない．現地観測や航空機観測では福島第一原発付近の数 km〜数十 km で非常に大きな沈着密度差があり，また関東地方においても局所的に高い放射線量を示す「ホットスポット」が存在することが明らかになっているが，現在の全球モデルではこのような細かな分布を再現することは難しい．福島第一原発近傍や日本の地形分布を十分に再現できない数値モデルを使っているのに，より広い地域への輸送を精度よく議論ができるのか？，またその数値モデルを用いて推定された総放出量は妥当なのか？，などの疑問点は，注意をもって検討する必要がある．Stohl et al. (2012) や大原・森野 (2012) などが指摘するように，モデル解像度の問題に関しては，全球モデルと領域モデルのネスティングや，ラグランジュ型＊とオイラー型＊のハイブリッドモデル＊による評価などの手法を用いる

ことが検討されるべきである.

　本章でも示したように，各機関で使用される大気輸送モデルはそれぞれ特性が異なるため，異なるモデルによる相互比較を行い，モデル間の不確実性の評価を行うべきである．チェルノブイリ原発事故後に WMO・欧州共同体委員会（CEC）*・IAEA が共催した大気輸送モデル評価研究 ATMES（Atmospheric Transport Model Evaluation Study）* およびその後継である ETEX（European Tracer Experiments）* のように，福島第一原発事故を対象としたモデルの相互比較実験を行うことが望ましいだろう．このため，日本学術会議* の環境モデリングワーキンググループにおいて，大気モデル間の相互比較実験が進行中である．

　このような全球規模のシミュレーション結果を用いて，原子力発電事故による汚染の発生リスクの評価（Lelieveld *et al.*, 2012）や，放射性物質による健康被害のリスクを評価する研究（Ten Hoeve and Jacobson, 2012 ; Christoudias and Lelieveld, 2013）も発表されつつある．放射性物質の全球観測とシミュレーションによって得られた情報の教訓は，原発事故のみでなく，火山噴火や森林火災などの災害に対してのハザードマップの作成への利用などによって活かしていく必要があるだろう．

第5章
海洋への拡散

はじめに

青山道夫,植松光夫,長尾誠也,石丸　隆,
神田穣太,青野辰雄,升本順夫,津旨大輔

　福島第一原発事故に由来する放射性物質の海洋への輸送で確認された主たる経路は，1) 大気中へ放出され海洋へ降下，2) 海洋への直接漏洩，3) 河川によって海洋に運び込まれる，の3つである．この3つの経路の内，最初の2つが主要な役割を果たし，初期の分布が形成された．

　海洋に入った福島第一原発事故起源の放射性物質の大部分は溶けていると考えられるので，その後放射性物質は海水とともに動くことによってその分布が変化していく．その場合，流れが速いところでは拡散よりも流れに従う部分が多く（移流），流れが弱いと移流よりも拡散で広がる部分が多くなっていく．福島第一原発は沿岸に立地しており，事故サイト近傍の海洋では，北向きあるいは南向きの沿岸に沿う流れが卓越していることから，海洋へ直接漏洩した放射性物質は，拡散ではなく，その沿岸の流れの様相にしたがって輸送されたと考えられる．

　また，沿岸から沖合に視点を移すと，事故サイトの沖合である本州東方沖は，日本のはるか南からフィリピン～沖縄沿いに北上してくる黒潮と，アリューシャン列島から千島列島沿いに南下してくる親潮が出会い，さらに黒潮続流につながる東向きの流れが卓越している海域である．事故時には，沿岸では南向きの流れが卓越していたので，福島第一原発事故起源の人工放射性

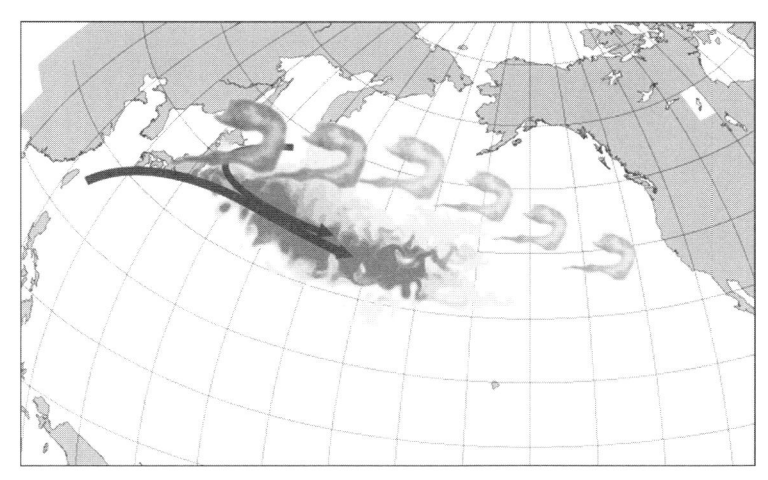

図 5.1 大気経由と海洋経由の輸送の概念図（本文参照）

物質は，まず南に輸送され，その後東に輸送されることになった．

また，事故起源の放射性物質のうち大気を経由して海洋に沈着したものは，海洋での輸送速度をはるかに上回る速度で，北太平洋の広い範囲にわたり，局所的に降下する形で輸送されたことが観測からわかっている（図 5.1 の輸送の概念図参照）．さらに，海洋中の放射性物質の一部は，海底堆積物との相互作用や海洋中の粒子状物質との相互作用で海水の動きとは異なる挙動をすることも忘れてはならない．

本章では，これらの福島第一原発事故起源の放射性物質の海洋での挙動について，海洋上大気中の放射性物質の測定，河川〜沿岸域での挙動，外洋への輸送，直接漏洩の推定，モデルを使った研究成果，さらに海洋生態系への影響などについて述べる．

大気経由での海洋表層への輸送については，第 4 章で詳しく述べられている．図 5.1 では，福島第一原発事故により大気中に放出された放射性物質が，日本を通り過ぎた複数の低気圧によって北太平洋高緯度側を東に輸送された様子を，観測結果とモデル計算の結果をもとに模式的に描いてある．また，福島第一原発事故により直接海洋に漏洩した放射性物質および福島第一原発の沖合に沈着した大気由来の放射性物質が，南下したあと，東向きの黒潮お

よび黒潮続流で太平洋中緯度中央部へと輸送された様子を，事故後1年後の2012年3月頃の様子として，観測結果とモデル計算の結果をもとに灰色で表したパターンで模式的に描いてある．

放射性物質はさまざまな海洋生物にも移行している．事故から2年半以上経過しても，食用となる魚介類から食品中の放射性物質の規制値を超えた放射性セシウム（^{134}Cs と ^{137}Cs）の検出が続いている．2012年6月になって福島県の一部海域の特定魚種に限って試験的な操業および市場への出荷が再開され，その後対象魚種や海域が順次拡大されてきているものの，福島県の大部分の沿岸漁業については事故以来「出荷制限」および「操業自粛」が続いている（2014年7月15日現在）．本章の後半では，福島県沿岸海域の海洋環境および魚介類やその他の海洋生物について，放射性セシウムを中心に放射性物質の検出状況とその推移を概観し，各機関による調査の経緯と現状を紹介する．

5.1 海洋上大気中の放射性物質の測定

植松光夫

海洋上での放射性物質の大気中濃度測定は陸上に比べて，きわめて限られている．本節では，文部科学省から公開された，福島第一原発から30 km沖の観測点で計測された大気エアロゾル中の ^{131}I と ^{137}Cs の濃度の時間的変化を取りまとめた．現在も学術研究船による災害対応航海，米国の研究船上で採取された海洋エアロゾル試料を用いた放射性セシウムの輸送拡散や沈着についても解析が行われている．

（1） 海洋大気エアロゾル試料採取

文部科学省が海域モニタリング計画を実施し，海洋研究開発機構（JAMSTEC）*所属の学術研究船「白鳳丸」が3月22日に福島沖へ出港したのを皮切りに，2011年3月23日から福島の30 km沖合の8地点で，「みらい」，「かいれい」，「よこすか」などの研究船により海水，大気エアロゾル

図 5.2 初期の海域モニタリング観測点

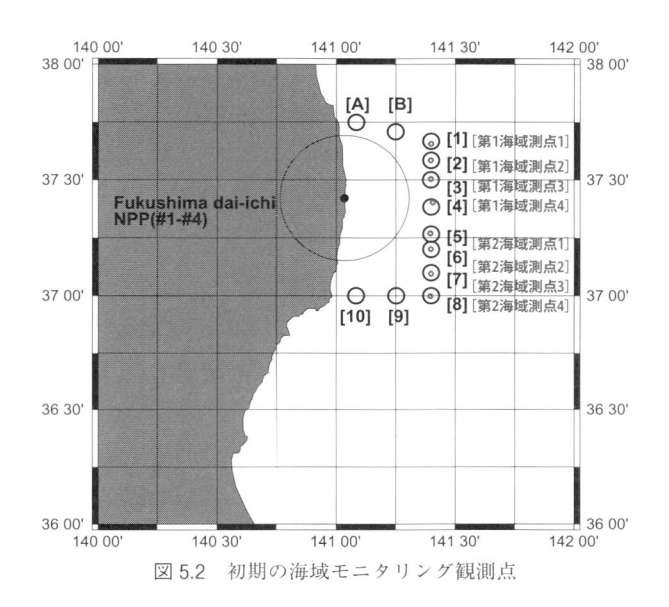

の試料が継続的に採取され，ただちに放射性核種の定量分析が行われた．その後，海域モニタリングが強化され，観測点も追加された（第 2, 3 章参照）．

（2） 福島沖の海域モニタリング定点での ^{131}I と ^{137}Cs の時空間変化

2011 年 3 月 23 日から測定を開始した海域モニタリング定点網を図 5.2 に示す．定点名称は変わるが，東電福島第一原発から約 30 km 東に離れた東経 141 度 24 分に沿った 8 定点と，その南北線の北端と南端から陸までの計 5 定点，計 13 定点で試料は採取された（観測点 10 の近傍の S-4 は 1 試料のみで検出限界以下であったので図中に示していない）．

4 月 23 日までの 1 カ月間にわたって採取された大気エアロゾル 98 試料中の ^{131}I と ^{137}Cs の大気中濃度の各定点における時間変化を図 5.3 に示す．この期間の ^{131}I 濃度は 3 月下旬に高い傾向を示したが，^{137}Cs は 4 月中旬に高い濃度を示した．ヨウ素の大部分は気体，セシウムは粒子として福島第一原発から放出されたものである（大原ほか，2011）．この変化傾向の違いは，両放射性核種の放出量の割合の変化や，放出後の化学的な挙動の違いが反映され

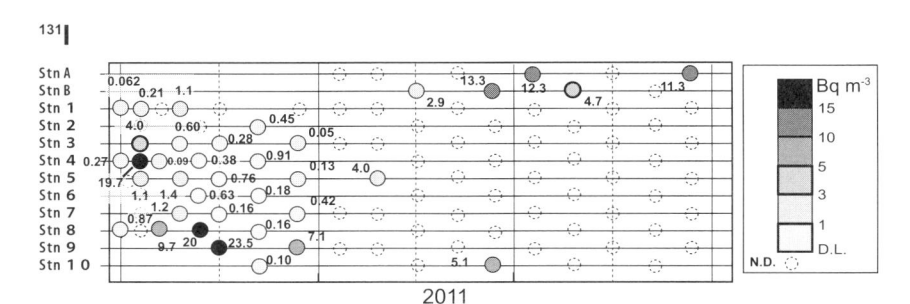

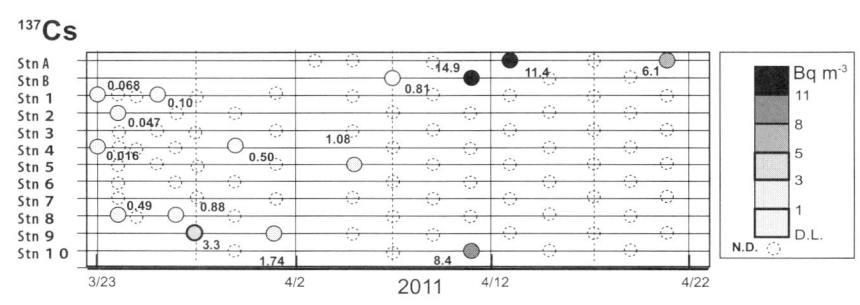

図 5.3　海洋上での ^{131}I（半減期：8.02 日）と ^{137}Cs（半減期：30.2 年）の大気中の濃度変化

たものであろう．

　この期間の ^{131}I の最高濃度は 3 月 28 日の定点 9 の 23.5 Bq/m^3（1 m^3 = 1000 L）であり，同じ大気試料での ^{137}Cs 濃度は 3.3 Bq/m^3 であった．^{137}Cs 最高濃度は，2011 年 4 月 11 日に北側の定点 B で 14.9 Bq/m^3 であり，同試料での ^{131}I 濃度は 13.3 Bq/m^3 であった．同じ日の南端の定点 10 で ^{137}Cs 濃度は 8.4 Bq/m^3，^{131}I 濃度は 5.1 Bq/m^3 と，福島第一原発からの方角の違いが反映されたものと推察できる．Chino et al.（2011）によると，事故以来，2011 年 3 月の福島第一原発から放出された ^{131}I と ^{137}Cs の放出量の見積りでは，当初は ^{131}I が多く，徐々に ^{137}Cs の占める割合が高くなる傾向を示しており，これらの洋上での計測値の傾向と矛盾しない．いずれにしても，福島第一原発からの放射性物質の大気への放出は，4 月中も断続的に続いていたことは明白である．

5.2 河川～沿岸域での放射性セシウムの挙動

長尾誠也

(1) 河川から沿岸域への輸送

金沢大学の長尾らは，環境影響評価で重要な^{134}Cs，^{137}Csに着目し，阿武隈川上流，下流，宇多川，新田川で2011年5月から河川調査を開始した．2011年5月20日に採取した河川水の^{137}Csの放射能濃度は230-4170 Bq/m^{3}の範囲を示し，福島第一原発事故以前の久慈川と利根川の河川水の報告値に比べて，3桁程度高い値であった．これらの河川水中の^{134}Cs/^{137}Cs放射能比は1前後であり，事故後に採取した福島県内表層土壌試料の値と一致することから，大部分が福島第一原発事故由来と考えられる．2011年7月12-13日の河川水の測定結果は，^{137}Csの放射能濃度が64-1540 Bq/m^3，9月12-13日では19-790 Bq/m^3，12月7-8日は11-190 Bq/m^{3}と，徐々に減少する傾向を示した．これらの結果は，調査した4河川流域から河川への放射性セシウムの供給量が，時間の経過とともに減少していることを示唆している．さらに，2011年12月には河川流量が減少していたことから，河川水中の放射性セシウムの濃度の減少も考慮すると，河川から沿岸域への放射性セシウムの輸送量は，2011年5-9月にくらべて大きく減少していると考えられる．

(2) 沿岸域での動態

図5.4には2011年12月までに報告された沿岸域表面水の^{134}Cs放射能濃度をプロットした．Inoue *et al.*（2012a）は，福島第一原発から250-450 km離れた岩手県宮古沖から青森県大間沖までの沿岸域10測点で，2011年5月初旬から6月下旬まで2週間ごとに観測を実施した．表面水の^{134}Cs放射能濃度は，2011年5月初旬で2-3 Bq/m^3，1カ月後には0.5 Bq/m^{3}まで減少した．この結果は，大気からの沈着後に，外洋あるいは深層への移動により放射能濃度が減少した可能性が考えられる．

一方，福島県小名浜沖では，2011年6月上旬に7000 Bq/m^{3}まで急激に増

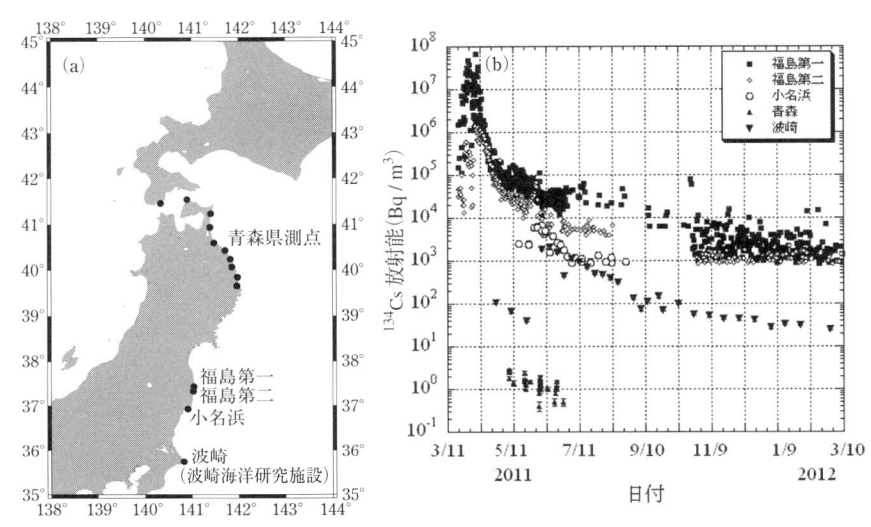

図 5.4 太平洋沿岸水の採取地点（a）と ^{134}Cs 放射能濃度の変動（b）（Aoyama et al., 2012 ; Inoue et al., 2012a）

加した後に減少し，6月下旬以降 1000 Bq/m^3 でほぼ一定の放射能濃度を示した（Aoyama et al., 2012）．千葉県波崎での観測点では，2011年5月下旬まで 40-110 Bq/m^3 の ^{134}Cs 放射能濃度で推移していたが，2011年6月6日に 2080 Bq/m^3 まで急激に増加し，8月下旬には 132 Bq/m^3 まで減少した．その後，観測期間終了の2012年3月まで 40-50 Bq/m^3 とほぼ一定の値を示した（Aoyama et al., 2012）．気象庁海流情報によると，2011年5月下旬まで反時計回りの暖水渦がいわき沖に存在し，2011年5月下旬にそれが消滅した後に急激な放射能濃度の増加が認められた．そのため，福島県から茨城県沖の海域では，黒潮から分岐される渦と沿岸流が関係した複雑な輸送形態が存在することを示唆している．

福島と茨城沖沿岸域における移行状況を把握するため，2011年9月7-12日に「淡青丸」KT-11-22次航海で海洋観測を実施した．4つの測線で，それぞれ沿岸から沖に向かい，表層海水を3-4測点で採取し，海水中の ^{134}Cs, ^{137}Cs 放射能濃度を測定した．福島第一原発に近い福島県沖よりも，相対的に遠い茨城県沖でより高い濃度の放射性セシウムが検出された．那珂川や久

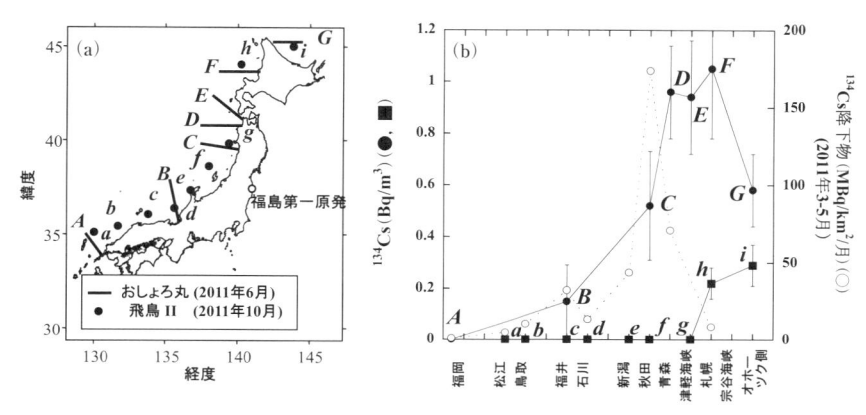

図 5.5 オホーツク海〜日本海表層水の採取地点（a）と ^{134}Cs 放射能濃度の変動（b）（Inoue *et al.*, 2012b, c）

慈川の河口に近い測点で，より高い ^{134}Cs 濃度であった．これらの結果は，茨城沖沿岸では，福島第一原発から海洋中に直接漏出した放射能汚染水の影響に加えて，大気経由で陸上に沈着した放射性物質が河川を通して海洋中に流出することによる影響が関与している可能性を示唆している．少なくとも 2011 年 9 月上旬には，福島・茨城沖では沿岸に近い海域で北から南への沿岸流の輸送効果が高いことが考えられる．

（3） オホーツク海〜日本海

Inoue *et al.*（2012b, c）は，北海道大学水産学部所属「おしょろ丸」OS-229 次航海において，オホーツク海から日本海北部〜南部にかけて 7 つの測線で，2011 年 6 月に表層海水試料を採取し，その測定結果を報告した（図 5.5）．^{134}Cs 放射能濃度は青森津軽半島沖，北海道渡島沖，ならびに石狩沖の測線で極大値（約 1 Bq/m^3）を示した．一方，3-6 月の大気からの ^{134}Cs の降下量は，秋田，青森，新潟，福井，札幌（図 5.5）の順であり，表層水の濃度分布と一致していない．

10 月にはクルーズ客船「飛鳥 II」の航海において各測線近くの表層水を採取して測定した結果，石狩沖，オホーツク海を除き ^{134}Cs 放射能濃度は検出限界近くの値であった．4 カ月間で日本海表層海水の ^{134}Cs 放射能濃度が

減少した理由は，海水の拡散だけではなく本州に沿って北上する対馬海流によって水塊が入れ替わった可能性も考えられる．

5.3 外洋への輸送

青山道夫

2011年4月から2012年3月にかけて福島第一原発事故による放射性セシウム（^{134}Csと^{137}Cs）の広がりを知るため，北太平洋全域での観測を実施した．図5.6に福島第一原発事故以降の太平洋での試料採取の全地点を示す．これらの地点には，コンテナ船や自動車輸送船のような篤志船に依頼した場合や，「白鳳丸」，「淡青丸」，「みらい」，「凌風丸」，「啓風丸」等の研究船や観測船による採取が含まれている．

^{134}Csの半減期は2年であり，過去の大気圏核実験や原子力事故等で海洋に放出された^{134}Cs濃度は福島第一原発事故以前では検出限界以下（0.5 Bq/m^{3}以下）となっていたこと，および検出された^{134}Csと^{137}Csの放射能比はほぼ1であり，福島第一原発近傍での^{134}Csと^{137}Csの放射能比は0.99±0.02（Buesseler et al., 2011）であったことから，検出された^{134}Csは福島第一原発事故由来であると判断できる．

また，^{137}Csについては福島第一原発事故以前でも，太平洋全域において過去の大気圏核実験起源の^{137}Csが検出されていた．西部北太平洋での^{137}Cs濃度は1960年代では10-100 Bq/m^{3}であり，その後ゆっくり減少してきており，2000年代では1-2 Bq/m^{3}程度であった（Aoyama, 2010；Inomata et al., 2009）．また，2000年代での太平洋表層での^{137}Csの平面分布は，西部北太平洋中緯度域に極大を示し，北太平洋亜寒帯域で極小を示す分布であった．これらは，大規模核実験による降下のパターンと海洋内部の海盆規模の輸送により形成されたと考えることができる．

福島第一原発事故以降に検出された^{137}Csは，過去の核実験起源分に今回の福島第一原発事故由来が加わったものであると判断できる．事実，^{134}Csと^{137}Csの放射能比1を使い，^{134}Csの濃度から福島第一原発起源の^{137}Cs濃

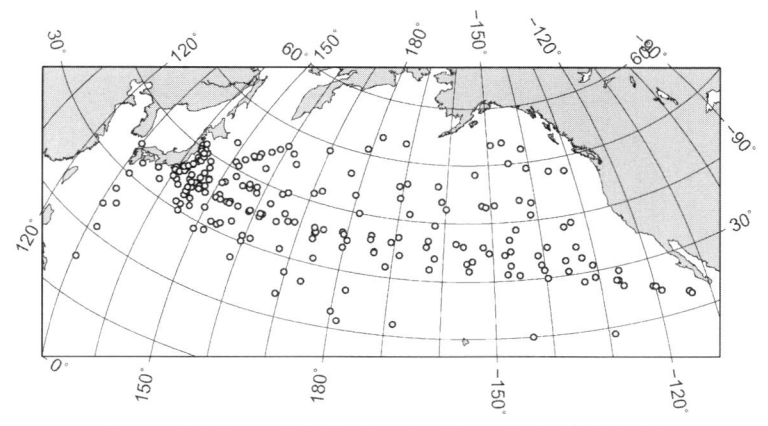

図 5.6　福島第一原発事故以降の太平洋での海水試料採取地点

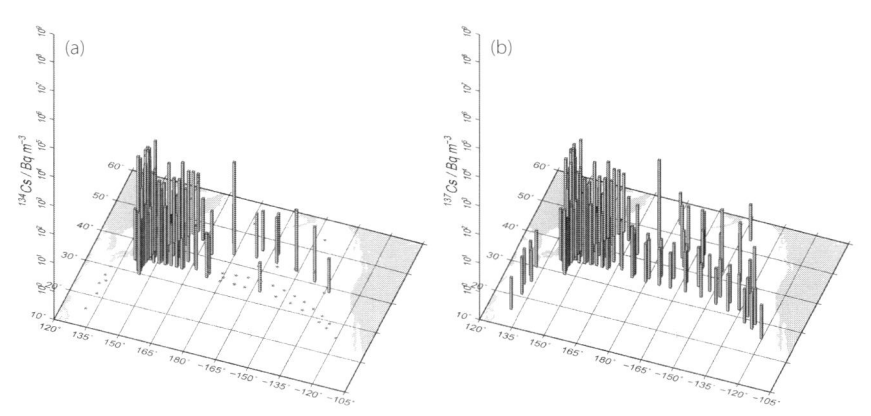

図 5.7　2011 年 4 月から 6 月の ^{134}Cs（a）と ^{137}Cs（b）の表面分布

度を推定し，観測された ^{137}Cs から福島第一原発起源分を差し引くと，その濃度は過去の核実験起源分と整合している（Aoyama et al., 2012）．2011 年 4-6 月の結果（図 5.7）によると，福島第一原発から大気に放出された放射性セシウムが日本から主に北東方向へ大気経由で輸送された結果を反映し，西部北太平洋高緯度域で濃度が高い．また，北太平洋のところどころに大気経由で輸送されたものが局所的に沈着してできたと考えられる周辺より高濃度

第 5 章　海洋への拡散——107

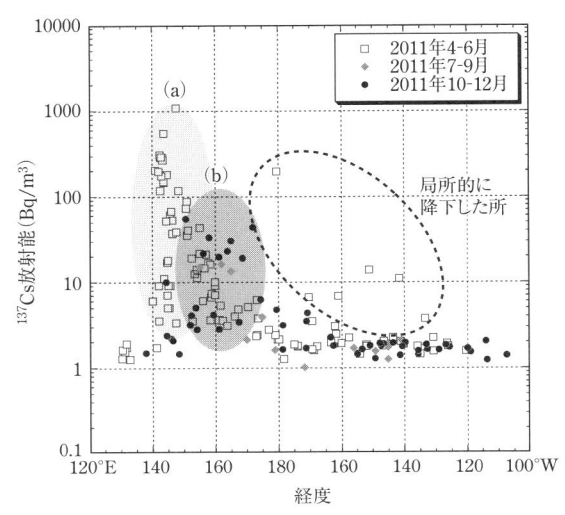

図 5.8 福島第一原発起源の海洋表層の ^{137}Cs 濃度の海洋表層での東への広がり（Aoyama et al., 2012 のデータを元に作図）
(a) 2011 年 4 月から 6 月における相対的高濃度域の東西の広がりおよび，(b) 2011 年 10 月から 12 月における相対的高濃度域の東西の広がり．

域が高緯度側に見える（図 5.8 の破線領域参照）．

横軸に経度，縦軸に表層での ^{137}Cs の濃度をとり，表層での ^{137}Cs の濃度が 10 Bq/m^3 を越えていることを指標として，福島第一原発事故起源の放射性セシウム同位体の東への広がりを見てみる（図 5.8）．表層での ^{137}Cs の濃度が 10 Bq/m^3 を越える領域は 2011 年 6 月には東経 160 度までしか到達していなかったが，その後海洋表層での輸送により東に移動し，2011 年 10-12 月には東経 170 度程度まで広がっている（図 5.8 で（a）と（b）と表示されている領域）．さらにその東側の東経 170 度から西経 170 度の領域でも，表層 ^{137}Cs 濃度のわずかな上昇が見出されている．

5.4 海洋に直接漏洩した ^{137}Cs の分散シミュレーション

升本順夫, 津旨大輔

　福島第一原発事故に伴って海洋に流入した放射性物質はどのように広がっていったのか？　また，どれだけの放射性物質が海洋へ入っているのか？　海洋に流入した放射性物質の分散状況とその過程を理解し，これらの問いに対する答えを得るため，直接漏洩分に関する事故後数カ月間の挙動について，複数の数値モデルによる海洋分散シミュレーション＊結果の比較検討が進められている（Masumoto *et al.*, 2012）.

　2011年3月下旬には，東電福島第一原発付近の岸に沿って高濃度汚染水の広がりが観測されたが，比較を行ったすべてのモデルで，福島沿岸の弱い南向き流による高濃度汚染水の南方への広がりはおおよそ再現されている．一方，いずれのモデルも，30 km 沖合での比較的高い放射能濃度については再現できていない．このことから，2011年3月下旬の沖合における汚染は，いったん大気へ放出された放射性物質が海面に沈着して海洋へと混入した影響であることが示唆される．このことは，Tsumune *et al.*（2012）が観測値の ^{131}I/^{137}Cs 放射能比の検討から得た結論と一致する．

　2011年4月下旬になると（図5.9），^{137}Cs の分布はさらに南，あるいは南東方向へと広がるとともに，福島県沖でも弱い北東向きの流れに伴って徐々に東へと張り出していることがわかる．この傾向はモニタリング観測結果と整合的であるが，多くの観測点で検出限界以下となっており，詳細な分布の検証はできない．また，茨城県沖では，時計回りの循環によって南東方向へと広がるモデルがある一方，茨城沿岸に沿って南下しているモデルもあり，この海域での流れの複雑さ，再現の難しさを表している．2011年4月半ばの人工衛星データによる水温や海色分布から，茨城県沖海域に直径100 km 程度の時計回りの循環を持つ海洋中規模渦が存在していたことが示唆されている．前述のモデル間の違いは，このような海洋中規模渦や黒潮流路の再現性が放射性物質の分布に大きく影響を及ぼしていることを示している．また

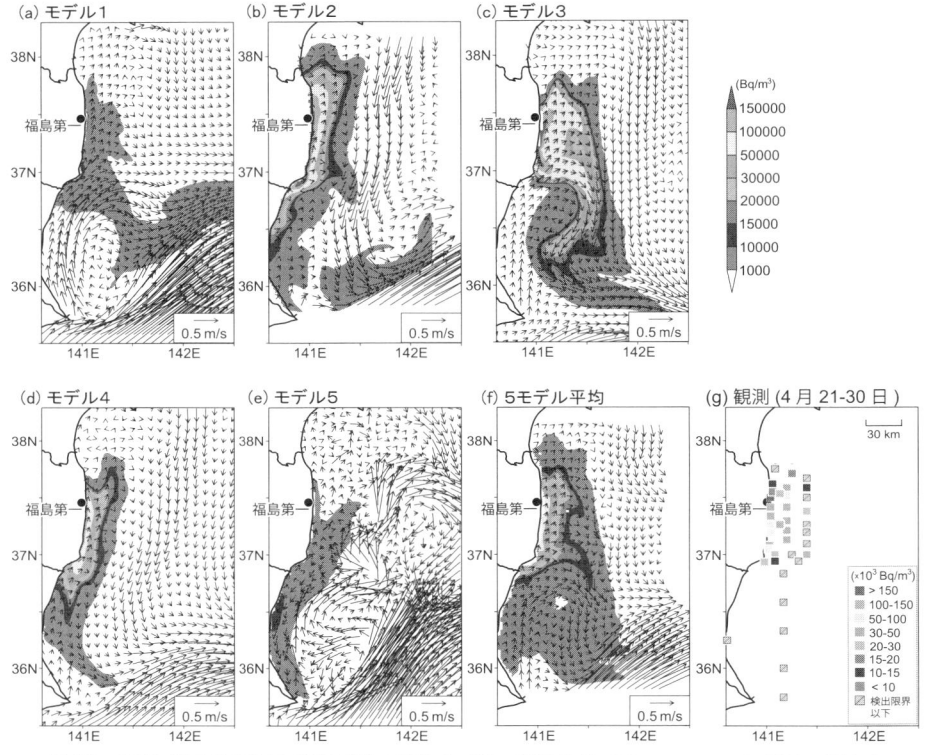

図 5.9 2011 年 4 月下旬の海面付近の流れと ^{137}Cs 濃度分布（Masumoto *et al.*, 2012 の図 3 を一部修正）
(a)～(e) はそれぞれ異なるモデルによる結果，(f) は 5 つのモデルの平均を示している．(g) は 2011 年 4 月下旬のモニタリング観測結果．（カラー口絵 7 参照）

シミュレーション結果は，放射性物質の水平方向および鉛直方向の混合の強さや境界条件の違いにも強く依存していることに注意する必要がある．

2011 年 5 月以降になると，^{137}Cs は黒潮の北縁に沿って急速に東へと流され，その後は海流の時間変動や中規模渦の影響によって希釈されながら徐々に広い範囲に広がっていくことが示されている．

5.5　海洋生物の放射性物質による汚染調査の経緯

石丸　隆

　筆者（石丸）が福島第一原発事故の影響を実感したのは，2011年3月15日に東京海洋大学海洋科学部（東京都港区）の放射性同位元素利用施設（以下，RI施設）のガスモニターが突然警報を発したときである．RI施設では，フィルターを通過した空気を施設内に取り込み，また施設内から排出される空気は高能率エアフィルターを通して大気中に放出している．施設内で発生する放射性物質を外部に排出しないように監視するのがガスモニターで，当日は誰も施設を使用していなかった．この警報は，福島第一原発から放出された放射性のガスが東京にも到達したことを検知したものであり，サーベイメータにより空間線量を測ったところ通常の10倍程度の値になった．

　地震および津波により冷却機能を失った福島第一原発1～4号機には海水や淡水が注水され，放射性物質に汚染された水が海に流出した．3月25日に福島第一原発の南側放水口付近の海水から50 MBq/m^3（炉規則告示濃度限度で定められた周辺監視区域外の水中の濃度限度の1250倍の濃度）の^{131}Iが検出された（東京電力，2011）．

　多くの海洋学関係者は，放射性物質の漏洩が一過的なものであれば，海洋に拡散して大きな問題にはならないだろうと考えており，報道機関の取材に対して石丸も同様に答えた．当時，沿岸の測定点は東電による4点しかなかったが，測定結果（東京電力，2011）をグラフにしてみたところ，福島第一原発南側放水口でこの日に観測された汚染水は南に移動したと推定された．福島第一原発から16 km南側の測点では3月28日に海水中の^{131}I濃度2.5 MBq/m^{3}が観察され，1/20にしか希釈されていなかった．したがって，海洋へ放出された放射性物質を含む汚染水は沖合に広がらず，岸沿いを南下したと考えられた．

　後述のように，4月4日には，北茨城で採捕されたコウナゴから，食品中の放射性物質の暫定規制値500 Bq/kg-wetを超える放射性セシウム濃度が

検出された．また，食品として魚類は放射性ヨウ素の暫定規制値が設定されていなかったが，葉もの等の野菜類の暫定規制値（2000 Bq/kg-wet）に対して2倍を超える4080 Bq/kg-wetの^{131}Iが検出された（水産庁，2011）ことが公表されて大問題となった．

　東京海洋大学は練習船「海鷹丸」や「神鷹丸」等4隻を保有し，地震直後から救援物資の輸送等に対する要請に備えて待機していた．結局，東北地方の各港湾の損壊や瓦礫の流出のため，寄港が困難と考えられ救援には向かうことはできなかったが，震災対応や復興に貢献をしたいとの意識が学内で高まっていた．一方，事故後の国立大学協会の呼びかけにより，東京海洋大学として災害復興に協力できる事項が整理され，その一環として海洋への放射性物質の拡散の調査を実施する運びとなった．海洋においては，文部科学省が海水と海底堆積物，水産庁が漁獲対象魚種に関して放射性物質の測定を行っていたが，食物連鎖を通じた魚類への移行が考えられることから，東京海洋大学では，海水や堆積物，プランクトンや底生生物などの，生態系の構成者を網羅した調査を行うことを目的とした．

　船舶を用いた調査を行うに当たっては，地元の協力を得ることが必須である．魚介類の採集には県の特別採捕許可が必要となり，事前に漁業協同組合の同意を得なければならないからである．当時，さまざまな局面で風評被害の問題が生じており，漁業関係者は必ずしも調査に対して好意的ではないと予測された．東京海洋大学の川辺みどり准教授は，5月中旬に小名浜の漁業関係者を訪ねて聞き取り調査を行い，操業を全面自粛している福島県の漁業者は，放射性物質の汚染の状況をつぶさに明らかにすることを望んでいること，福島県水産試験場の五十嵐聡場長は，長期的，広域的な生態系モニタリングを国が中心となって実施すべきことを主張されているなどの情報を得た．そこで，東京海洋大学練習船による調査はいわき沖を対象とすることとし，小名浜を訪問して漁業関係者や水産試験場と相談するとともに，学内関係者の合意を得て「海鷹丸」での観測計画を策定した．実施時期はドック工事終了後の7月1日から8日の間となった．

　一方，日本海洋学会は震災対応ワーキンググループ（以下，JOS-WG）を4月中旬に組織し，船舶利用による放射性物質の拡散に関する調査を支援し，

また得られたサンプルを測定する体制を整えた．「海鷹丸」緊急航海（UM1107）では，このワーキンググループの支援を受けることができ，また学内外の多数の教職員，学生，福島水試職員，企業からの派遣者等多くのボランティアが参加してくれた．東京海洋大学練習船による調査はその後も継続され，2回目の調査は2011年10月に「神鷹丸」（SY1110）により，また3回目は2012年5月に「海鷹丸」研究航海（UM1205）によって行われた．その後も年2回の調査が続けられている．食用魚介類以外の海産生物に関する放射性物質の測定例はきわめて少なく，東京海洋大学練習船による調査は，海洋生態系内における放射性物質の移行過程を解明する上で重要な意味合いを持つものである．

　福島第一原発から半径20 km以内の海域（20 km圏内）は，東京電力が海水と海底堆積物の測定を行っていたが，生物に関する調査はなかなか実施されず，大きな空白域となっていた．JOS-WGは，NHKからの呼びかけに応え，2011年11月末から12月初めにかけて20 km圏内の共同調査を行った．JOS-WGからの参加者は，神田，石丸，津田（東大大気海洋研究所），加藤（東海大学海洋学部）の4名である．20 km圏内に設けた5 kmメッシュの観測点で採泥を行い，また，いくつかの点で海水，プランクトン，底生生物および魚類の採集を行った．測定の結果，刺し網で採集されたアイナメやシロメバル，ババガレイなどの放射性セシウム濃度は高かったが，20 km圏の南側近傍の魚類中の濃度とは，かけ離れた高い値ではなかったが，プランクトンでは，2011年7月の「海鷹丸」調査で，いわき市沖のごく沿岸で採集されたプランクトンに匹敵する700 Bq/kg-wet近い高濃度の放射性セシウムが観測され，放射性物質の汚染が続いていると考えられた．今後，放射性セシウム濃度の生態系における分布や，その推移を明らかにする上で，これらの結果は重要である．東京電力は2012年3月から原発20 km圏内の魚の採集を始めており，JOS-WGとNHKの共同調査は，その実施を促す上で効果があったと考える．

5.6 沿岸海域の汚染

神田穣太

(1) 沿岸海域の海水の汚染

事故前の福島県沖での海水中の^{137}Cs濃度は約1-2 Bq/m^{3}であった(文部科学省,2010).一方,同じく天然に存在しない^{134}Csについては,半減期が約2年と短いため,事故前の海水からは検出されていなかった.

事故を受けて,2011年3月23日から開始された文部科学省による沖合海域のモニタリング(文部科学省,2011)では,数十kBq/m^{3}に達する^{131}I,^{134}Csおよび^{137}Csが表層海水から検出された.この時期の放射性物質は大気経由で沈着したものと見られ,福島第一原発から比較的離れた広範囲の海域から同じような濃度レベルで検出されていた.

3月末になって,福島第一原発直近の海水から直接流出によると見られるきわめて高濃度の放射性物質が検出された.^{137}Csについては,福島第一原発港湾外で4.7 MBq/m^3(3月30日,南放水口),6.8 MBq/m^3(4月7日,北放水口)に達し,同港湾内では12万MBq/m^3(4月2日,2号機スクリーン)という数字がある(東京電力,2011a).直接流出した汚染水は水量としては決して多くないが,放射性物質濃度はきわめて高く,^{137}Csで180万MBq/m^{3}とされる(東京電力,2011b).

5.5節で述べたとおり,福島第一原発の南側10-16 kmに位置する海岸では,数日から1週間程度遅れて^{137}Csで1 MBq/m^{3}を超える汚染のピークがあり,福島第一原発からほぼ同じ距離の15 km東側の沖合では,同時期ないしやや遅れて概ね200-300 kBq/m^{3}程度のピークがあった(東京電力,2011a).東側沖合にくらべて南側の海岸沿いの濃度が高かったことが,福島海域の特徴である.こうしたデータから,いわき市沿岸でも2-3週間遅れで数百kBq/m^{3}の濃度に達するピークがあったと推測できる.福島県沖の海水中の放射性物質濃度は,5月には1カ月に100分の1〜数百分の1になる速さで急減した(Kanda, 2013).

6月を過ぎると,国による緊急時モニタリングで一般的に使われている,試料を直接γ線スペクトロメーターで計測する方法では,検出下限値以下 (N.D.) となるものが,測定結果の大半を占めるようになった.放射性セシウムについてはリンモリブデン酸アンモニウム (AMP) による吸着・濃縮を用いた高感度分析法が必要で,この方法は事故前の低濃度レベルでも測定可能である(廣瀬,2011).高感度分析データによれば,2011年秋以降の福島県沖の海水中の ^{137}Cs 濃度の多くは 10-100 Bq/m^3 程度である(東京電力,2011a;文部科学省,2011).事故前よりは依然として1-2桁高い値ではあるが,汚染としては海水中の放射性セシウム濃度は相当程度収束したといってよいだろう.

以上のような放射能濃度の急速な低下は,きわめて短期間に集中して放射性物質が放出された今回の事故の特徴をよく表している(Yoshida and Kanda, 2012).一方で,福島第一原発の港湾内等では,東京電力によるモニタリングで依然として数〜数百 kBq/m^3 程度の ^{137}Cs が検出され続けている(東京電力,2011a).福島第一原発からの放射性物質の海洋への移行が完全に止まっていれば,この値も継続して低下するはずであるから,漏洩が続いていると見る必要がある(Kanda, 2013).

(2) 沿岸海域の海底堆積物の汚染

一般に海洋にもたらされた物質は,拡散あるいは粒子に吸着して,最終的には海底堆積物(底泥)に移行する.この堆積物への移行プロセスは1つには「沈降粒子」によって担われる.沈降粒子はプランクトンなどのデトリタス*(遺骸)やフィーカルペレット(糞粒)などの有機物を中心に,さまざまな粒子状物質が凝集して生成する.プランクトンに取り込まれ,あるいは粒子の凝集・生成過程で吸着した放射性物質は,粒子とともに沈降して堆積物表面に達することになる.これに対して汚染された海水が堆積物表面に接触し,堆積物中の鉱物粒子などが放射性核種を吸着するプロセスを重視すべきという考え方もある.いずれにせよ,堆積物に保持された放射性物質については海水のような速やかな希釈は期待できない.

海水から堆積物への移行や堆積物中での挙動は核種によって大きく異なる.

この移行を定量的に示す指標として，分配係数（K_d）が用いられてきた．この係数は海水中と堆積物中の元素の濃度や放射能濃度に対する比で定義される（IAEA, 2004 ; Takata *et al.*, 2010）．

K_d =（堆積物中の放射能濃度［Bq/kg］）/（海水中の放射能濃度［Bq/L］）

堆積物中の放射性核種濃度は通常は乾重量（kg-dry）当たりとする．セシウムの K_d についての IAEA の推奨値は外洋（深海堆積物）で 2000，沿岸で 4000 である（IAEA, 2004 ; Takata *et al.*, 2010）．すなわち，堆積物中の ^{137}Cs 濃度は海水の数千倍になると予想される．しかしながら，この値は海水と堆積物中の元素あるいは放射性核種が平衡状態にあると仮定した上での計算結果である．今回の事故では海水中の ^{131}I, ^{134}Cs および ^{137}Cs 濃度は初期に急増して，ただちに急減したため，単純にこの係数を用いての堆積物中の放射性核種の濃度レベルの予想はきわめて困難である．

堆積物についての調査は 2011 年 4 月末から順次，東京電力，文部科学省，環境省や福島県などの自治体によって開始されたが，海水の調査と比べ観測点数・頻度ともに少ない．発電所の港湾内では 7 月に 15 万 Bq/kg（注：一般に堆積物の放射能濃度は乾重量［kg］当たりの値で報告されることが多いが，東京電力の測定は 2012 年夏までは湿重量［kg］当たりで報告されてきた．同じ試料でも，湿重量当たりの値は一般に乾重量当たりの値にくらべて低くなる．2011 年 7 月の福島第一原発港湾内の測定値は湿重量当たりである）の ^{137}Cs が検出されているが，一般には沿岸の高いところで数千 Bq/kg-dry，多くは数十〜数百 Bq/kg-dry である（東京電力，2011a ; 文部科学省，2011）．

図 5.10 に 2011 年 4 月から 2012 年 7 月までのいわき市沿岸，同沖合についての堆積物中の ^{137}Cs 濃度のデータをまとめた．調査が開始された 2011 年 5-7 月頃の値と比較すると，沿岸域では時間とともに ^{137}Cs 濃度がやや低下した地点が多い．一方で，沖合の地点では，時間とともにやや増加したように見える地点もある．海水中の ^{137}Cs 濃度に比べて堆積物中の濃度の減少は格段に遅く，また放射能濃度の測定値の分散がかなり大きいことも読み取れる．海底堆積物の放射能濃度は同一地点で採取した場合でも，大きくばらつくことがある．これは沿岸での海底環境の不均一性を反映するものと考え

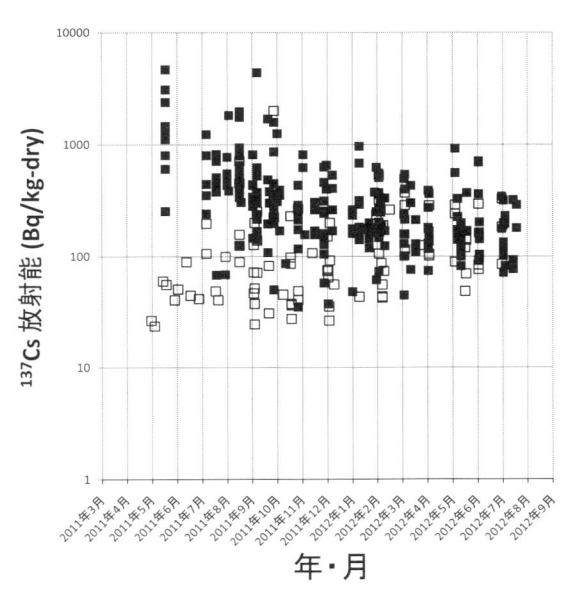

図 5.10 2011 年 4 月から 2012 年 7 月までのいわき市海域堆積物中の ^{137}Cs 濃度（乾重量当り）の推移
水深 70 m までの沿岸（■），70 m 以深の沖合（□）に分けて示した（東京電力，福島県，文部科学省の公表データにより作成）

られ，わずかな距離でも化学成分，土質や粒度粒径が異なるために，放射性物質の濃度分布が大きく異なる可能性がある．同一地点での時系列データの解釈にはこの点を考え合わせる必要がある．

つまり堆積物表層には比較的流動性の高い粒子状物質が存在し，これらとともに放射性物質が移動する可能性がある．また，河川からは，陸上の高濃度の放射性物質を含んだ土砂が流入して，これらが海底堆積物に蓄積する．茨城県沖などでは 2011 年 6 月や 7 月になって濃度が上昇した例もあり（文部科学省，2011），陸域からの土砂等の供給の影響も考えられる．近畿大学などの調査（Nakagawa et al., 2012）によれば，東京湾の底泥では，荒川河口などを中心に ^{137}Cs 濃度の増加傾向が続いており，これは主に関東地方の陸地に沈着した放射性物質が粒子状物質等として河川経由で運ばれて蓄積してい

るためである．

5.7 海産魚介類の汚染の状況

石丸　隆，青野辰雄

（1）放射性セシウム

事故後の 2011 年 4 月初旬にコウナゴ（イカナゴの稚魚）から，当時の食品中の放射性物質の暫定規制値（以下，暫定規制値）を上回る放射性セシウムと放射性ヨウ素が検出され，その後，5 月にかけてシラスなどいくつかの魚介類・海藻で暫定規制値を超える放射性セシウムが検出された（水産庁，2011）．コウナゴやシラスなどの稚魚は相対的に成長率が高く，表層を回遊したために，海水やプランクトンの放射性物質が比較的速やかに移行したものと見られる．なお，セシウムについての魚介類中の放射性物質の暫定規制は放射性セシウム（^{134}Cs と ^{137}Cs の合計）で行われており，500 Bq/kg-wet であった．2012 年 4 月以降食品中の放射性物質の基準値（以下，基準値）は，放射性セシウムとして 100 Bq/kg-wet に下げられている．

2011 年 6 月頃から，福島県沿岸の一部の海産魚種から暫定規制値を超える放射性セシウムの検出例が散見されるようになった（水産庁，2011）．各魚種の放射性セシウム濃度を図 5.11 に示す．シラスでは海水中の放射性物質濃度の低下に追随する形で，魚体中の放射性セシウムも比較的早く減少した．一方，底生魚のアイナメ，ヒラメ，ババガレイでは，低下の傾向は緩やかである．また，岩礁性のシロメバルでは依然として減少傾向は見られない．このように減少傾向が緩やかである魚種では，放射性セシウムが依然として魚類に移行を続けていると考えざるを得ない．

県別に見ると，アイナメ，ヒラメ，ババガレイでは，事故後 1 年ぐらいまでは汚染レベルの高い順から福島沖，茨城沖，宮城沖であったのが，2012 年 4 月以降には茨城沖と宮城沖の差がなくなり，アイナメとヒラメでは宮城沖の方がむしろ値が高いように見える．また，汽水域に分布するスズキやクロダイについて見ると，スズキでは 2012 年 3 月以降は福島での低下傾向が

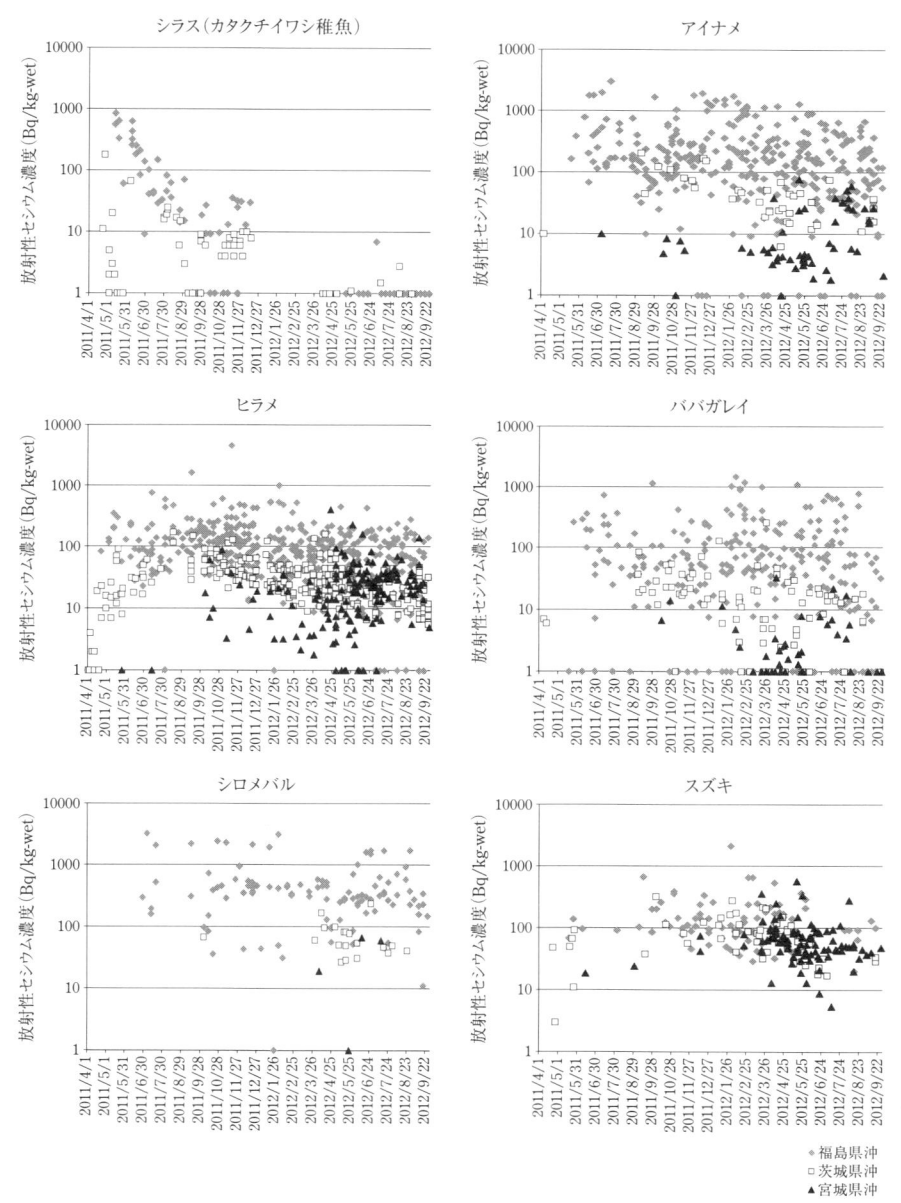

図 5.11　各種魚種の放射性セシウム濃度（Bq/kg-wet）の経時変化（水産庁，2011，2012 の公表データに基づき作成）

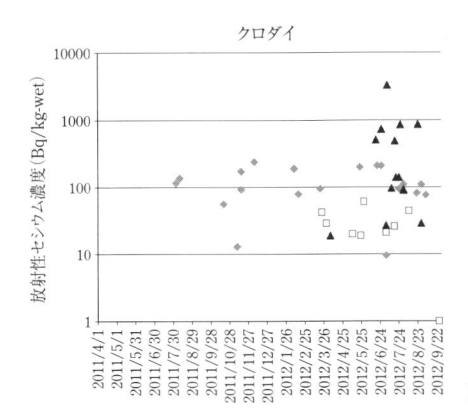

図 5.11 つづき

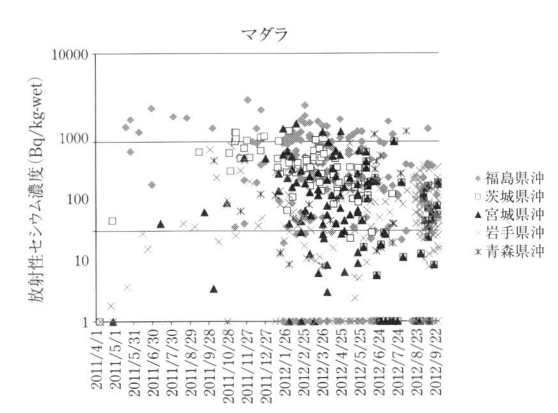

図 5.12 茨城沖から青森沖までのマダラの放射性セシウム濃度（Bq/kg-wet）の経時変化（水産庁，2011，2012の公表データに基づき作成）

明瞭であるのに対して，宮城ではむしろ上昇しており，クロダイでは福島での最高が 300 Bq/kg-wet 程度であるのに対し，宮城では 2012 年 6 月以降に高い値が複数例検出され，最高は 3300 Bq/kg-wet を記録している．河川経由の放射性物質の流入が原因となった可能性があり，今後も注視する必要がある．

図 5.12 に海域別のマダラの放射性セシウムの経時変化を示す．マダラで

は福島県沖で採捕された個体での最大値が300 Bq/kg-wet程度であるにもかかわらず，基準値の100 Bq/kg-wetを超えたものが青森県沖でも採捕されるなどの結果，広範な海域で出荷規制が行われている．マダラは底生魚ではあるが，カレイ類やアイナメなどのように定着性が強くなく，1カ所にとどまって摂餌することがないとされる．このため高濃度に汚染することはないが，移動距離が大きいため広い範囲で基準値を上回る濃度の魚が採捕されたと考えられる．ただし，汚染された底生生物の分布は福島沖等に限られるから，移動先の遠隔地では餌経由の汚染はきわめて小さく，したがって，後述する放射性セシウムの生物学的半減期から見て，マダラの放射能汚染問題が長期化する恐れは少ないと考えられる．

(2) セシウム以外の放射性核種

大気圏核実験に伴う放射性降下物の広がりを受けて，国内でも放射性降下物中の環境放射能調査が実施され，^{90}Srや^{137}Csの数値が報告されてきた．また1983年からは，原子力発電所周辺海域の主要な漁場における海産生物，海底堆積物および海水試料中の放射性核種の調査も実施されている．これらの調査で海産生物から検出された人工放射性核種は，^{90}Sr，^{137}Cs，$^{239-240}$Puであった．一般に海産生物中のこれらの放射性核種濃度は低く，試料は灰化して化学分析に供するために，放射性ヨウ素など測定が行われていない核種もある．2005年から2010年の海洋環境放射能総合評価事業で行われた調査では，核燃料施設周辺海域（太平洋青森県沖）における海産生物中の^{90}Sr，^{137}Cs，$^{239+240}$Pu濃度範囲はそれぞれ，検出下限値以下〜0.01，検出下限値以下〜0.18，検出下限値以下〜0.001 Bq/kg-wetであった（文部科学省，2012）．

今回の事故による海洋環境への放射性物質の汚染調査では，放射能測定法＊No.24「緊急時におけるガンマ線スペクトロメトリーのための試料前処理法」（文部科学省，1992）等に基づき計測が実施された．生試料を直接測定することで^{131}Iが検出された．その濃度は，2011年4月上旬に茨城県沖や福島県沖で採取したコウナゴ（イカナゴ）については，1700から最高1万2000 Bq/kg-wetに達した．^{131}Iは半減期が短いことから，海水中の濃度も指数関数的に減少し，2011年6月中旬頃からは海藻を除き検出されなくな

っている．

　2011 年 3 月 17 日に厚生労働省は，「原子力施設等の防災対策について（昭和 55 年 6 月原子力安全委員会）」中の「飲食物摂取制限に関する指標」を暫定規制値とし，これを上回る放射性物質を含有する食品は食用に供しない取扱いを決めた（厚生労働省医薬食品局食品安全部，2011a）．このなかでは，環境へ放出された放射性セシウム（Cs）は放射性ストロンチウム（Sr）も伴っていると推定されることから，放射性セシウムに対する ^{90}Sr の放射能比を 0.1 と仮定し，分析の迅速性の観点から ^{134}Cs と ^{137}Cs の合計放射能濃度を用いて，食品カテゴリーごとの摂取制限値が算出された．さらに，Sr はカルシウム（Ca）と挙動が似て，生物に蓄積しやすい化学的性質があることが指摘され，放射性 Sr に対する関心が高まった．そのため今回の事故による魚類中の放射性 Sr の汚染についての分析が行われることとなった（水産庁，2011）．

　その結果，放射性 Cs 濃度が 970 Bq/kg-wet であったシロメバルからは ^{89}Sr と ^{90}Sr がそれぞれ 0.45 と 1.2 Bq/kg-wet 検出された．ムシガレイ，ゴマサバやイシカワシラウオからも ^{90}Sr が検出されたが，その濃度は 0.5 Bq/kg-wet 以下であった．また放射性 Cs に対する放射性 Sr の放射能比は 0.002-0.008 の範囲であった．一般には，魚介類中の放射性 Sr 濃度は検出下限値以下（0.04 Bq/kg-wet 以下）のものが多く，魚介類中の放射性 Sr については今回の事故由来による影響か判断することは難しいと考えられる．$^{239+240}$Pu は福島県沖（厚生労働省医薬食品局食品安全部，2011b）や青森県沖（文部科学省，2012）で採取した魚介類では，検出下限値以下〜1 mBq/kg-wet で放射性 Sr と同様に事故による影響の有無を判断することは難しい．

　またイカやタコなどの軟体動物，エビやカニなどの甲殻類などから銀-110 m（^{110m}Ag，半減期 249.8 日）が検出されている．今回の事故以前より，イカの肝臓（中腸腺）中から ^{108m}Ag が検出されることが報告されている．これは銀が，血色素ヘモシアニンに含まれる銅と化学的性質が類似している結果，これらの生物に特異的に濃縮されやすいことが原因とされている（梅津，1992）．今回の事故においては，東日本の広い範囲で 2011 年 4 月に採取された大気降下物中から ^{110m}Ag が検出されており（文部科学省，2011），事故に

伴って ^{110m}Ag が環境へ放出されたことは明らかである．福島第一原発 20 km 圏内における魚介類の放射性物質濃度の調査結果では，2012 年 4 月から 6 月に採取したイカやカニ等から ^{110m}Ag が 13-69 Bq/kg-wet の濃度範囲で検出されている（青野ほか，2011）．^{110m}Ag が検出された魚介類中には，放射性 Cs 濃度が検出下限値以下または ^{110m}Ag の数分の 1 程度しか検出されない特徴がある（厚生労働省医薬食品局食品安全部，2011b；東京電力，2012）．さらに魚介類の餌となる底生生物（ナマコ，ゴカイ，ヒトデ，ブンブク等のベントス）やプランクトンからも ^{110m}Ag が約 10 Bq/kg-wet 濃度で検出された（青野ほか，2011）．チェルノブイリ事故の際，地中海における海藻からも ^{110m}Ag が検出されている．2012 年 4 月から施行された食品中の放射性物質の基準値は放射性 Cs の濃度で規制されているが，この基準値の設定は，半減期が 2 年以上の核種を対象にしており，放射性 Sr や Pu も考慮されている（厚生労働省医薬食品局食品安全部，2011b）．

5.8 海洋生態系内での放射性核種の移行メカニズム

神田穰太，石丸　隆

　海洋環境の放射性物質の生物への移行経路は，主に餌に含まれる放射性物質が体内に取り込まれる経路と，海水に溶けている放射性物質が鰓や体表，消化管から吸収される経路であり，その相対的な寄与は生物種や核種によって違いがある．体内に吸収された放射性物質は，セシウムなどでは順次体外に排出されていくが，排出がほとんどなく体内に蓄積していく元素もある．海洋環境から生物への移行を示す数値として濃縮係数*（CR；Concentration Ratio）が用いられる．濃縮係数 CR は次の式で与えられる（IAEA，2004；原子力環境整備センター，1996；Takata et al., 2010）．

　　CR ＝（生物体内の放射能濃度［Bq/kg-wet］)/
　　　　（海水中の放射能濃度［Bq/L］または［Bq/kg］）

生物体の放射能濃度は通常は湿重量当たりで示す．海水の放射能濃度を海水の質量当たり（Bq/kg）にすることもあり，この場合の CR は無次元の係数

になる（値はほとんど変わらない）．

　福島第一，第二原発付近の海域で，事故前の2009年に漁獲された水産物の^{137}Cs濃度が調べられている（文部科学省，2010）．スズキ，メバルなどは0.049-0.16 Bq/kgで，濃縮係数は29-114と計算できる．これまでに得られたさまざまな生物種と放射性核種についての濃縮係数は，原子力環境整備センター*（1996），IAEA（2004）などに取りまとめられている．IAEA（2004）による海洋生物のセシウムについての推奨値は，植物プランクトンが20，動物プランクトンが40，魚類が100となっているが，同じ分類群に属していても種ごとの差は非常に大きい（IAEA，2004；原子力環境整備センター，1996）．前述の堆積物についての分配係数と同様に，この値は放射性物質が与えられてから十分に長い時間が経過した場合に得られる平衡値である．

　生物が放射性核種を含んだ餌を与えられた場合や，汚染された水に移された場合には，濃縮係数から予測されるレベルまで生体内に蓄積するまでに一定の時間がかかる．とくに餌を経由する移行では，食物連鎖を構成するそれぞれの生物での代謝過程の違いにより，蓄積の遅れが積み重なっていくことになる．さらに，放射性核種が取り込まれていく一方で，核種によっては生体内から並行して排出されていく．このような動的な過程を定量化するためには，取り込み速度定数や排出速度定数などの情報が必要になる（笠松，1999）．これらの定数は実験室での実験により求める必要があるため，必ずしも十分な情報があるわけではない（原子力環境整備センター，1996）．生体からの排出が見られる核種については，取り込みが止まれば体内の濃度（放射能濃度）は減少していく．この過程にもある程度の時間を要する．生物体内での摂取排泄過程は，生息環境にも影響を受けやすい．生物体内における濃度減少に要する時間は，一般には生物学的（生態学的）半減期*として示される．セシウムは特定の部位に濃縮されることがないことからも比較的排出が早く，魚類の生物学的半減期は魚種によって数日〜数十日とされる（原子力環境整備センター，1996）．

　今回の事故では，海水中の放射能濃度のレベルが短時間で大きく変化したため，濃縮係数による生物の放射能濃度レベルの予想は困難である．たとえ

ば，2011年4月後半の海洋研究開発機構の調査では，動物プランクトンの^{137}Csについて，見かけ上200から840の濃縮係数が得られた（Honda *et al.*, 2012）．これは海水の^{137}Csが速やかに低下していった一方で，動物プランクトンへの移行や体内からの排出についての時間的な遅れから，動物プランクトン生体内に海水に比べて相対的に高い濃度の^{137}Csが残存していたためと考えられる．

　前述のように，福島県等の沿岸海域では海水中の放射性セシウム濃度は比較的速やかに減少した．これに伴って生体への移行が減少すれば，魚類の放射性セシウム濃度も比較的速やかに減少することが期待できる．図5.11に示された今回の事故による魚類の放射性セシウム濃度の推移では，シラスでは海水の放射能濃度の低下に追随する形で，放射性セシウム濃度も比較的速やかに減少した．しかし，事故から1年半以上経過しても，依然として減少傾向が見られない魚種も複数ある．これは，放射性セシウムが依然として魚類に移行を続けているためと考えざるを得ない．海水の放射性セシウム濃度から考えて，海水からの移行は非常に少ないと考えられるから，可能性があるのは餌経由だけである．

　プランクトンは，魚類の餌となる生物の代表といってよい．一般にプランクトンは世代時間も短く，セシウムについての生物学的半減期も短い．海水の放射性セシウム濃度レベルが下がれば，プランクトンの放射性セシウム濃度もそれに追随して速やかに低下してもおかしくない．しかしながら，東京海洋大学等の調査からは，2012年に入っても海岸に近い浅海域の一部のプランクトン試料から依然として比較的高い値が検出されている（石丸ほか，2012）．同じく魚類の餌になる底生生物（ベントス）も，海水に比べて高い放射能の濃度レベルが維持されている海底堆積物に生息するため，継続的な放射性核種の移行が懸念される．海底堆積物は，鉱物粒子，シリカ質や石灰質の生物殻，生物の遺骸（デトリタス）や生物体の有機物，粒子の空隙の海水などで構成される複雑な混合物である．放射性物質の吸着・結合の度合いは粒子の種類ごとに異なると考えられる．また，堆積物から生物への放射性物質の移行も粒子の種類ごとに異なる．セシウムは鉱物粒子への吸着性が強く，とくに特定の種類の粘土鉱物とは強い結合をすることが知られている．

粘土鉱物と強く結合した放射性セシウム濃度は生物へ移行しにくいと考えられるが，一方でデトリタス性の粒子などに含まれる放射性セシウム濃度は比較的生物へ移行しやすいと考えられる．このように，堆積物中に保持された放射性物質の生物への移行については，放射性物質の存在形態と密接な関係がある．東京海洋大学のこれまでの調査では，底生生物の放射性セシウムレベルは，現場の堆積物の放射性セシウムレベルと一定の相関があるようであるが，底生生物のセシウム放射能濃度は同じ場所でも種類によって大きく異なり，移行過程の複雑さがうかがわれる（石丸ほか，2012）．

　海洋生物はもともと多様な分類群と，多様な生活様式を持つ種が含まれている．加えて，今回の事故では海水の放射能濃度が時間的にも空間的にもきわめて大きく変化した．この点が，今後の推移についての予測を難しくしている面がある．さらに，今回の事故でこれまでに得られた海洋生物のデータを見ると，同じ種類の生物でも放射能濃度のレベルのバラツキが大きいことも重要な特徴としてあげられる．同じ種類でも生息場所や移動の度合いによって，体内の放射性物質が大きく異なることを示すものであろう．したがって，今後しばらくは海水，海底堆積物，海洋生物などの包括的なモニタリングの継続が必要であると考えられる．

第6章

陸域への放射性物質の拡散と沈着

　福島第一原発事故により地表に降下した放射性物質は，まず，地表面（森林や土壌）に沈着する．その後，土壌や河川等を通じて拡散することが予想される．本章では，まず，陸域に沈着した放射性物質量の正確な把握，次に森林を含む多様な土地からの放射性物質の移行，および化学形態，最後に植物への移行について述べる．

6.1　土壌調査の結果

谷畑勇夫，藤原　守，恩田裕一

（1）　測定の内容

　2011年の6月および7月に，福島第一原発から100 km程度までの範囲で，土壌の放射能汚染の調査（土壌調査プロジェクト）を大学連合・文部科学省で行った．この土壌調査においては，以下に示す3種類のデータを収集した．

①地表から1 mの高さでの空間線量率（μSv/h）

②地表から5 cmの深さまでの土壌中の放射性物質の量（Bq/m^2）

③地表から20 cmの深さまでの放射性物質（主に^{134}Cs，^{137}Cs）の深さ分布

　これらの測定の結果について以下に簡単に紹介する．なおこれらの結果は，文部科学省の放射線量などの分布マップ関連研究に関する報告書に詳細に記載されている（http://radioactivity.nsr.go.jp/ja/contents/6000/5235/view.html）．この報告書には以下に記述した土壌調査だけではなく，農林水産省が主体となって行った調査についても報告がなされている．また，文部

科学省の放射線関連の多くの情報は http://radioactivity.mext.go.jp/ja/ で見られる（現在は http://radioactivity.nsr.go.jp/ja/ に移動）．

（2） 空間線量率のマッピング調査

空間線量測定の結果は，2011年8月2日に2200カ所の測定値をマップにして文部科学省が発表し，福島第一原発から20 km 圏内を含む，福島県，宮城県，茨城県における空間線量が大きなパターンをもっていることがわかった．福島第一原発から北西に線量の高い場所が伸びており，それにつながっていわゆる中通りと呼ばれる低地沿いに線量の高い場所が伸びている．おおまかな分布が航空機による測定などで知られていたが，現地における測定により密度が高く信頼できる情報が得られた．

この空間線量の地域分布状況は，後に述べる土壌中の放射性物質の分布とともに見やすい形で http://www.rcnp.osaka-u.ac.jp/dojo/ に表示されている．

（3） 5 cm 深さまでの土壌中放射性物質量

深さを5 cm までとしたのは，2011年5月に行ったパイロット調査での放射性物質の深さ分布から，降下放射性物質がそこまでの深さにほぼ全量含まれていることがわかっていたからである．

6月に行われた本格調査では，約2200カ所から約1万1000個の土壌サンプルを採取した．それらのサンプルの約半数は日本分析センターに送られ測定された．残りの約半数は東京大学原子核科学研究センター（CNS）に送られ，整理やラベルの点検・補足を経て，全国20の大学・研究所の原子核物理学および地球科学の研究グループに送られて放射線測定が行われた．2011年8月30日に ^{134}Cs，^{137}Cs の土壌中の放射能マップを文部科学省から発表，^{131}I については9月21日に発表した．2012年3月には，上記の報告書により最終報告がなされ，そこには ^{134}Cs/^{137}Cs 比（Bq/m^2 での）はすべての地点でほぼ一様で，2011年6月14日時点への換算値で0.92である，という報告も含まれている．

一方，^{131}I/Cs 比は地点によって大きく変化することがわかった．傾向として福島第一原発の南方にヨウ素の沈着が多い．これは，いくつかの放射性

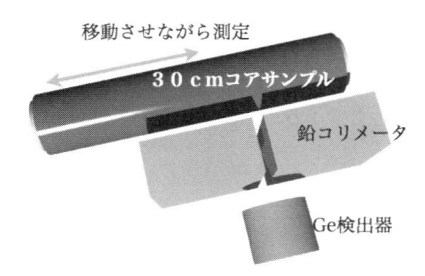

図6.1　土壌コア試料に含まれる放射性核種の測定原理

物質放出イベントがあり，各々のイベントで ^{131}I/Cs 比が違うこと，およびイベントごとに放出された放射性物質の流れる方向が違うことの反映と理解できる．

土壌中での Cs や I の分布地図も http://www.rcnp.osaka-u.ac.jp/dojo/ に見やすく表示されている．また文部科学省からのレポートに詳しい説明がなされている．

（4） 20 cm までの放射性物質の深さ分布

深さ分布については，今回の調査では，長さ 30 cm のパイプを使って土壌のコア採取を行い，そのコアを維持したまま，非破壊で測定を行った．この部分については大阪大学核物理研究センターですべての測定を行った．以下に詳しく説明する．

放射性物質の深さ分布測定は，キャンベラ社製の Ge 半導体検出器（相対効率 25%）3 台を用いた．測定の原理を図 6.1 に示す．Ge 検出器の直前に厚さ 5 cm の鉛のコリメータを設置し，スリットは 5 mm の開口とした．計数する γ 線は ^{134}Cs からの 604 keV および 796 keV と ^{137}Cs からの 661 keV が主なものであり，鉛の γ 線吸収係数を考慮すると，600 keV ではコリメータで 8.6×10^{-4}，800 keV では 6.7×10^{-3} に減衰するので，方向の選択は非常によい．実際に位置のプロファイルの分解能は，FWHM* で 5 mm 程度であることがシミュレーションからも確認できた．鉄パイプ中での γ 線の吸収は 10% 程度であり，さらにすべての位置での吸収は同じなので放射線強度の深さ分布には影響を与えない．このような検出器配置で円筒管を長さ方向に移動させながら γ 線測定を行った．

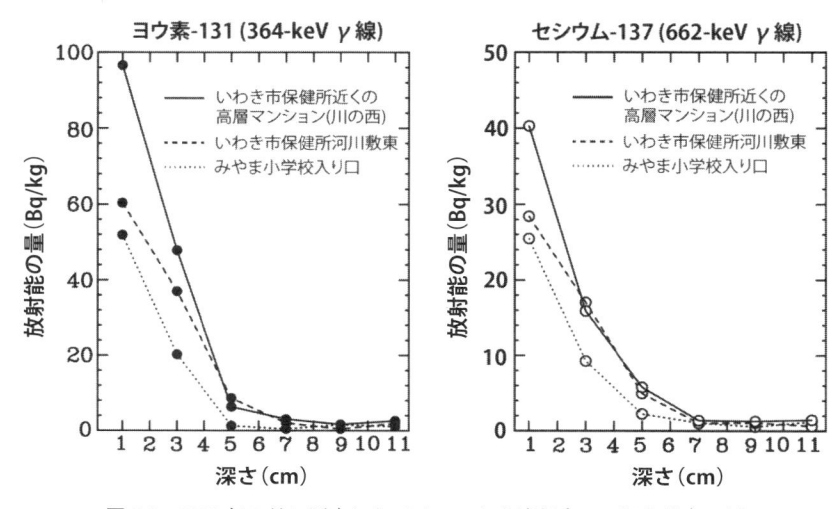

図 6.2　2011 年 5 月に測定したパイロット土壌調査での深さ分布の例

さらに詳しい土壌採取法や測定法に関しては，文部科学省の報告書を参照されたい．

(5)　放射性物質の深さ分布の結果

図 6.2 は 2011 年 5 月にパイロットデータとして測定した深さ分布の例である．この時期には ^{131}I も多く残っており，その深さ分布を知ることができた（図 6.2 左）．I も Cs も深さ 5 cm までに 90% 以上含まれているので，土壌への降下量分布測定には深さ 5 cm までの土壌を採取すればよいと結論した．

6 月には約 300 カ所でコアサンプルを採取した．そのうち可能な時間内で深さ分布が測定できるサンプル数は約 100 であった．採取された土壌のデータ例として図 6.3 にいくつかの採取地点での γ 線の深さ分布を示した．どれもが深さに対して指数関数の分布を示している．28N26 地点では深くなるにつれて急激に放射線強度は減少しており，深さ 18 mm で 1/10 になっている．一方，16N18 地点では 1/10 になるのは深さ 48 mm である．

また，^{134}Cs と ^{137}Cs の深さ分布はほぼ同じであった．これらは同位体であ

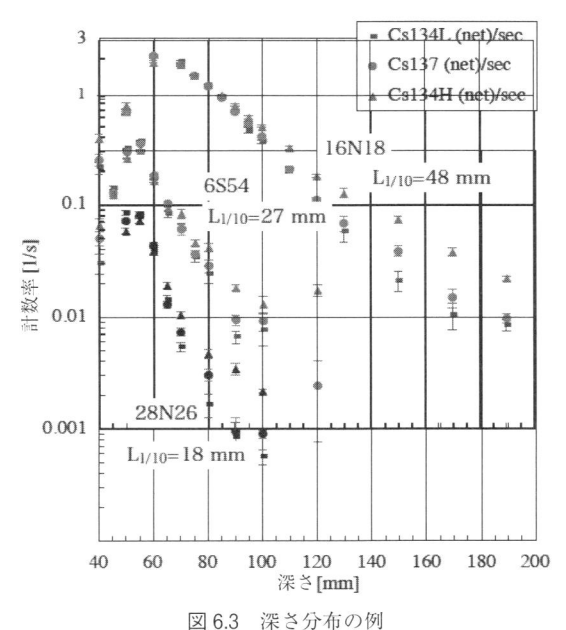

図 6.3 深さ分布の例
図に示した3地点での放射性物質の深さ分布．各地点で ^{134}Cs（604, 796 keV），^{137}Cs（661 keV）の3本の γ 線についてそれぞれの分布を示した．

り，化学的な性質は同じなので，浸透の振舞いが同じと理解できる．

放射線検出強度の深さ分布は，

$$I(x) = I(0)\varepsilon e^{-x/\lambda}$$

で表される．ここで $I(x)$ は深さ x における放射性物質の密度であり，ε は放射線の検出効率である．今回の測定では測定の配置は一定であるために ε は x に対して依存性をもたないので，減衰計数 λ は放射線の絶対測定なしに決定できる．λ は強度が $1/e = 1/2.72$ になる深さであるが，直感的ではないので，$1/10$ になる深さ $L_{1/10}$ を浸透指数として使うこととした．$L_{1/10} = \lambda \ln 10 = 2.30\lambda$ である．

2011年12月と2012年3月に2度目の調査を行った．3月には福島第一原発から20 km以内の警戒区域でも採取を行った．事故から約1年後の状況であるが，やはり指数関数的な深さ分布を示していた．

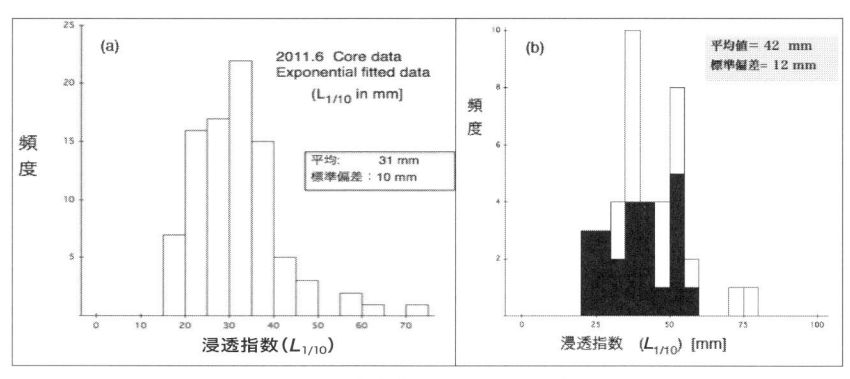

図 6.4　放射性 Cs の深さの分布
（a）2011 年 6 月に採取された土壌サンプルの結果．（b）2011 年 12 月および 2012 年 3 月に採取されたサンプルのデータ．黒で塗られた部分は 20 km 圏内での土壌のデータである．

図 6.4 に浸透指数 $L_{1/10}$ の分布を示した．$L_{1/10}$ の平均値は 2011 年 6 月には 31 mm であったのが，2012 年になって 42 mm となっている．半年前より少し深く浸透しているとも見られるが，各々のデータの標準偏差が 10 mm 以上あること，採取された地点が同じではない，などのため，データの広がり（標準偏差）の範囲では有意の変化とはいいがたい．今後この浸透が進んでいくかどうか見守る必要がある．結果として，事故 1 年後においても土壌中の Cs は浅いところにとどまっており，より深く浸透する傾向は見つかっていない．

（6）　土壌調査結果の示すこと

①放射性物質の福島第一原発からの多量な放出事象は複数回あるが，土壌採取時の原発からの放出は，それまでの放出にくらべて無視できるほど少ない．

②γ 線の減衰：　空間線量率に対しては γ 線の影響がほぼすべてであるので，γ 線の減衰の状況は重要である．γ 線の空気中および土壌中での減衰を図 6.5 に示す．図の中で横軸 0 より左は地表からの深さを示しており，グラフは地表からの深さ（単位 cm）の土壌中の ^{137}Cs を地表で観測される γ 線

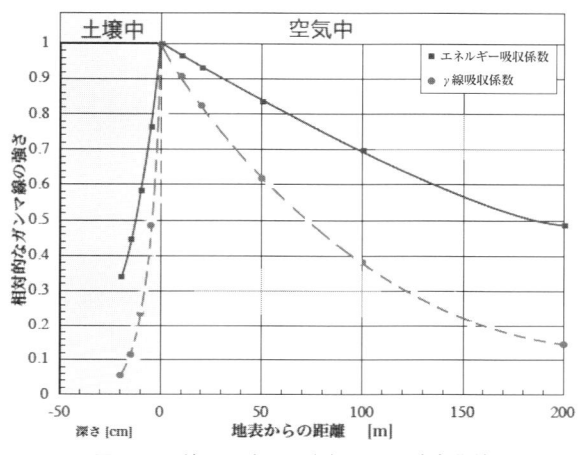

図 6.5 γ 線の土壌中と空気中での減衰曲線
実線はエネルギー吸収係数から求めた減衰で，破線は γ 線吸収係数から求めたもの．

の相対量として示している．0 cm（地表）では 1 であり，放射性核の位置が深くなるにつれて地表での γ 線強度が減衰していく．破線は γ 線吸収係数による計算で，実線はエネルギー吸収係数による計算である．吸収係数は γ 線が散乱すれば消滅する計算なので，コンプトン散乱などエネルギーが変化し，さらに γ 線として伝播する部分は無視される．そのため，エネルギー吸収係数の方が空間線量を知るには現実的である．これによると半減するのは深さ 12 cm であり，現在浸透している 5 cm 程度ではあまり減衰しないことがわかる．

横軸 0 より右は，空気中を γ 線が通過するときの減衰状況を示している．こちらの横軸の単位は m であり，土壌中とは 100 倍違うので注意が必要である．2 本の線はそれぞれ左側と同じ意味である．エネルギー吸収係数による曲線を見ると半分に減衰するには 200 m 程度の距離が必要となり，空気中では γ 線の減衰は非常に少ない．

③土壌放射能と除染効果：　このような γ 線の減衰や散乱を考慮し，シミュレーションを行ったのが図 6.6 である．シミュレーション計算では 1 km の半径の平原を仮定し，空気層は 500 m の高さであるとして，その中心位

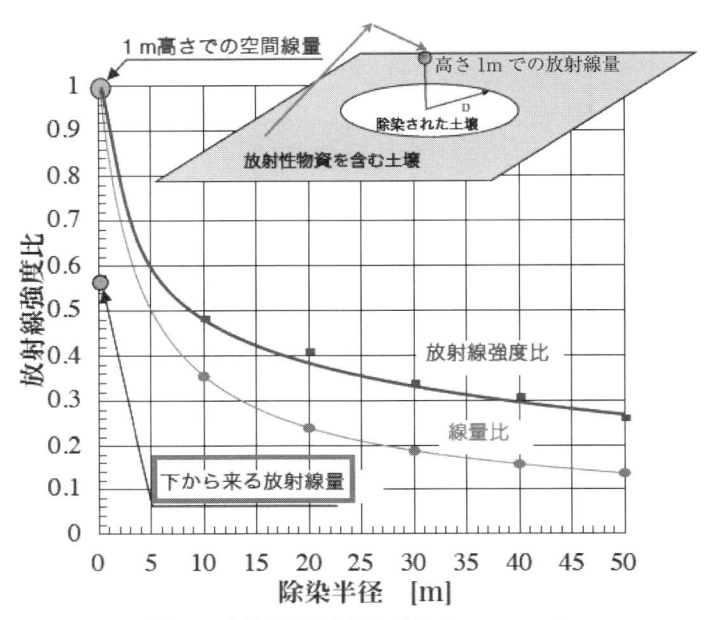

図 6.6 土壌放射線と除染効果（Gurriaran, R.）

置の高さ 1 m での空間線量が，まわりの土壌の除染によりどのように変化するかを示している．除染をまったくしない場合の γ 線強度を 1 としてある．

注意しなければいけないことは，γ 線は地面の方向からだけくるばかりではないことである．空気によるコンプトン散乱などにより上からもやってくる．図中で除染半径 0 の軸上の放射線強度比 0.57 に円が描かれているが，これは高さ 1 m で下半球からくる γ 線の量である．すなわち残りの 43% は空気による散乱で上からきていることになる．遠くからくる γ 線の方が散乱角が小さいために，上からの γ 線により多く寄与している．図によると半径 50 m で土壌を除去しても，その中心で γ 線は 1/4 残存する．

（7） 得られた情報とその意味すること

この調査により，空間線量分布，放射性 Cs や I などの地域分布などの詳細がわかり，地図としてまとめられた．例として ^{137}Cs のマップを図 6.7 に

図 6.7　^{137}Cs の土壌汚染マップ (http://www.rcnp.osaka-u.ac.jp/dojo/ より)
（カラー口絵 8 参照）

示した．ほかの核種の地図は www.rcnp.osaka-u.ac.jp/dojo/ に示されている．
　この分布からわかることは，原発から北西方向に高い汚染地域があること，また逆に発電所の近くでも汚染の低い地域があることである．生活する上で徒歩移動の範囲である 2 km メッシュで，これらのデータが得られたのは重要である．また，福島市，二本松市，郡山市など，いわゆる中通りの汚染が比較的高い．このマップは将来の住民帰還時における安全性の保証に必須である．

(8)　広域の放射性物質の初期沈着量推定への土壌調査の意義
　土壌採取プロジェクトにより，原発より 80 km 圏内においても，広い蓄積量の範囲で，実測の ^{137}Cs の沈着量と航空機モニタリングによる沈着量比較が可能となった．図 6.8 に，土壌採取による ^{137}Cs の沈着量と，航空機モ

縦軸: 航空機モニタリングで測定された土壌濃度（セシウム137）(Bq/m²)

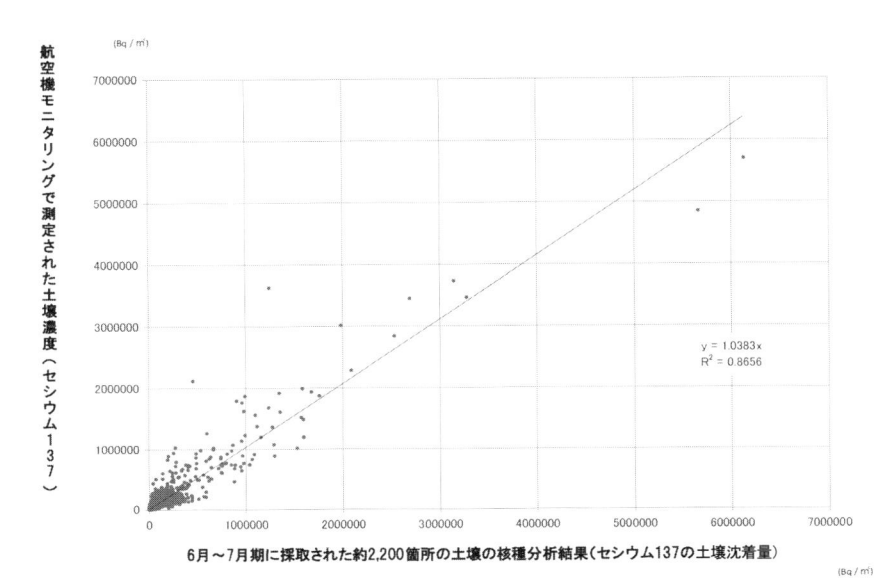

横軸: 6月〜7月期に採取された約2,200箇所の土壌の核種分析結果（セシウム137の土壌沈着量）(Bq/m²)

$y = 1.0383x$
$R^2 = 0.8656$

図 6.8　土壌採取による核種分析結果と航空機モニタリングで測定された ^{137}Cs 沈着量の比較（http://radioactivity.nsr.go.jp/ja/contents/6000/5235/view.html より）

ニタリングにより算定された ^{137}Cs の沈着量の比較を示した．今回のように土壌調査を広域かつ幅広い沈着量の範囲で行うことにより，航空機モニタリング測定の較正ができることになり，原発事故起源の放射性物質の初期沈着量の正確な把握が可能となった．

一方で農地土壌においても土壌調査を行い，作土中における放射性物質の濃度（Bq/kg）を測定した．これにより作物の栽培基準の土壌中の ^{137}Cs 濃度（5000 Bq/kg 以上）を算定して，栽培許可の基準として使われた．しかしながら，作土層の標準深さは 15 cm に設定されたが，その場の状況により，場所によってより深い土壌を採取したケースがあったこと，また，土壌の密度の情報が公開されなかったため，放射性物質の沈着量（Bq/m²）のマップとして使用に耐えるデータとはならなかったのは，きわめて残念である．

6.2 放射性核種の森林からの移行

恩田裕一

(1) 放射性物質の森林環境への蓄積と移行

　福島第一原発事故により降下した放射性物質は，多くは森林地帯に降り注いだ．そこで，放射性物質の森林環境への蓄積と移行の状況を，できるだけ早くから調べる必要があった．そのために，土壌採取プロジェクトでは，放射性核種の高度別の空間線量率の傾向，および林床表面の放射性セシウムの沈着量をはじめ，林内雨，樹幹流，落葉等に付着した放射性セシウムの放射能濃度を測定し，森林内の放射性セシウムの分布と移行調査を実施した．

　この調査のために，地域における代表的な植生（スギ人工林）およびコナラ・マツ等の混交林において調査区を設定した（図 6.9）．スギ林として，スギ若齢林（樹齢 18 年）およびスギ壮齢林（樹齢 40-50 年）の各 1 地点，コナラ等が生育している広葉樹混交林 1 地点を選定した．各森林内に 8-12 m のタワーを設置し，高さ別の空間線量率を定期的に測定するとともに，生育

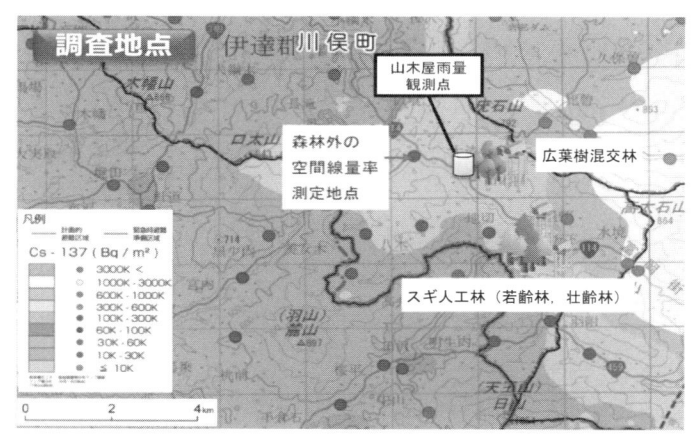

図 6.9　森林調査地点の位置とタワーの設置状況（恩田ほか，2012）（カラー口絵 9 参照）

している葉，および落葉する前の枯葉や落葉を採取し，乾燥後，破砕した上で，乾燥重量当たりの放射性セシウム濃度を測定した．また，森林内の地表面における放射性セシウムの蓄積状況を確認するため，森林内土壌を深度別に採取し，乾燥後，乾燥重量当たりの放射性セシウムの深度別の濃度を測定した．調査は，2011年7月から行った．

スギ林および広葉樹混交林における放射性セシウムの深度別の蓄積を調査した結果，地表面のリター層＊に降下した全放射性セシウム量の約50-90%以上が存在することが確認された（図6.10）．また，スギ壮齢林は，スギ若齢林や広葉樹混交林にくらべて，放射性セシウムの総蓄積量が多い．森林内外の高さ別の空間線量率の傾向の調査の結果，森林外では，空間線量率は地表面に近いほど増加し，高さが高くなるほど減少する．これに対し，広葉樹混交林では，地表面に近いほど空間線量率が高く，ある高さで一定になる．また，スギ林では壮齢林および若齢林とも樹冠に近いほど空間線量率が高いことがわかった．スギ林内では，樹冠に顕著に放射性セシウムが付着しているため，樹冠に近いほど空間線量率が増加する傾向にあると考えられる．

放射性物質を吸収しやすい生葉の放射性濃度が，吸収しない枯葉にくらべて同程度かむしろ小さい傾向にあることから，2011年7月時点では，根や葉から樹体内への放射性セシウムの吸収量は，葉への付着量にくらべて小さいと考えられる．これに対し，福島第一原発事故で大量の放射性セシウムが沈着したのは3月中旬であり，広葉混交樹林ではまだ新しい葉が展開していない時期である．したがって，広葉樹林では，その時点で地表に存在した枯葉に多くの放射性セシウムが沈着したと考えられる．そのため，リター層への放射性セシウム量がスギ林にくらべて大きくなり，地表面に近いほど，空間線量率が増加する傾向になったと考えられる．

また，森林内の土壌中における放射性セシウムの蓄積量は，落葉や，葉に付着した放射性セシウムが降雨により森林内の地表面に移行することなどに伴い，徐々に増加してきていると考えられる．

これらのデータは，その後の森林における除染の基礎データとなった．具体的には，広葉樹混交林では，落葉等のリター層における放射性セシウムの蓄積量が多いことから，表面に堆積しているリター層の除去が効果的である．

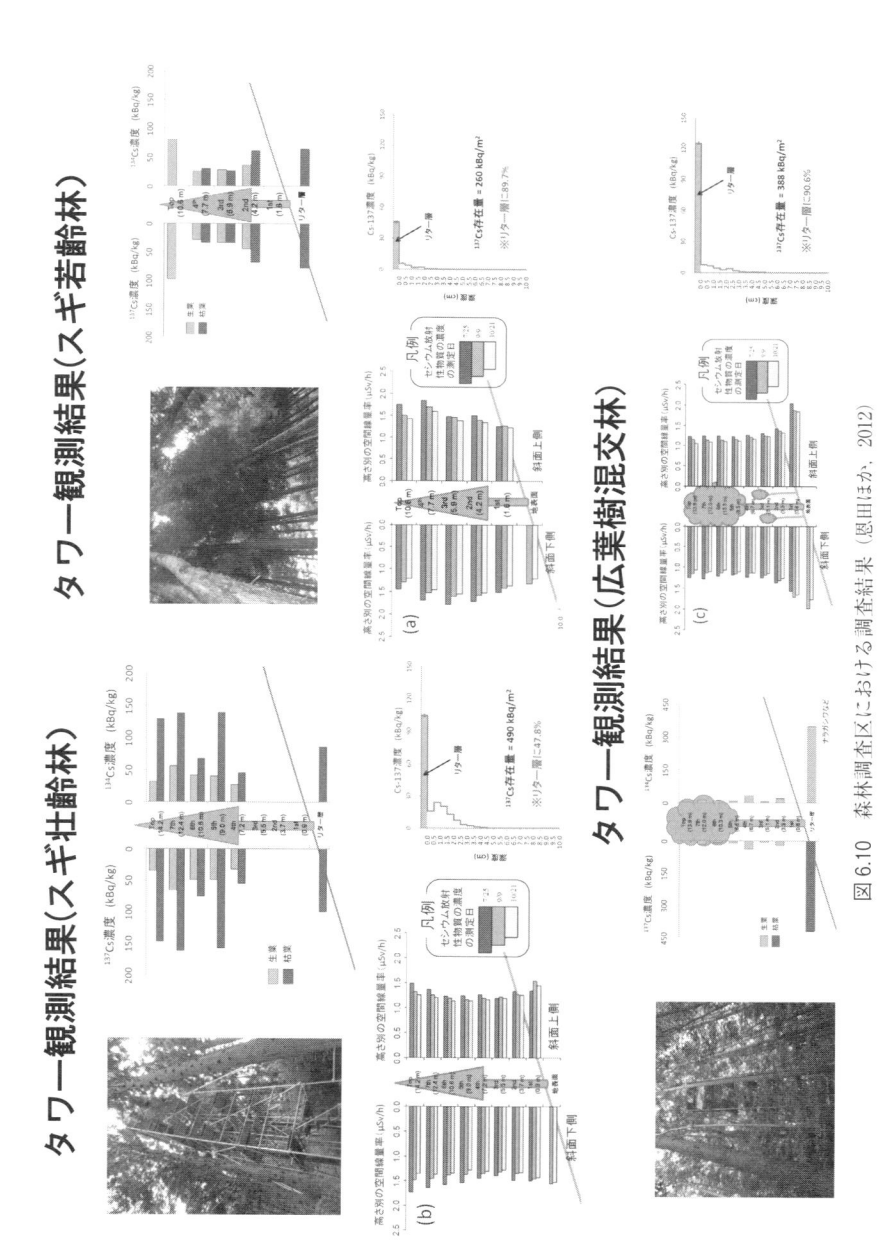

図 6.10 森林調査区における調査結果（恩田ほか，2012）

第 6 章 陸域への放射性物質の拡散と沈着——139

一方，スギ林では，樹冠付近の生葉や枯葉に付着した放射性セシウムの濃度が高いことから，生葉も除去する必要があり，伐採が効果的である．

　時間の経過につれ今後，樹体内に放射性核種が移行していくことが予想されるため，森林の除染を早急に行い，その地域での放射性核種総量を減少させる必要がある．とくに，伐採を前提としたスギ林の場合は，早期伐採により，除染と樹木の利用を兼ねることができる．現在森林の除染は，今後の課題とされ先送りされているが，樹木の内部に汚染が進む前に伐採することが急務である．また，樹木の内部の汚染が少ない時期に伐採すれば材木の利用も可能となる．

（2）　降下した放射性核種量の陸域での移行・拡散濃縮過程

　河川へ流出する細粒土砂量については，さまざまな土地利用区画からの土砂侵食に伴う放射性セシウムの流出状況を確認した．調査地域は，畑地を模した裸地および草地，放牧地，スギ人工林において，土壌侵食標準プロット（22.1 m）を用いて土壌侵食量，放射性物質の流出量を調査した．その結果，植生量が少ない裸地においては，1.5 カ月間の調査において，降下セシウム量の 0.03% 程度の土砂が河川へ流出していることが確認された．一方，放牧地，森林においては，雨水による土砂の流出が防止され，放射性セシウムの河川への流出量がきわめて少ない結果となった．

　河川中を輸送される放射性セシウム形態として，水中に溶存している放射性物質と浮遊砂に含まれる放射性セシウムの放射能濃度を比較したところ，いずれの観測地点でも 90% 以上が浮遊砂の形で，放射性セシウムが流下していることが確認された．なお ^{134}Cs と ^{137}Cs を合計した最大濃度は，阿武隈川本川において，12 万 6000 Bq/kg であり，汚泥の基準値の 10 倍をはるかに超える値であった．また，同程度の高濃度の土砂が，阿武隈川本川のダム湖にも堆積していた．

　次に，河川水，川底土，浮遊砂の放射性セシウム濃度と，採取された約 2200 カ所の土壌の放射性セシウム濃度の関係について検討した．

　図 6.11 は，河川の上流域内で採取された，河川水中の ^{137}Cs 濃度と流域平均沈着量の関係を示したものである（恩田ほか，2012）．データは文部科学省

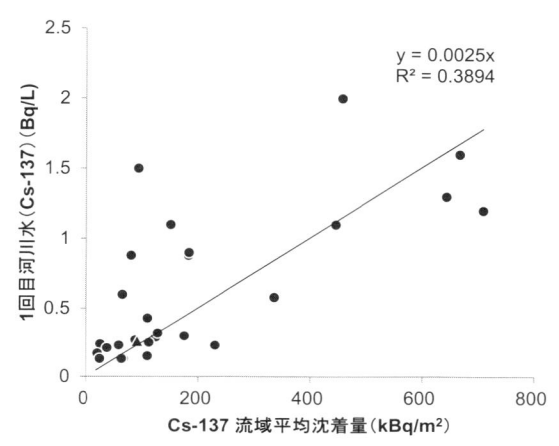

図 6.11　流域平均沈着量と河川水の ^{137}Cs 濃度の関係（恩田ほか，2012）

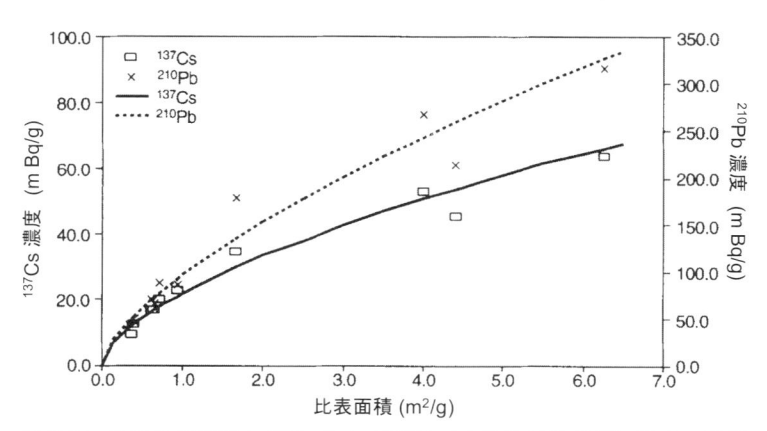

図 6.12　粒子比表面積と ^{137}Cs および ^{210}Pb（自然放射性核種）濃度の関係（He and Walling, 1996）

の委託を受けた(財)日本分析センターによる．それによると，上流域の濃度が高いと，河川水中の濃度も高くなる．また，浮遊砂中の濃度と上流域内で採取された土壌の濃度の関係を確認したところ，上流域内で採取された土壌の平均値と浮遊砂中の濃度においても，弱いながら正の相関が認められた．

第6章　陸域への放射性物質の拡散と沈着──141

川底土については，細粒物質に放射性核種が吸着する傾向があり，放射性セシウムの濃度は，比表面積の 0.65 乗という経験式が求められている（He and Walling, 1996：図 6.12）．したがって，ある地点の川底土の放射性核種濃度を汚染度の指標とする場合は，河川内での分級作用によって，堆積物中の粒子の粒径が採取地点ごとに異なっていることを考慮する必要がある．

6.3　原子レベルの視点から見た放射性セシウムの挙動

高橋嘉夫，田中万也，坂口　綾

　前節までは放射性セシウムの粒子への吸着について議論されているが，この吸着は必ずしも不可逆な過程ではなく平衡過程と考えられ，セシウムが溶け出すこともあり得る．また，福島第一原発事故で放出されたエアロゾルには放射性セシウムを高濃度に含み，鉄や亜鉛を含む不溶性の成分がある（Adachi et al., 2013）．一方で，図 6.13 のようなエアロゾルフィルターを水に浸した場合，50% 以上の放射性セシウムが水に溶解する場合が多い（Tanaka et al., 2013）．では，大気から地表に降下し，地表土壌表面で溶けた放射性セシウムは，その後どのように挙動するだろうか．

　この点を知るために，福島（川俣町山木屋地区）で地表に露出していた風化花崗岩の薄片上の放射性セシウムの分布を見てみる．するとエアロゾルの場合と同様に，放射性セシウムは土壌中に不均一に分布していることがわかる（図 6.13；Tanaka et al., 2012）．同じ試料を元素分析が可能な電子顕微鏡（SEM-EDX）＊ で見ても，この黒いスポットはカリウムなどセシウムと化学的挙動が似ている元素と相関していない．このことは，セシウムの分布は試料全体が平衡になる条件で決定していないことを示す．むしろセシウムは，ミクロな意味で沈着した場所に留まると考えられる．

　では何がセシウムを固定しているのだろうか．これはしばしば指摘されている通り，粘土鉱物による固定と考えられる．粘土鉱物は細粒で，風化花崗岩中に広く分布する．したがって，放射性セシウムは沈着したその場で粘土鉱物に強く吸着され，それ以上は動かなくなると考えられる．

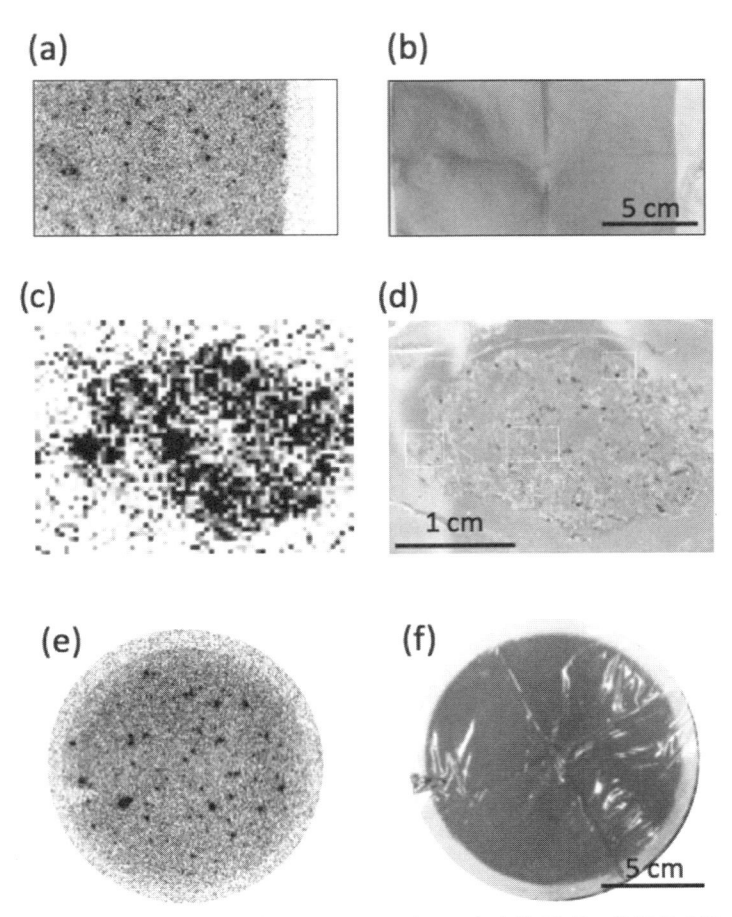

図 6.13 (a, b) エアロゾルフィルター (2011 年 3 月 20 日, 川崎市で採取), (c, d) 土壌薄片 (川俣町の風化花崗岩), (e, f) 河川懸濁粒子ろ過フィルター (2011 年 7 月 31 日採取, 口太川下流, 孔径 3 μm) の (a, c, e) イメージングプレート像および (b, d, f) 光学写真 (Tanaka et al., 2013)

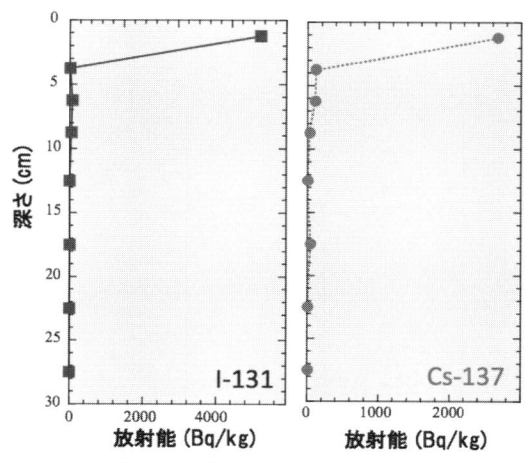

図 6.14 福島県郡山市で採取された土壌中の ^{131}I および ^{137}Cs の深度プロファイル（採取日 2011 年 4 月 13 日に半減期補正）(Tanaka et al., 2012)

　放射性セシウムが土壌中でほとんど動かない，つまりほとんど水に溶けなくなったことは，土壌中の鉛直分布からも明らかである（Kato et al., 2012; Tanaka et al., 2012）．郡山市で 2011 年 4 月 13 日に採取された土壌中の深度プロファイル（図 6.14）を見てもわかる通り，放射性セシウムはその 90% 以上が表層 5 cm 以内に存在している（Tanaka et al., 2012）．同様のことは，2011 年の梅雨期後の調査でも報告されている（Matsunaga et al., 2013）．放射性セシウムは大気から土壌に沈着するので，この分布は放射性セシウムが土壌中で水に溶けず，動かない化学形態をとることを示している．

　こうして土壌表層に固定された放射性セシウムは，おおまかにはその後河川に流入し，海洋に運ばれるプロセスを受けることになる．河川水を異なる孔径のろ紙でろ過しながら，水に溶けている放射性セシウムの分析を行った．この場合，およそ 70% 以上の放射性セシウムがろ紙上に残る成分として存在している（図 6.15；恩田ほか，2012）．つまり放射性セシウムは，河川水中の微小な粒子（＝粘土粒子）に吸着されたまま移動している．こうして得たフィルター試料をイメージングプレートで分析したところ，放射性セシウム

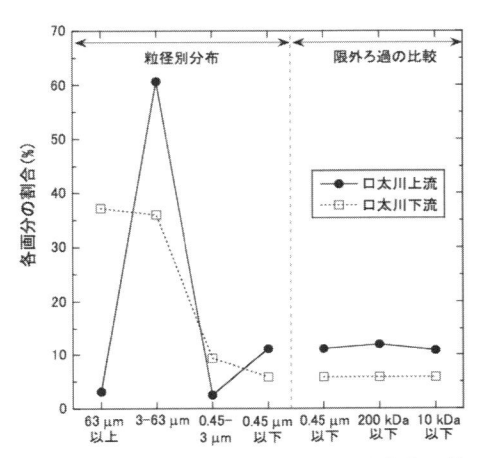

図 6.15　口太川上流および下流の河川水中の粒径別分析における各画分に含まれる放射性セシウムの割合（恩田ほか，2012）
水試料は 2011 年 12 月 12 日採取．

はやはりフィルター上に不均一に分布していた（図 6.13（f）；Tanaka *et al.*, 2013）．これはエアロゾルの場合と同様に，①河川中に無数にある懸濁粒子のごく一部が放射性セシウムを高濃度に保持した粒子であること，②一度粒子に吸着された放射性セシウムは容易には脱着せず，そのために懸濁粒子間で放射性セシウムが均質化しないこと，を示す．実際，こうした河川中の懸濁粒子や先ほどの土壌に水や酸（塩酸）を加えても，放射性セシウムはほとんど溶け出すことがない（Tanaka *et al.*, 2012）．このように放射性セシウムは，河川系の微小な粒子に対して強い親和性があり，脱着がほとんど起きないため，見かけ上不可逆的に微小粒子に吸着されたまま挙動している．

日本原子力研究開発機構（JAEA）が，2013 年に行った小型ヘリによる河川敷の空間線量の上昇は，台風時における細粒土砂の移動を再現した二次元シミュレーションと，良い整合を見せている（図 6.16）．こうした傾向も，放射性セシウムが粒子態で挙動することと整合的である．

以上から，エアロゾル中で不均一に存在し水溶性が高かった放射性セシウムは，土壌沈着後に不溶性に変化し，そのことで不均一性を保ったまま土

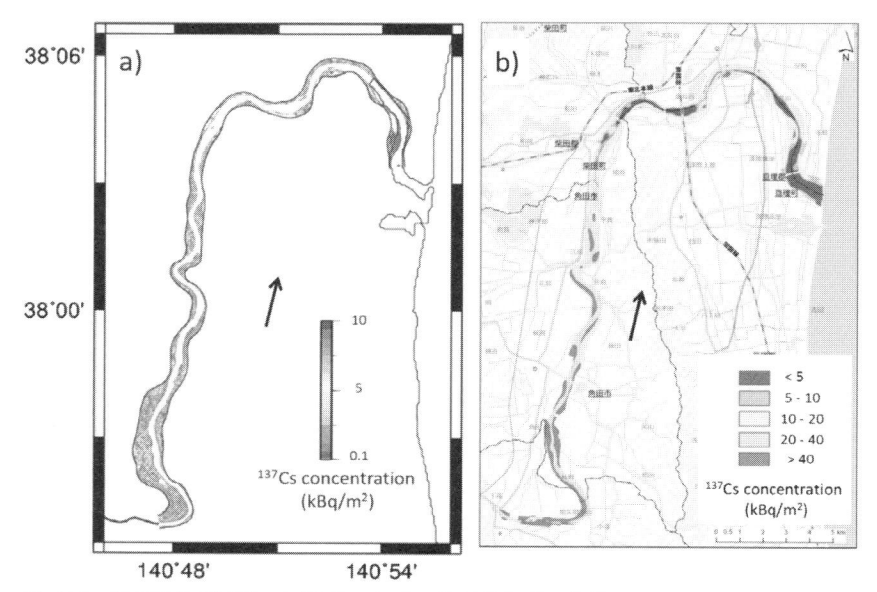

図 6.16 阿武隈川下流域の河川敷における放射性物質の集積シミュレーション (a) と JAEA による小型ヘリによる観測結果 (b) (Iwasaki et al., 2014)

壌-河川系を移行することが示唆された．ではこの不均一性の根源はどこにあるのだろうか．

これは，粘土粒子に対する放射性セシウムの吸着特性によると考えられる．福島で採取した土壌や河川堆積物試料にセシウム（安定同位体）を添加し，そのセシウム原子周囲の構造を広域 X 線吸収微細構造法（EXAFS 法）* で調べた（図 6.17；Qin et al., 2012）．こうした測定は，高エネルギー加速器研究機構の放射光実験施設 Photon Factory*（茨城県つくば市）や兵庫県の SPring-8* などで行うことができる．得られた結果は，この土壌や堆積物中でセシウムが粘土鉱物の層構造中の酸素と直接結合をもって吸着されていることを示している．

セシウムはアルカリ金属であり，環境中では水に溶けやすい 1 価の陽イオンとして存在するが，雲母や 2：1 型粘土鉱物に特異的に安定に結合することが知られている．これら粘土鉱物は，ケイ素やアルミニウムの酸化物が二

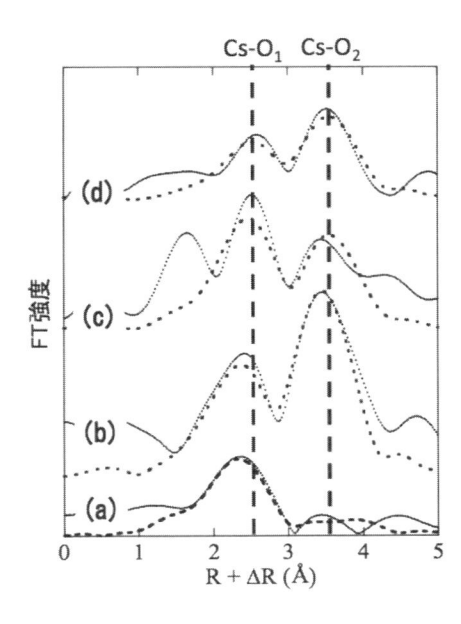

図6.17 (a) 水和 Cs^+ イオン，(b) バーミキュライト，(c) 川俣町で採取した土壌，(d) 口太川で採取した堆積物に吸着された Cs の EXAFS の動径構造関数 (Qin et al., 2012)

次元に広がった層が積み重なった構造をもち，層と層の間に隙間（層間）があり，ここにセシウムイオン（Cs^+）は安定に取り込まれる．これには Cs^+ の大きなサイズが影響している．セシウムなどの陽イオンが水に溶けるとは，8個の水分子と酸素を介して結合するという現象であり，Cs^+ のような大きなイオンは通常水和が弱い．一方，Cs^+ のような大きな陽イオンは，2：1型粘土鉱物や雲母のケイ酸塩4面体シートが層間に作る六員環にサイズ的にフィットする．この状態は，水和状態より安定であるため，Cs^+ の特異的な吸着が起きる．K^+ や NH_4^+ も同様の性質をもつが，水和が弱い Cs^+ はとくに吸着種が安定となる．

さて EXAFS が示す内圏錯体*由来の $Cs\text{-}O_2$ の結合の存在は，このような特異的なセシウムの吸着をもたらす成分が，福島の土壌や堆積物試料に存在していることを示す．EXAFS から得られる Cs の動径構造関数*には，2つの Cs-O 結合の寄与が見られる．このうち短距離側の $Cs\text{-}O_1$ は，水和水の酸素とセシウムの結合と考えられる．一方，長距離側の $Cs\text{-}O_2$ は，内圏錯体由来のピークと見られる．もちろんこの構造は，試料に添加した安定同

位体のセシウムが示す構造であるが，ずっとモル濃度が低い放射性セシウムでも，同様の構造かむしろより安定な構造を示す可能性が高い．そのため，内圏錯体由来の$Cs\text{-}O_2$と水和イオン由来の$Cs\text{-}O_1$のピーク比は，その土壌のセシウム固定能を反映している．

いずれにしても，土壌や河川懸濁粒子に対するセシウムの高い吸着性は，粘土鉱物・雲母などに対する内圏錯体の生成に由来しており，それがセシウムイオンの移行挙動における顕著な不均質性を生み出していると解釈できる．

逆に考えると，このセシウムの吸着を阻害する因子を考えれば，より精密なセシウムの移行挙動の理解が可能になる．たとえば，腐植物質などの有機高分子などは，層間へのセシウムの侵入を妨げ，安定な内圏錯体の生成を阻害する（Fan *et al*., 2014）．またK^+やNH_4^+の濃度が高い環境では，セシウムの吸着が減少する可能性がある．これらの効果が考えられる有機物含量の高い土壌・堆積物や，イオン強度が高い海洋では，セシウムが土壌中とは異なる挙動を示すと予想される（山口ほか，2012）．

今回の事故による沈着では，放射性ヨウ素も土壌表面に留まることが報告されている．ヨウ素（I）もヨウ化物イオン（I^-）として存在した場合には，水に溶けやすく土壌カラムを移動しやすいと期待される（Shimamoto *et al*., 2010）が，実際はそうなってはいない（図6.14）．この原因として，腐植物質などの天然有機物にヨウ素が共有結合により取り込まれたことが考えられる．このプロセスの詳細については，Shimamoto *et al*.（2011）などを参照していただきたいが，やはり放射光分析などで土壌中のヨウ素の化学種を丹念に調べることで，こうした有機物との親和性が高いことが明らかになりつつある．

以上述べてきたように，化学種の解明はその放射性核種の挙動予測に密接にかかわる．こうした分子レベルの情報を基にすることで，地球化学的な物質移行モデル（吸着反応を扱う表面錯体モデルや反応を伴う移行を扱うreactive transport model）の構築が可能となり，今後とも起きる放射性核種の二次的な再分配の解析に貢献することが期待される．

6.4 陸上植物・農産物への影響

竹中千里

（1） 農産物および山菜への影響

　食品中の放射性物質濃度は，内部被ばくの懸念から，人々の関心が最も高い情報である．事故後の 2011 年 3 月 19 日から，関東や東北地方で採取されたさまざまな食品試料中（農産物，畜産物，水産物，林産物）の放射性物質濃度の検査結果が公開されるようになり（厚生労働省 HP），現在でも全国の食品試料のデータが日々追加掲載されている．そのデータから，事故後の農産物の放射能汚染の推移を読み取ることができる．

　2011 年 3 月後半から 4 月にかけて，^{131}I 濃度の高い食品として，ホウレンソウが最も高い頻度で報告されている．^{131}I 濃度の最大値は 3 月 18 日に採取（購入）されたホウレンソウで，5 万 4100 Bq/kg を記録している．食品の放射性物質濃度の基準値は，初期の暫定値として食品 1 kg 当たり 500 Bq が示されていた．その値を超える食品は，4 月 14 日に採取された露地物のシイタケで 3500 Bq/kg が報告されている．^{131}I の半減期は 8 日であることから，4 月の後半以降は ^{131}I 濃度の高い食品は見つかっていない．

　放射性セシウムについては，2011 年 3 月 17 日以降，厚生労働省によって定められた暫定基準値*（500 Bq/kg）以上の高濃度に検出された農産物を表 6.1 に，2012 年には新基準値として 100 Bq/kg が定められたため，2012 年 4 月以降は 500 Bq/kg 以上と 100-500 Bq/kg の値をとった農産物の種類を表 6.2 にまとめた．2011 年の 3，4 月には菜物野菜（アカザ科ホウレンソウ，アブラナ科コマツナ・アブラナなど）が高頻度で検出された．5，6 月になると，タケノコで高濃度の放射性セシウムが検出され，茶，原木シイタケ，コゴミ，ユズなどが挙げられる．9 月以降になるとキノコ類に高濃度で検出され，11 月以降には米で検出されている．

　原発事故から 1 年経過した 2012 年 4 月以降，食品基準値が引き下げられたため，また数多くの農作物が基準値以上として報告されている．表 6.2 に

表6.1 放射性セシウム濃度が食品暫定基準値 (500 Bq/kg) 以上の農作物

2011年					2012年	
3, 4月	5, 6月	7, 8月	9, 10月	11, 12月	1, 2月	3月
ホウレンソウ(62), ブロッコリー(22), 原木シイタケ(14), コマツナ(6), アブラナ(5), 信夫冬菜(5), クキタチナ(5), キャベツ(5), 紅菜苔(4), ミズナ(4), パセリ(3), ビタミンナ(2), 花ワサビ(2), セリ(2), カブ(2), 山東菜(1), チヂレナ(1), カキナ(1)	タケノコ(62), 生茶(28), 原木シイタケ(34), コゴミ(3), カブ(1), パセリ(1), ウメ(11)	ユズ(4), 原木シイタケ(3), 生茶(1), ビワ(1), イチジク(1), 小麦(1), ナタネ(1), 原木ナメコ(1), チチタケ(1)	原木シイタケ(8), チチタケ(8), ハツタケ(8), アミタケ(2), マイタケ(2), ナメコ(2), ユズ(2), ザクロ(1), マツタケ(1), コウタケ(1), クリタケ(1), ハタケシメジ(1), チャナメツムタケ(1), クリ(1)	米(17), 原木シイタケ(13), クリタケ(7), ナメコ(1), 原木ムキタケ(1)	米(4), 原木シイタケ(4), ユズ(1), 葉ワサビ(2)	原木シイタケ(4), タケノコ(1)

厚生労働省「食品中の放射性物質の検査結果」(http://www.maff.go.jp/noutiku_eikyo/mhlw3.html) より抜粋. 括弧内の数字は, 検体数を示す.

において 500 Bq/kg 以上の農作物と 2011 年のデータを比較すると，2012 年には 1 年目に多く見られた菜物野菜からはまったく検出されておらず，山菜類（コゴミ，コシアブラ，タラノメ，ゼンマイ等）に多いことが特徴的である．

2012 年の春の検査において，2011 年と同様に菜物が多く測定されたにもかかわらず，まったく基準値以上の試料がないことは，事故直後の農作物の放射能汚染は，直接的な付着が原因だったことを意味する．3, 4月の菜物の汚染については，3月の事故当時すでに葉が展開していた菜物に，大気から放射性物質が直接沈着したものと考えられる．ハウス栽培の野菜（たとえばパセリ）にも高濃度の汚染が認められたことから，大気からの放射性物質の沈着は，雨による湿性沈着だけでなく，エアロゾルとして沈着したことが推測される．

表 6.2　放射性セシウム濃度が食品基準値（100 Bq/kg）以上の農作物（2012 年 4 月から 6 月）

4 月		5 月		6 月	
500 Bq/kg 以上	500〜100 Bq/kg	500 Bq/kg 以上	500〜100 Bq/kg	500 Bq/kg 以上	500〜100 Bq/kg
原木シイタケ (20), コゴミ (2), コシアブラ (2), タケノコ (1), 花ワサビ (1), タラノメ (1), ゼンマイ (1)	原木シイタケ (62), タケノコ (25), コゴミ (11), タラノメ (7), フキノトウ (4), コシアブラ (1), ゼンマイ (1), サンショウ (1)	コシアブラ (18), 原木シイタケ (11), タケノコ (1), ワラビ (1), タラノメ (1), ゼンマイ (1)	原木シイタケ (81), コシアブラ (30), タラノメ (10), コゴミ (9), ゼンマイ (9), タケノコ (8), ワラビ (7), サンショウ (2), セリ (2), ウワバミソウ (1)	なし	タケノコ (8), 原木シイタケ (3), ウメ (2), フキ (1), アシタバ (1), モミジガサ (1), ハチク (1)

厚生労働省「食品中の放射性物質の検査結果（http://www.maff.go.jp/noutiku_eikyo/mhlw3.html）」より抜粋.

　一方，2011 年のデータで山菜類の検出例が少ないのは，検体として測定されていないことが一因であると推測される．タケノコは 2 年続けて検出されており，地下茎を通じての放射性セシウムの輸送も起こっているのではないかと推測される．

　米については，2011 年 4 月 8 日に，水稲の作付けの可否の判断の参考として，土壌中の放射性セシウムの玄米への移行の指標（0.1）が発表され（農林水産省 HP (a)），食品の暫定基準値の 500 Bq/kg から，土壌中の濃度が 5000 Bq/kg がイネの作付け基準とされた．この移行の基準値 0.1 は，既報のデータ（塚田ほか，2011）から見てかなり高い値である．しかしながら，2011 年のイネの作付け時期に，土壌中の放射性セシウム濃度の分布が明らかでなかったため，農林水産省はイネの作付け制限区域*を，当時の放射能汚染地域区分であった避難区域，計画的避難区域，計画的避難準備区域とした．したがって，その区域に指定されていないホットスポット的に土壌中の濃度が高い地点では，イネの作付けが行われた可能性があり，表 6.1 の検査結果で米において基準値以上の試料が認められた理由と考えられる．また，植物への放射性セシウムの移行には，土壌の性質が大きく影響することも知

られており，粘土質の少ない土壌や砂質の場合には，土壌の総濃度が5000 Bq/kg以下であっても，植物に吸収されやすい放射性セシウム濃度が高かった可能性がある．

表6.1によると，原木栽培シイタケの出現頻度が高く，とくに9月以降はチチタケ，ハツタケ，マイタケといったキノコにも高い放射性物質濃度が検出されている．福島，茨城，栃木，群馬県はシイタケ原木伏込量の多いシイタケ産地であり（林野庁平成22年特用林産基礎資料），事故当時に伏せ込んであったほだ木に放射性セシウムが沈着したものと考えられる．チチタケやハツタケは森林内の林床に発生するため，後述するように落葉広葉樹林で放射性物質の沈着量が多かった時期に林冠に葉がなく，直接林床に沈着したような場所で，とくにその影響が林床キノコに現れやすかったものと推測される．キノコ類が放射性セシウムを高濃度で吸収することはよく知られており，菌糸の存在範囲が地表浅いキノコのほうが表層に高濃度で存在する放射性セシウムの影響を受けやすいことが報告されている（Yoshida et al., 1994）．

（2） 野生草本への影響

セシウムはカリウムと同じアルカリ金属元素であるため，植物の根からも吸収される．その能力は植物によって異なることが知られており，セシウム吸収能力の高い植物は，放射性セシウムの除染に使うことができると期待されている．チェルノブイリ原発事故後，ロシアやヨーロッパを中心にさまざまな植物による研究が実施され，ヒユ科のアマランサス，アオゲイトウ，アカザ科のビート，キヌア等が放射性セシウムを蓄積することが報告されている（Broadly et al., 1999；Fuhrmann et al., 2003；Lasat et al., 1998）．著者らは，2011年5月より現地調査を開始し，さまざまな汚染レベルの地点で，草本，木本*問わず，あらゆる植物をその生育地の土壌とともに採取し，地上部の放射性セシウム濃度を測定している．

測定した7地点における土壌中の放射性セシウムの濃度は，最大値で8万2800 Bq/kgであり，最小値は45 Bq/kgであった．一方，植物体試料（全138試料）においては，最大値がヒサカキで4万1000 Bq/kgという値が認

められたのに対し，最低値はバックグラウンドレベルであった．バックグラウンドレベルの試料（21試料）は，高レベル汚染地から低レベル汚染地まですべての地点で採取されている．このことは，植物の種類によって，葉中の ^{137}Cs 濃度が大きく異なることを意味している．

地点によって ^{137}Cs の沈着量が異なることから，植物葉中の ^{137}Cs 濃度を直接比較することはできない．そこで，植物を移行係数（TF 値）で比較することによって特徴づけることとした．植物体への放射性物質の移行係数（TF 値）は，

$$TF = \frac{\text{植物中}\,^{137}\text{Cs 放射能濃度 (Bq/kg)}}{\text{土壌中}\,^{137}\text{Cs 放射能濃度 (Bq/kg)}}$$

で表される．通常は，個々の植物がもつ土壌からの ^{137}Cs 吸収能力の指標であるが，2011年の植物試料においては，植物体地上部中の ^{137}Cs が葉面から吸収されたものか根から吸収したものかが不明である．したがって本報告における TF 値は，降下した ^{137}Cs 量（土壌中濃度）に対して，植物に捕捉あるいは吸収された ^{137}Cs 量の相対値を意味している．

図 6.18 に TF 値の高い上位 20 試料のデータを示す（違う地点で採取した同種の植物は別試料として扱った）．TF の最大値は，アセビで 220 という値が得られ，20 試料中 13 試料が木本植物であった．ヒサカキやアセビ，サザンカといった常緑広葉樹において高い TF 値が認められる理由として，スギの例と同様に，大気から ^{137}Cs が降下した 3 月の時点で，常緑樹では旧葉が存在しており，旧葉表面に付着した ^{137}Cs が葉面吸収され，4 月以降に展開した新葉に輸送されたことが推測される．しかしながら，^{137}Cs が根を通して吸収され，輸送された可能性もあることから，^{137}Cs の輸送能力の高い植物については，今後も調査を続けていく必要がある．

草本では，ドクダミ（TF：17）とコアカザ（TF：5.2）で高い TF 値が得られた．これまで報告されている TF 値では，アマランサスの 2.2-3.2 (Lasat *et al.*, 1998) や芝草（Ryegrass）で 0.92-2.82 (Vandenhove *et al.*, 1996) であるが，今回のデータはそれを大幅に上回っている．一般に，アルカリ金属である Cs は土壌中でとくに粘土鉱物に強く吸着し，カリウム（K）などにくらべて植物に取り込まれにくいことが知られている．2011 年の 3 月の

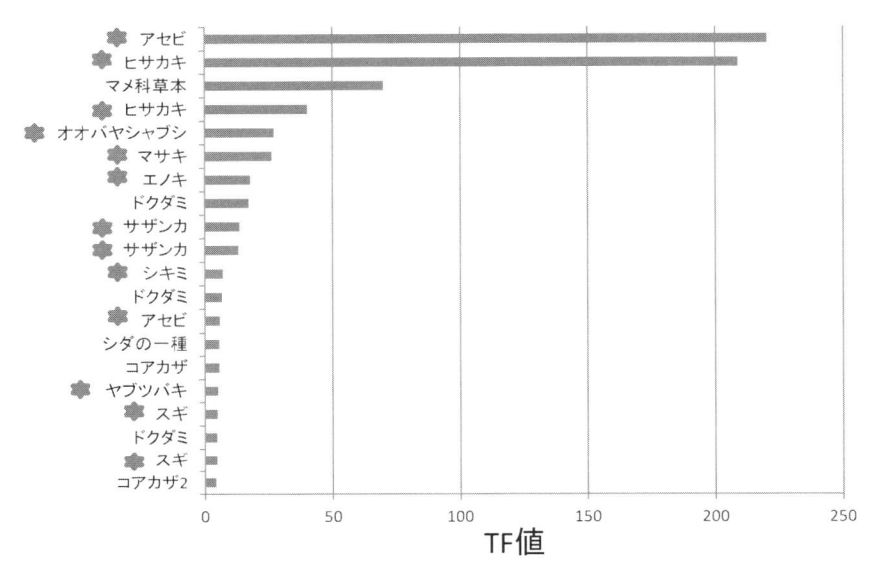

図 6.18　全測定植物葉試料（2011 年採取）における TF 値の上位 20 試料
同一植物でも異なる地点からの試料は別データとした．※の印がついているのが木本植物．（竹中，未発表）

　事故で飛散し，土壌に沈着した ^{137}Cs が土壌中で安定な化学形態になるには時間がかかることを考えると，2011 年の植物試料における高い TF 値は，事故 1 年目の特別な値である可能性が高い．

　2011 年の夏，福島県内ではヒマワリ栽培が盛んであった．これは，ヒマワリが ^{137}Cs の高吸収植物らしいという話があったことから，^{137}Cs 汚染浄化を期待して多くの人が植えていたようである．それに対し農林水産省は 2011 年 9 月に，ヒマワリは地上部に 52 Bq/kg（生重）しか蓄積せず除去効果は低いというプレスリリースを行った（農林水産省 HP（b））．この 52 Bq/kg（生重）という値の代表性を確認するために，伊達市で採取したヒマワリの分析を行った．その結果，2 万 7000 Bq/kg（乾重），TF 値が 0.28 という高い値が得られた．試料採取地点はコンクリート斜面下で雨水が集まりやすくなっているため ^{137}Cs の供給量が比較的多く，また砂質土壌で粘土成分が少ないことから ^{137}Cs が安定な化学形態をとりにくいという条件が重なっ

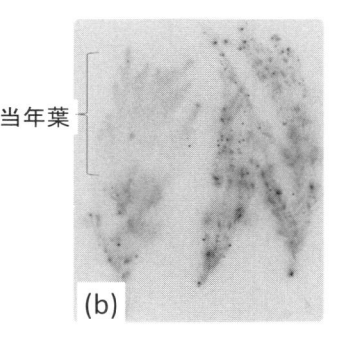

図 6.19 福島で採取したスギの生葉と枯葉の写真 (a) とイメージングプレート画像 (b)（2011 年 9 月採取）(竹中, 2013)

たことが，高い TF 値の原因であると考えられた．このことから農林水産省発表の値が必ずしも代表値ではなく，条件によってはヒマワリも効果的に ^{137}Cs を吸収する可能性が示唆された．

(3) 樹木への影響

図 6.19 は，図 6.18 で示されたスギ林で採取したスギ（TF 値の高い試料）の生葉と枯葉の写真画像とイメージングプレート画像（IP 画像）である．この IP 画像では，放射性物質が存在する部分が黒く写っている．枯葉には，事故後に沈着した放射性物質が黒い点で認められる．この枯葉の状態が放射性物質の表面付着を示しているとすると，枯葉と同時に採取した生葉の下部は黒い点が認められ，枯葉と似た状態である．それに対し，上部の当年葉と推定される部分には，点状ではなく全体的に薄く放射性物質の存在が認められる．この画像より，3 月の事故時に存在していた葉に沈着した放射性物質は，おそらく葉表面で吸収され，新葉の展開時に輸送されたものと推測される．

放射性セシウムが植物体内に取り込まれた場合，同じアルカリ金属であるカリウムと同様の生理メカニズムで植物体内を移動することが知られている (White and Broadley, 2000)．スギの雄花内に放射性セシウムが吸収された場合，花粉にまで移行し，花粉によって，森林に沈着したセシウムが再拡散す

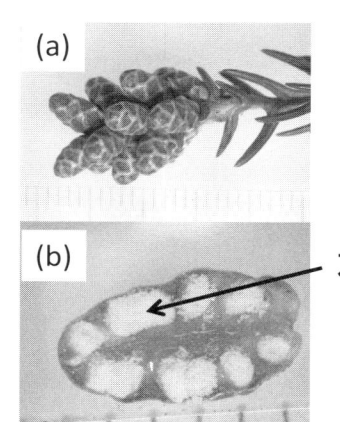

図 6.20 2011 年 11 月に採取したスギ雄花の写真（竹中・清野，2012）
(a) 外観．(b) 断面．

図 6.21 スギ花粉の写真とイメージングプレート画像（竹中・清野，2012）

ることが懸念された．そこで，スギの雄花を採取し，雄花内部における花粉形成に伴う放射性セシウムの移行を調べた．

図 6.20 は，2011 年 11 月に福島県で採取したスギの雄花とその断面写真である（竹中・清野，2012）．11 月の時点で，花粉は十分に成熟していた．その雄花から花粉のみを取り出してイメージングプレートで観察したところ，図 6.21 のように福島県で採取した花粉で放射性物質が検出され（竹中・清野，

2012).スギでは放射性セシウムが花粉にまで移行していることが確認された.これらの結果より,おそらく葉の表面から吸収されたであろう放射性セシウムが,植物体内を移動していることが明らかとなった.

第2部
防災インフラの整備と課題

　防災のために必要なインフラの整備として，モニタリングの整備，放射性物質の拡散モデリング，除染について示した．これらを検討するとき，今回の事故でどのような措置が取られたか，またどのような情報が活用されたか，あるいは活用されなかったかに関して，経緯を調べておく必要がある．

はじめに

柴田徳思

　福島第一原発事故のような大地震と大津波による原子炉の損傷と放射性物質の大量放出事故を想定すると，緊急事故対策に必要な情報は，原子炉に関する情報と環境汚染に関する情報であろう．したがって，
（ⅰ）原子炉に関する情報
　・原子炉施設周辺の地震の影響に関する情報
　・原子炉施設周辺の津波の影響に関する情報
　・原子炉の動作状況に関する情報
　・原子炉の冷温停止に向けた進捗状況の情報
　・原子炉施設内および周辺の放射線レベルに関する情報
　・放射性物質の漏出に関する情報
（ⅱ）環境汚染に関する情報
　・全国的な地震の影響に関する情報
　・全国的な津波の影響に関する情報
　・放射性物質の漏洩に関する情報
　・全国的な放射線レベルの情報
　・全国的な放射能汚染に関する情報
　・緊急時の放射線防護の考え方
など多くの情報が緊急対策を進める上で必要となる．
　実際に福島第一原発事故で採られた措置は，以下の通りである．
　　3月11日　19：03　原子力緊急事態宣言を発出（政府）
　　　　　　　21：23　半径3km圏内の避難指示および半径10km圏内の屋内退避を指示（政府）
　　3月12日　03：06　1号機のベント実施を公表（経産相，東京電力，保安院）
　　　　　　　05：44　半径10km圏内の避難指示（政府）

		15：36	1号機原子炉建屋爆発
		18：25	半径20 km圏内の避難指示（政府）
3月14日		11：01	3号機原子炉建屋爆発
3月15日		半径20-30 km圏内の屋内退避指示（政府）	
4月21日		半径20 km圏内の警戒区域設定	
4月22日		半径20-30 km圏内の屋内退避指示を解除，計画的避難区域と緊急時避難準備区域を設定	

　原子炉から大量の放射性物質が放出される事故を想定すると，緊急対策の最も重要なものは人々を放射線被ばくから守る対策である．放射性物質の放出の量に依存してとられる対策も異なる．今回の事故のように放射性物質による影響が広い地域に及んだ場合，被ばくを避けるために，避難，屋内退避などの措置のほか，内部被ばくによる影響を防ぐための措置がなされる必要がある．避難などの措置を行うためは，放射性物質の挙動を知るためのモニタリングと，挙動を予測するための放射性物質の拡散モデリング，および被ばくの低減のための事故後の除染が重要となる．

　今回の事故で情報が十分に活用されなかった例として，米国エネルギー省（DOE；Department of Energy）*による航空機サーベイの結果の活用と，ヨウ素剤の服用に関してとられた措置について，簡単に触れる．

　DOEは事故後の3月17-19日に，米軍機2機に地上の放射線量を電子地図に表示する空中測定システムを搭載し，半径約45 kmの地域を測定した．その結果，浪江町や飯舘村を含む福島第一原発の北西方向30 kmを超える地域で，$125\,\mu Sv/h$を超える場所が広がっていることを観測した．この結果は3月18日と20日の2回にわたり，在日米大使館経由で外務省へ電子メールで提供された．外務省は直後に原子力安全・保安院と線量測定の実務を担っていた文部科学省へ転送した．原子力安全・保安院と文部科学省はこれらのデータを公表せず，首相官邸や原子力安全委員会へ伝えていない．DOEは測定結果を3月23日に米国内で公表した．この結果を活用していれば，計画的避難区域は1カ月ほど早く設定できていたであろう．

　航空機サーベイの結果は，実測データであるので，誤差を含むが測定され

た地域の線量マップを示している．したがって，航空機サーベイ結果をただちに公表しなかったことは，大きな判断ミスといえる．一方，SPEEDIによる予測値は，計算上の仮定が正しくないと地域の線量マップを正しく示さない場合もある．したがって，その予測の精度を把握した専門家がいない場合には，実際の避難に反映させることを躊躇することもあり得る．また，航空機サーベイについて，測定法，測定器，測定システム，校正の方法などがわからないと測定結果の信頼性がわからず，避難指示のような住民にとって負担のかかる指示に反映させることを躊躇することもあり得る．このような放射線計測に関して詳しい知識を持つ専門家がいないと判断が遅れることになる．データの提供を受けた省庁が，事前に事故時における扱いを定め，航空機サーベイに関する専門知識をもつ者がいれば，その活用は図られたと考えられる．

　原子力災害時のヨウ素剤の服用については，原子力安全委員会が「原子力災害時における安定ヨウ素剤予防服用の考え方について」に一般的な考え方を定めている．福島県地域防災計画によると，ヨウ素剤配布・服用については，政府原子力災害対策本部の指示または県知事の判断に基づき，福島県災害対策本部が住民等に指示することになっている．

　原子力安全委員会によると，原子力安全委員会と政府原子力災害対策本部事務局医療班は，3月12日深夜からスクリーニングレベルに関する打ち合わせを開始していて，スクリーニングレベル1万cpmを超えた人にはヨウ素剤投与という手順を確認していた．原子力安全委員会は13日にスクリーニングの実施にあたって，「1万cpmを基準として除染及び安定ヨウ素剤の服用を実施すること」を手書きで加筆し，政府原子力災害対策本部医療班へファックス送信した．しかし，この助言は政府原子力災害現地対策本部へは伝わらず，原子力安全委員会の助言の反映されていない指示を，県や当該市町村に発送した．

　県は国からの指示を待ち続けていた．国の指示を待たなくても，県知事は服用指示を出すことは可能であったにもかかわらず，福島県はヨウ素剤の配布・服用指示の発出に関する検討をしていない．

　国や県知事から指示がない中，ヨウ素剤を手元に備蓄した各自治体の反応

は分かれた．双葉町，富岡町，大熊町，三春町の4町は町民に対してヨウ素剤の配布・服用を行った．ヨウ素剤の住民への配布のみを実施した自治体は，いわき市と同市に避難していた楢葉町であった．浪江町はヨウ素剤を避難所に配備したが，国や県からの指示がなかったので，住民への配布は見送っている．

　この2つの例を見ると，政府の対策本部，省庁の対策本部，各自治体の対策本部に専門知識のある者がいないために，重要なデータが活用されていない状況であることがわかる．このことは，防災インフラの整備に関して，モニタリングやシミュレーションなどの整備とともに，専門知識をもった人員の確保が重要であることを示している．

第7章
モニタリングシステムの整備

はじめに

山澤弘実

　今回の事故では，環境中に放出された放射性物質による影響の把握が十分にできず，オフサイトでの緊急時対応に大きな問題を残した．もし放射性物質の拡散状況の総体が実際に測定された値として把握できていれば，今回の事故で指摘されている緊急時対応の問題点の多くが生じることはなかったのではなかろうかという疑問は，周辺住民のみならず，専門家を含む全国民に共通の疑問である．この章では，福島事故以前の原子力事故に備えたモニタリング等の対応インフラの準備状況はどうであったのか，このような大規模な事故に対応できるものであったのかを顧みるとともに，あるべき姿を考える．

　これらについてより実効性をもった考察を行うためには，今回の事故での一般市民被ばく様態を理解しておく必要がある．事故時において回避すべき被ばくは，その影響の及ぶ早さから，
　（ⅰ）プルームによる外部被ばく，
　（ⅱ）プルーム中の放射性物質吸入による内部被ばく，
　（ⅲ）沈着核種からの外部被ばく，
　（ⅳ）飲食物摂取および再浮遊核種吸入による内部被ばく
である．とくに，前二者は即時に対処する必要があるため，常時のモニタリ

ングで有用な情報が得られるかが重要な視点となる．

　また，後二者の対応にはある程度時間的余裕があり，今回の事故においても自動車，航空機等を用いた線量率のモニタリングや農産物の放射能検査が有効に機能した．これまでの被ばく線量評価（福島県県民健康管理調査第7回検討委員会資料，2012年5月までの集計結果）では，避難対象となった地域での外部被ばく実効線量は1 mSv未満が57.0％，5 mSv未満まで含めると94.0％，最大が25.1 mSvと推計されており，そのほとんどは上記（iii）の沈着核種からの被ばくである．一方，内部被ばくについては未だに十分把握されていない．その原因は当時の放射性物質の大気中濃度がほとんど得られていないことによる．

7.1　放射線モニタリング設備

山澤弘実

（1）モニタリング設備の機能

　原子力施設での事故の環境影響を把握する上で，最も上流側にあるのは排気筒モニタと呼ばれる設備で，排気筒から排出される排気中の放射性物質をシンチレーション検出器，電離箱等の放射線検出器により監視する機能をもつ．今回の事故では，施設の電源喪失により早期に機能が失われ，施設から放出された放射性物質の量を把握することはできなかった．さらに，今回の事故では格納容器に損傷が生じ，さらに水素爆発があったことから，排気筒を経由しない放出が主要な過程であったと考えられ，もし排気筒モニタが稼働していたとしても放出量の把握は困難であった．

　原子力施設の周辺では，原子力施設からの放射性物質の放出を監視する目的で，モニタリングステーションが整備されている．モニタリングポストとも呼ばれ，機能に応じて呼び方を使い分ける場合があるが，本章では統一してモニタリングステーションと呼ぶことにする．モニタリングステーションの主要な機能は，空間線量率を常時測定し，テレメータシステムを介してリアルタイムかつオンラインで空間線量率の変動を監視することである（図

図7.1 モニタリングステーションの例

7.1)．この放射線の常時監視に加えて，気象観測の機能をもつモニタリングステーションも多数整備されており，風向・風速，降水量，気温，湿度も測定されている．

　図に示した例では，モニタリングステーション建屋の屋根に方式の異なる2台の放射線検出器が装備されている．左側の先が半球状になっている細い円柱形のものがNaI（Tl）シンチレーション検出器，右側の太い方が電離箱式検出器であり，検出器の特性・機能面から異なる役割で使い分けられている．前者はγ線のスペクトル情報が得られ，低い線量率で高精度の測定が可能であるが，線量率が$10\,\mu$Sv/h程度以上では線量率測定ができない．後者がこの高線量率範囲での測定を行うためのものであり，予め大規模な事故により高線量率になっても測定が可能な準備がなされていた．建屋の右半分にはディーゼル発電機が備えられており，停電時でも稼働可能な備えもなされている．このような2種類の検出器と停電用の発電機を設置することは標準的であり，この点では大規模事故への準備は相当程度なされていた．

　しかし，今回の事故では，地震および津波により建物等の直接的な損傷が生じた事例が多数あり，また停電が長時間に及び，通信機能も大きく損なわれたことから，ほとんどのモニタリングステーションでは地震直後に機能が失われ，かろうじて稼働していたモニタリングステーションでも，発電機の停止により事故発生から数日以内にはオンラインでのモニタリングデータ取得は不可能となった（東京電力福島原子力発電所における事故調査・検証委員会，

表7.1 各道府県の環境放射線の常時モニタリング地点数（環境防災 N ネットで公開されている地点数，2012 年 7 月時点）

各道府県のホームページ，環境放射線監視報告書等では事業者の測定結果も含めてこの表の数よりも多いモニタリング結果が公表されている場合もある．

道府県	数	道府県	数
北海道	9	福井県＋京都府	24
青森県	15	静岡県	15
宮城県	7	大阪府	15
福島県	23	岡山県＋鳥取県	4
茨城県	25	島根県	11
神奈川県	13	愛媛県	8
新潟県	11	佐賀県＋長崎県	7
石川県	10	鹿児島県	7

2011)．

（2） モニタリング設備の配置および運用

　原子力発電所周辺の常時のモニタリングは，事業者（電力会社）および地方公共団体（立地道府県）を主体として行われている．事業者のモニタリングは，敷地境界付近を対象に1サイトあたりおおむね5-10点程度である．敷地境界は原子炉建屋あるいは排気筒からおおむね0.5-1 km程度であり，事故による放射性物質の大気中放出があった場合に，その検出および放出量の把握のために，排気筒モニタとともに最も重要性が高い施設である．事業者によっては，施設から数kmの地点にも常時監視可能なオンラインのモニタリング設備を設置している場合がある．

　道府県が行っている放射線モニタリングは，主にサイトから10 km程度の範囲で，1サイトあたりおおむね10点程度であった．各道府県のモニタリングステーションの点数を表7.1に示す．点数の多い少ないは，立地する原子力施設の数，地勢および人口分布に依存している．これらの常時モニタリングの結果は，それぞれの機関および関連機関（文部科学省の事業として原子力安全技術センターが運営する「環境防災 N ネット http://www.bousai.ne.jp/vis/index.php」等）がホームページ上にリアルタイムで公開しており，インターネットを利用できる場合という条件つきでは，住民が情報を

得ることは可能であった．また，研究者個人あるいは一般の方が個人的に公表している例も見られた．

全国レベルでは，文部科学省の事業として「環境放射能水準調査」が長年継続されており，その中では放射能の降下量や土壌等の環境試料中濃度の測定に加えて，各都道府県の1点で空間線量率の測定が行われていた．本来，この事業は過去の核実験起源放射能の追跡を目的としたものであるが，福島第一原発事故の影響による空間線量率の上昇が中部地方から東北地方にわたる広い範囲で検出されており，降下量等の放射能測定と合わせて事故の広域影響を把握する上で重要な働きをした．また，より遠隔地では事故影響がないこと，あるいは日常生活にまったく影響を与えない程度にきわめて軽微であるという安心情報を提供できたという点でも有効であった．

(3) モニタリングデータの有効性

一方，これらのモニタリングデータが現地の防災のための情報としてどの程度有効であるかは，別途考慮する必要がある．その視点の1つは，これらの設備により被ばく状況を空間分布として把握できるかである．原子力施設が複数立地している地域では，これら設備が正常に稼働すれば，地方公共団体と事業者合わせて30程度の地点で線量率が得られるため，充分な空間分解能で状況把握は可能かもしれない．ただし，これはモニタリングステーションが配置されている10 km程度の範囲についてであり，それより広域での把握は不可能である．また，原子力発電所が1つしかない県では数点での線量率が得られるだけであり，面的な分布の把握は困難である．

1999年茨城県東海村で発生したJCO臨界事故を対象に，筆者らは線量率測定データの解析を試みた．対象地域の東海村内外には例外的に多数のモニタリングステーションが設置されているにもかかわらず，風の変動に伴うプルームの動きにより測定値が時間的にも変動することから，線量率測定値から分布を得るのはきわめて困難であった (Hirao and Yamazawa, 2010)．

また，これらの情報伝達系統も検討が必要である．道府県で行われているモニタリングは，施設外のモニタリングを担当する文部科学省の所管である．一方，敷地境界でのモニタリングや施設内の情報は，経済産業省の所管であ

った．たとえば，SPEEDI ネットワークシステムの機能として，モニタリング情報表示があるが，これは原則的に道府県のモニタリングデータのみを対象としている．立地地方公共団体は個別に事業者との協定を締結し，施設のモニタリング情報を入手しているが，両系統の情報を総合して分析・評価する公的な仕組み，あるいはそのためのインフラは必ずしも十分ではなかった．すなわち，モニタリングに関する設備・体制については，緊急時において何が必要であるかを十分検討して構築されてきたのか検証が必要である．また，データの有効性の観点からは，空間線量率以外の情報の必要性からも検討する必要があり，それについては次節で述べる．これらは，今後の原子力規制行政の体制見直しの中で改善されるべき項目である．

7.2 原子力防災に必要な情報

山澤弘実

本章でのここまでの議論は，主に空間線量率のモニタリングに関するものである．一方では，本章の冒頭で述べた通り，内部被ばくに関する情報を得るためのモニタリングが必要であり，とくに初期のプルーム吸入の被ばく経路と早期の飲食物摂取の経路についての状況把握が重要である．そのためには，空気，水，農作物といった環境媒体中の濃度を測定する必要があり，これらは空間線量率から求めることはできない．

これまでに線量率計測を目的として整備され，また現在も大幅に拡充されつつある放射線検出には，通常 NaI（Tl）シンチレーション検出器が用いられている．この検出器の特徴は γ 線のエネルギースペクトルに関する情報（波高分布）を得ることができ，線量に寄与する核種の定量的同定が原理的に可能である．多くの場合は，この波高分布を演算処理することにより「空間線量率」を求めているが，波高分布自体を基礎データとして収集・保存するとともに，核種ごとの線量率への寄与を解析することが標準的に行われつつある．したがって，内部被ばくの主要因となる ^{131}I 等の大気中濃度に関する情報が潜在的に測られていることになる．しかし，波高分布と大気中濃度

の関係は単純ではなく，検出器周囲の遮蔽物の幾何学的分布をモニタリング地点ごとに個別に把握する必要があることに加えて，空気中の核種からの寄与（クラウドシャイン），沈着核種からの寄与（グラウンドシャイン），および検出器表面の汚染を弁別する方法等について，技術的な検討が必要である．今後は，このような広く行われている既存モニタリング設備からの情報の高度利用法の検討が有効である．

　一方では，環境試料中の濃度を直接測定する方式の拡充も必要である．測定法については十分確立され，統一的な指針類が整備されているものの，環境試料採取から測定設備のある施設までの運搬や，測定器による分析に時間を要し，即時性や測定数に制約がある点が問題である．また，試料採取や分析には専用の機器（サンプラー，Ge 半導体検出器，あるいは新たな自動濃度測定装置等）が必要であることと，専門知識を有する要員が必要であるため，現在進められている線量モニタリング設備の充実とは異なり，一朝一夕での体制の拡充は困難である．この観点からは，文部科学省「環境放射能水準調査」が継続されてきたことにより，全国の都道府県（環境センター等）で環境試料中の放射能分析が可能であったことが，事故の広域影響把握に大きく寄与したものと認識されるべきであり，そのインフラのさらなる拡充・利用を図るとともに，緊急時に全国都道府県のこのようなポテンシャルが組織的に機能するような体制・制度の整備が必要である．

7.3　その他のインフラ

山澤弘実

（1）　わが国における関連するその他のインフラ

　原子力防災でのインフラを議論する上で，さらにいくつか検討すべき項目がある．主要なものとしては，放射能・放射線測定のプラットフォーム，データ収集・伝達のための通信基盤，データ集約・評価のための施設と組織が挙げられ，これらにより状況の分析と複数の選択可能な対策オプションの立案がなされ，意思決定者（防災機関，行政機関の責任者）に提供されるのが

本来の姿である．さらに，決定された対策の実施のためのインフラ整備も必要であり，住民への情報提供手段や実際の対策実施のためのインフラ（避難のための移動手段等）が整備されている必要がある．以下では，測定プラットフォームとデータ集約・評価のための施設と組織について考える．

　事故影響の空間分布の把握がきわめて重要であることは前述の通りであるが，この観点からは固定点でのモニタリングはきわめて効率が悪い．このことは今回の事故でも経験されたことである．たとえば，事故初期の少なくとも 2, 3 週間は，モニタリング車を使って毎日同じ地点での線量率測定が繰り返し行われた．文部科学省の「モニタリングカーを用いた固定測定点における空間線量率の測定結果」（現在は http://radioactivity.nsr.go.jp/ja/list/207/list-1.html に移動）がその例である．これは，おもに沈着した核種からのグラウンドシャインを測っているもので，放射性壊変による線量率変化を把握しているに過ぎない．これにくらべて，面的な把握を目的とした航空機モニタリングがいかに有効であったかは，事故の極初期に得られた米国 DOE の航空機モニタリング結果，文科省・米国 DOE 共同で得られた 80 km 圏内の分布図（2011 年 5 月 6 日，http://radioactivity.nsr.go.jp/ja/contents/4000/3710/24/1305820_20110506.pdf），その後に同省が全国規模で行った航空機モニタリングの結果を見れば明らかである．わが国として，このようなモニタリングを事故後即時に実施できるインフラを整備・維持することは，技術的・予算的に見ても困難ではないはずである．

　さらに，京都大学が開発した GPS 連動型放射線自動計測システム KURAMA（京都大学原子炉実験所福島原子力災害対策支援グループ，GPS 連動型放射線自動計測システム KURAMA，http://www.rri.kyoto-u.ac.jp/kurama/index.html）は，比較的簡易な構成で軽量であり，一般車への搭載が可能であることから，線量率分布の詳細な測定に大きく貢献した．この種の測定システムは，高エネルギー加速器研究機構のグループや岡野真治（岡野，2011）等のほかの研究者によっても製作・使用されている．

　これまで国や道府県で整備されてきた多目的の高価なモニタリング車は，ほかの測定項目のモニタリングについては一定の働きをしたものの，原子力防災で必要性が最も高い線量率の測定については，安価な KURAMA によ

って得られた情報の方がはるかに有用であったことは皮肉である．防災機材としてどのようなものが必要であるかについて，これまでのあり方を見直す必要がある．

　また，今回の事故では海洋への放射性物質の流出が大きな問題を引き起こした．海洋のモニタリングは，事業者の排水モニタを除けば，リアルタイムで情報を得る手段は事故前には準備されていなかった．さらに，沖向きの風向時に大気を介して海洋に沈着した放射性物質の量の評価は，未だ不確かさが大きい．今後は，海水中濃度を常時監視することができる設備を設けるとともに，緊急時に迅速に運用できる船舶と機材の準備が必要である．

　データ集約・評価のための施設と組織の役割は，事故前の計画ではオフサイトセンター（OFC）とそこに設置される現地対策本部（機能班と緊急技術助言組織）が担うものとされていた．しかし，地震の直接的な影響に加えて，停電，食料等の補給の困難さ，施設内への放射線・放射能の影響，要員の参集が不十分であったこと等のいくつもの要因により，ほとんど機能しなかった．これらの要因はいずれもOFCが機能するための必要条件である．また，事故状況把握と分析のためには，多種多様な情報の収集・整理のための機能，専門家が分析を行うための情報基盤が必要である．単に，地震等の災害に強く，放射能除去機能付き空調の整備といった表層的な改善に留まらず，機能面も含めてこれまでのOFCの整備状況について真摯に反省が必要である．

（2）　防災インフラとしての専門性と研究機関

　今回の事故対応で，国，地方公共団体，専門機関，学会，研究者個人のいずれのレベルにおいても，周辺住民および国民のみならず国際社会の付託に十分応えることができなかったのは事実である．一方，不十分ながらも，モニタリングや事故影響評価，影響緩和に多くの対応が取られたことも事実である．これらの中には，原子力防災として意図して準備されたものではなく，関連する研究分野での知見，人材，組織および測定資材等の物的資源の蓄積による部分が多い．

　原子力の環境安全性や環境中での放射性物質移行等の研究は，チェルノブ

イリ事故等の後に一時的に補強されたことはあっても，ここ四半世紀の間に研究資源の配分が縮小されてきており，専門性をもつ研究者の数も減少してきていた．東海村 JCO 臨界事故後も，被ばく医療のみが重要視され，真に原子力事故に対応できる基盤整備がおろそかにされてきた．今回の事故対応で活動した研究者や研究機関の多くは必ずしも原子力防災の専門機関ではないことと，もしそれらの研究者や大学・研究機関の活動がなかったらどのような状況に至っていたかを想像すれば，大学，研究機関での関連する研究活動を維持し専門性を涵養することが，防災の真のインフラ整備としていかに重要であるかは自明である．それが衰退しつつあったことは残念なことであり，あまつさえ，国としての危機的状況においては，研究機関や行政機関がその専門性を活かした活動を自己規制することはあってはならない．

7.4 河川のモニタリング

恩田裕一

　放射性核種の地表面での沈着量および動態の概要が判明してくると，放射性核種沈着量マップを活用して，今後の被ばくに関わる放射性核種の移動・集積についての予測が可能となる．すなわち，河川水，川底土，および浮遊砂中に上流域の放射性セシウムの沈着量と，任意の地点での採水箇所濃度の平均値がわかれば，さまざまな粒径特性をもつ異なった地点において，粒度補正を行った後で，川底土の放射性セシウムの放射能濃度を推定することが可能となる．

　第 6 章に示したような調査と分析結果から，今後は，放射性核種量の長期予測のために，次のような課題が求められている．現在のところ，環境省のモニタリング調査においては，川底土の放射性核種濃度のみが公開されているだけである．河川中を流下する放射性核種のフラックス算定のためには，河川の各地点において連続的な濁度の測定，浮遊砂サンプラー等による，浮遊砂中の継続的な放射性核種濃度の測定が必要となる．

　浮遊砂中の有機物に付着した放射性セシウムは，藻類，魚類等に移行する

可能性がある．したがって，放射性セシウムの移行メカニズムの解明には，今後，河底土および浮遊砂に含まれる有機物の含有量に着目した調査が不可欠である．放射性核種の流出量の包括的な算定には，現在のような，各省による浮遊砂，川底土それぞれの定期モニタリングに加え，それぞれをリンクさせた総合的なモニタリングが必要となる．これについては，河川管理者である国土交通省も加わった形での継続徹底したモニタリングが求められる．以上に共通して，環境中での放射性核種の移行をより精密に具体的に調査するためには，現在の省庁間のモニタリング連絡会議に代わる，専門家の主導による新たな枠組みが必要である．

第8章
放射性物質の拡散モデリング

永井晴康・山澤弘実

8.1 SPEEDI の概要

　SPEEDI（System for Prediction of Environmental Emergency Dose Information）ネットワークシステムは，国内の原子力施設から大量の放射性物質が周辺環境に放出される，あるいは放出が予想される場合に，大気中に放出された放射性物質の移流・拡散の状況と被ばく線量を迅速に予測するシステムであり，文部科学省および地方公共団体からの委託を受けて，（財）原子力安全技術センターが，整備・運用している（須田，2006）．2011年3月11日に発生した東日本大震災に起因する東京電力福島第一原子力発電所事故により，大量の放射性物質が大気および海洋環境に放出される事態となり，SPEEDI の存在が原子力防災対策関係者のみならず国内外に広く認識され，その活用状況の適否が政府，国会，および民間の事故調査で取り上げられ議論となっている（東京電力福島原子力発電所における事故調査・検証委員会，2012；国会事故調，2012；福島原発事故独立検証委員会，2012；学会事故調，2014）．

　本章では，SPEEDI について，開発の経緯や機能，原子力防災体制における役割を概説するとともに，今回の原発事故対応においてどのように使われたか，また，使われるべきであったかを，開発者の視点で検証する．これにより得られる教訓と課題が，原子力防災体制の再構築も含めた予測システムの改善や活用方法の検討に役立てられるとともに，今後，万一同様な事故が

起こってしまった際に公表される予測情報を適切に理解し，有効に活用するための一助となれば幸いである．

（1） 開発の経緯

SPEEDI は，1979 年の米国スリーマイル島（TMI）原子力発電所事故を契機として，旧日本原子力研究所（現在の独立行政法人日本原子力研究開発機構）により研究開発が開始され，1984 年に基本システムが完成した（Imai *et al.*, 1985）．その後 1986 年に原子力安全技術センターに移管され，ネットワークシステムとして整備され，運用が開始された．以降，運用実績を積み重ねながら種々の機能向上が図られてきた．また，予測計算プログラムについては，開発元の旧日本原子力研究所で予測精度向上のための改良や機能拡張の研究開発が継続されており，その成果を導入した高度化 SPEEDI（永井ほか，1999）が 2005 年から運用されている．

（2） SPEEDI の機能

SPEEDI ネットワークシステムには，①データ収集・監視，②気象予測，③拡散・線量予測，④予測結果の配信・表示の 4 つの機能がある（須田，2006）．

①データ収集・監視機能では，気象庁が提供する数値気象予報データとアメダス気象観測データ，および全国の原子力施設周辺のモニタリングポストなどで観測された気象データと環境放射線データを収集し，放射線データの異常の有無について自動監視する．

②気象予測機能では，収集した気象データを基に，原子力施設周辺 100 km 四方の局地気象場を最大 44 時間先まで予報計算し，さらに半径 10 km の防災対策エリアを含む 25 km 四方の領域について，詳細な気流場を作成する．

③拡散・線量予測機能では，原子力事故時に放出される放射性物質の種類，放出率，放出時間などの放出源情報を基に，気象予測機能により得られた施設周辺の詳細な気流場における放射性物質の移流・拡散計算を行い，放射性物質の濃度および線量の分布を予測する．気象および拡散・線量予測計算の

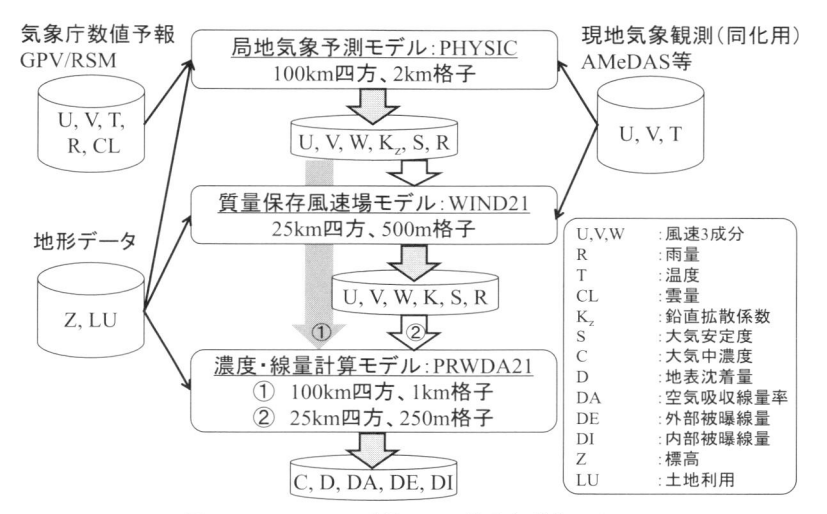

図8.1 SPEEDIの計算モデル構成と計算の流れ

詳細については，後述の予測計算モデルの項で述べる．

④予測結果の配信・表示機能では，SPEEDIの予測結果を地図上の分布図として表示し，国や地方公共団体の防災対策拠点に配信する．

（3） 予測計算モデル

SPEEDIの予測の流れは，まず原子力施設周辺の領域について気象予測計算を行い，それにより得られた予測気象場において放出された放射性物質の移流・拡散計算を行って放射性物質の濃度分布を求め，最後に線量計算により線量率や被ばく線量を計算する．そのため，予測結果の精度は，気象場予測に大きく依存している．現在，原子力安全技術センターで運用されている高度化SPEEDIの計算モデルは，局地気象予測モデル（PHYSIC），質量保存風速場計算モデル（WIND21），および濃度・線量計算モデル（PRWDA21）から構成される（図8.1）．

局地気象予測計算は，原子力施設周辺の100 km四方の領域について，気象庁の数値気象予報データ（GPV）を初期条件および境界条件として，大気の運動量や温度，乱流量といった物理量の保存方程式と地表面の境界条件

の式を数値的に時間積分し，気象場変動の予測を行う．計算領域は，鉛直方向に30層，水平方向に50×50の計算格子で分割した2kmの分解能を基本設定としている．この計算では，気象予測精度の改善を図るために，原子力施設周辺における気象観測データを計算に取り込んで，予測値を補正する機能も有している．

　質量保存風速場計算では，内閣府原子力安全委員会の防災指針「原子力施設等の防災対策について」（内閣府原子力安全委員会，1980）で定められた，防災対策を重点的に充実すべき地域の範囲（EPZ；Emergency Planning Zone）の最大半径が原子力施設から10kmとなっていることから，SPEEDIでもおおむねその範囲を詳細な予測計算を行う領域として設定している．そこで，100km四方で2km分解能の局地気象予測計算の結果を内挿し，詳細な地形の効果を変分解析により考慮した気流場計算を，原子力施設周辺25km四方の局所領域について，水平方向50×50の計算格子で分割した500mの分解能で実施する．

　濃度・線量計算では，局地気象予測計算または質量保存風速場計算により得られた気流場を用いて，大気放出された放射性物質の平均流による移流と大気の乱れによる拡散を計算する．原子力事故を対象とした放射性物質拡散計算では，通常解析格子に対して放出源が点状と見なされ，近距離での局所的な高濃度分布からの放射線影響を厳密に評価する必要性から，ラグランジュ型粒子拡散モデルを採用している．つまり，大気中に放出された放射性物質を多数の仮想粒子で模擬し，粒子の移動を追跡することにより，放射性物質の大気中での濃度，地表面沈着量および被ばく線量を求める．計算結果の出力は，放出点近傍の分解能を向上するため対象領域を100×100に分割し，質量保存風速場計算の出力を使用した場合は25km四方を250mの分解能，局地気象予測計算の出力を使用した場合は100km四方を1kmの分解能としている．線量計算においては，個々の粒子を放射線源として線量寄与を積算することで，三次元的に分布する放射性雲からの線量寄与を計算する．また，地表に沈着した核種からの線量計算，および呼吸による内部被ばく計算は，それぞれ放射性核種の地表沈着量および空気中濃度に核種ごとの線量換算係数を乗じることにより行う．

8.2　SPEEDI システムの防災対策における位置づけ

　SPEEDI の役割と利用方法については，福島第一原発事故の時点では，内閣府原子力安全委員会が定めた「原子力施設等の防災対策について」（内閣府原子力安全委員会，1980）および「環境放射線モニタリング指針」（内閣府原子力安全委員会，2008）に記述されていた．

　「原子力施設等の防災対策について」（内閣府原子力安全委員会，1980）では，「2-6 諸設備の整備」の「(5) 緊急時予測支援システムの整備・維持」の項目において，SPEEDI および施設の状態予測等を行う緊急時対策支援システム（ERSS；Emergency Response Support System）等の整備を進めること，各種システムのネットワーク化や，緊急時の際の協力体制を整えておくことが記載されている．また，「5-3 防護対策のための指標」において，なんらかの対策を講じなければ個人が受けると予想される線量（予測線量）は，SPEEDI 等から推定されること，さらに，「第 4 章　緊急時環境放射線モニタリング (1) 第 1 段階のモニタリング」において，モニタリング結果と SPEEDI 等から得られる情報が予測線量の推定に用いられ，これに基づいて防護対策に関する判断がなされると記載されている．これらは，防災対策における SPEEDI 利用の方針を規定するにとどまり，具体的な利用方法については，「環境放射線モニタリング指針」に記載されている．

　「環境放射線モニタリング指針」（内閣府原子力安全委員会，2008）では，「第 4 章　緊急時モニタリング」において，具体的な SPEEDI の利用方法が記載されている．まず，「4-3 計画及び実施」の「4-3-1 体制の整備」において，SPEEDI の利用は，原子力災害現地対策本部のモニタリング情報の把握を担当するグループ「原子力災害現地対策本部放射線班」が担当し，「SPEEDI ネットワークシステム等を活用した住民の被ばく線量予測の実施」を行うと定められている．具体的な利用方法については，「4-3-2 実施方法 (1) 第 1 段階モニタリング」に，「第 1 段階モニタリングは，原子力緊急事態の発生直後から速やかに開始されるべきものであり，この結果は，放出源

の情報，気象情報及び SPEEDI ネットワークシステム等から得られる情報とともに，予測線量の推定に用いられ，これに基づいて防護対策に関する判断がなされることとなる」と記載されている．この中ではさらに，空間放射線量率の測定，大気中の放射性物質および環境試料の採取地点の選定にSPEEDI の予測結果等を活用する方法が記載されている．

「環境放射線モニタリング指針」における予測線量の推定方法は，「4-4 線量等の推定と評価」において記載されており，「基本的には防護対策の決定に当たって，先ず計算等により周辺環境の予測される放射性物質の濃度及び周辺住民等の予測線量等を推定し，さらに，モニタリング結果により実際の放射性物質の濃度及び線量の評価を，以下の原子力施設から主として放出される放射性物質又は放射線について行う」と定めている．また，予測線量の推定を行うに当たっては，SPEEDI 等による「予測線量分布図等を有効に利用しつつ，空間放射線量率の実測結果と併せて総合的に判断することが望ましい」としている．さらに，解説の「K 緊急時迅速放射能影響予測ネットワークシステムについて」において，事故の進展の状況に応じた SPEEDI の利用方法や，測定値を考慮した予測結果の修正についての詳細な記載がある．

これら指針の記載において一貫して指摘されていることは，SPEEDI（あるいは ERSS との組み合わせ）の予測は単独で防護対策決定に用いるのではなく，モニタリングと密接に連携し，相補的に活用するということである．たとえば，予測分布によるモニタリング地点の選定や，離散的なモニタリングの補間，モニタリングによる実測値を用いた予測値の補正などの連携による総合的な防護対策の検討である．つまり，SPEEDI（あるいは ERSS との組み合わせ）だけで必要な情報が得られると考えるのではなく，このような予測システムが本来もつ誤差や不確実性，必要な入力データが得られないという外的要因による限界などに配慮して，不確かな予測結果であっても最大限に活用することの必要性を示している．

8.3 福島第一原発事故における対応

　福島第一原発事故対応における SPEEDI の利用については，文部科学省の報告書「東日本大震災からの復旧・復興に関する文部科学省の取組についての検証結果のまとめ」（文部科学省，2012）に詳しく記載されている．

　2011 年 3 月 11 日 14 時 46 分の東日本大震災発生から約 1 時間後に，原災法 10 条通報（全交流電源喪失）＊ が東京電力により行われたことから，文部科学省は，原子力事故・災害時対応マニュアル（文部科学省，2008）に従って，原子力安全技術センターへ SPEEDI を緊急時モードへ切り替え，単位量の放出を仮定した計算を 24 時間体制で実施するよう指示した．原子力安全技術センターは，毎正時ごとの予測を開始し，17 時 00 分の文部科学省への第 1 報，17 時 40 分からは原子力安全・保安院，原子力安全委員会，日本原子力研究開発機構および原子力災害現地対策本部の置かれたオフサイトセンターにも，計算結果の配信を開始した．また，原子力災害現地対策本部には，12 日 10 時 05 分から FAX 送付が開始された．その後，24 時間体制の予測計算と結果の送信を本稿校正時点（2014 年 5 月）に至るまで継続して実施している．

　文部科学省は，事故当初，SPEEDI の予測分布によるモニタリング地点の選定を行い，その結果，モニタリングチームの高線量地域への的確な派遣が可能となった．さらに，原子力災害対策本部，内閣府原子力安全・保安院，内閣府原子力安全委員会などの指示により，さまざまな仮定を用いた予測計算も実施している．内閣府原子力安全委員会では，本書「2.1 放射性物質の大気環境への放出」に述べたように，SPEEDI の開発元である日本原子力研究開発機構と協力して，モニタリングデータと SPEEDI 予測結果から放出源情報の逆推定を行うとともに，それを SPEEDI に入力した積算線量評価を実施するなど，防災対策マニュアルにおいて想定されていなかった SPEEDI の活用も行われた．しかしながら，防災対策マニュアルで想定されていた ERSS による放出源情報を用いた定量的な予測は，電源喪失により

プラント情報が入力できないことによりERSSが機能しなかったため，実施されなかった．

このように，SPEEDIの運用自体は，防災対策マニュアルに従って確実に実施されている．しかし，文部科学省の報告書（文部科学省，2012）によると，放出源情報という定量的な予測に必須な入力データが得られないという要因で，SPEEDIの予測結果は信頼できない（現実をシミュレートしたものではないので利用できない）と判断され，防護対策への活用は行われなかった．

前述のSPEEDIの位置づけにおいて，防災対策でのSPEEDIの利用は，システムの誤差や不確実性，限界などを考慮して，モニタリング結果や原子炉の専門家の知見と併せた総合的な判断の必要性を指摘した．原子力総合防災訓練等によりSPEEDIはERSSとの組み合わせで機能するという固定観念が定着していたとすれば残念なことであり，モニタリングからSPEEDI予測へのフィードバック，さらに防護対策への展開まで，緊急時モニタリングとSPEEDIの統合的活用についてさらなる具体化が望まれる．

8.4 SPEEDIをどのように活用すべきだったか

前節では，福島第一原発事故への対応において，SPEEDIが避難や退避等の防災対策に活用されなかったことを述べた．単位量の放出を仮定した予測計算は，モニタリングの参考として活用されていたが（文部科学省，2012），政府の事故調査報告書（東京電力福島原子力発電所における事故調査・検証委員会，2012）では，「SPEEDIにより単位量放出を仮定した予測結果は得られており，仮にその情報が提供されていれば，各地方自治体及び住民は，より適切に避難のタイミングや避難の方向を選択できた可能性があったと言えよう．ERSSから放出源情報を得られない場合でも，SPEEDIを活用する余地はあったと考えられる」との見解をまとめている．とくに，3月15日のケースでは，どのような活用がありえたかを具体的に考察している．

3月15日6時過ぎに大きな衝撃音が確認された後，正門付近でのモニタ

リングによる空間線量率が上昇し，9時頃に1万1930 μSv/hという高線量が計測された．このモニタリング情報により，放射性物質の大量放出が起こったことは明白であり，防護対策上この放出がしばらく継続すると安全側に考えるべきである．一方，SPEEDIの予測では，放射性プルームの流れる向きは，この時間帯の南西方向から時計回りに回転し，夜間には北西方向に向かい，3月16日昼以降は海上に流れ，その状態が数日間継続する予測となっていた．これらのモニタリング情報と予測結果から，3月15日には広範囲にわたって高濃度の放射性プルームが通過する可能性があることが容易に予想できることから（実際，この情報を用いて3月15日20時40分から50分における福島県浪江町でのモニタリングカーによる計測に成功している（文部科学省，2012）），防護対策として屋内退避による被ばく回避（吸引による内部被ばくおよびプルームからの直接線量による外部被ばくの回避）が検討できたと思われる．そして，3月16日昼以降は，プルームが安定して海上に流れていることから，福島県内の各地点で高い値が計測されていた空間線量率は，放射性プルームからの直接線量ではなく，地表に沈着した核種からの線量（グラウンドシャイン）であることもわかる．これより，プルームによる内部および外部被ばくの恐れがないこのタイミングで屋内退避から避難に切り替えて，長期間継続するグラウンドシャインによる外部被ばくの積算を避けるという判断ができたと考えられる．

　上記のようなSPEEDIの予測結果の活用方法は，研究者のように普段から大気拡散シミュレーションの結果を見て考察している者でないと難しいのかもしれない．また，このような予測結果が，防護対策検討に間に合うタイミングで得られていたかということも重要である．文部科学省のホームページに公開されているSPEEDIの予測結果（現在は原子力規制委員会ホームページ，2012a）を見る限り，毎正時に定期的に行われていた（本稿校正時点も継続されている）単位量放出を仮定した予測結果は，3月16日7時までは2時間先まで，それ以降は3時間先までの分布図だけが作成されている．この情報だけでは，そのときのプルームの状態はわかるが，その後の変化傾向はつかめない．また，気象予測の特徴として，特定の時刻における気流場の再現性だけを見ると，変動が大きいときの予測精度は低く，変動が少ないとき

の予測精度は高くなる．これは，気象場の変動が大きいときには，その変化を再現できていても，タイミングがわずかに違っただけで風向はまったく異なる結果となってしまうからである．したがって，ある時刻の予測分布図だけでは，実際の風向とずれているケースがあり，信頼性が低く防護対策に使えないという印象を与えてしまうが，長時間にわたる時間変動の傾向を示すような予測結果の提示方法であれば，上記3月15日のケースのような防護対策上有用な情報を得ることができる．

システムの概要で述べたように，SPEEDIは最大44時間先までの予測計算が可能であり，予測分布図の出力も1時間間隔で作成できる．長時間先までの予測という点では，現地原子力災害対策本部の指示によるSPEEDIの予測が行われていた（原子力規制委員会ホームページ，2012b）．3月15日未明に配信された結果には，3月15日1時に放出開始し24時間連続放出した場合の積算値の分布図があり，福島第一原発の南方および北西方向で積算値が高くなる分布が得られている．この結果は，予測実施時点における南向きのプルームの流れが1日の間に時計回りに回転し，北西方向に高い影響を及ぼすことを示しており，その後毎正時に実施された上記文部科学省ホームページ（現在は原子力規制委員会ホームページ，2012a）の予測結果とも整合している．したがって，この予測結果について，24時間後の積算値だけでなく1時間ごとの時々刻々変化する分布図も作成することで，3月15日におけるプルームの流れの変化傾向を明確に把握することが可能になる．このような予測結果は，情報量が増えるため定期的な配信が難しい可能性があるが，配信を行う間隔を広げてでも24時間先までの時々刻々の変化を把握できるような予測分布図を定期的に配信し，より有効な判断材料の提供を検討すべきであろう．

8.5　SPEEDIに関わる事故の教訓と課題

SPEEDIのような予測システムのあるべき姿として，今回の事故対応から得られた教訓と，それに基づく今後の改善に向けた課題について述べる．

上記のような今回の事故対応における不備に対する反省から，文部科学省によりSPEEDIの改善に向けた課題が検討されている（文部科学省，2012）．その主要課題としては，放出源情報が得られなかった場合の予測結果の効果的な活用方法，予測結果の配信と情報共有の仕組み（インフラと体制）の強化，および予測結果の迅速かつ的確な公表があげられている．具体的な対応としては，防災対応マニュアルの見直し，予測結果の配信・公表手段の強化，迅速なモニタリング情報収集と放出源推定などの機能開発が行われると思われる．ここでは，このような対応に加えて，予測システムに対する認識についても考え方を改めることを提言したい．

　SPEEDIのような予測システムを効果的に使って防護対策に活用するには，防護対策の総括責任者が予測システムについて熟知し，的確な計算方法と予測結果の出力方法の指示を与える必要がある．今回の事故対応では，SPEEDI自体は事故後3年以上の長期間にわたり止まることなく予測結果を指示通りに作成し続けているが，防護対策に活用するという観点で適切な予測結果の作成と，その結果の的確な分析による対策立案がなされなかったことが最も重大な問題である．今後，SPEEDIが改良される，あるいはより高性能な予測システムが開発されるとしても，的確に使ってその性能を最大限に引き出すことができなければ，今回と同様に事故対応に有効に活用されないであろう．この点については防災対応マニュアル等の改定で十分検討されることと思うが，防護対策の総括責任者についても意識改革が必要である．つまり，予測システムの結果を受け取るだけのユーザーではなく，有効な予測結果を出力するよう的確に指示を出す司令塔として予測システムの中核を担っているという意識をもつことが重要である．このような認識をもつことにより，どのような状況においても防護対策に役立つ情報を引き出さなければならないという使命感と緊張感が生まれ，予測システムを最大限に活用することができると思う．

　今後，予測システムの改善を進めるとともに，このような認識をもち予測システムを最大限に活用できる能力を有する人材の育成，およびそれを支える体制の確立についても，重要課題と位置づけて着実に進める必要がある．

8.6 近年の拡散モデリングの動向

 前述のSPEEDIは，大気中微量成分の輸送・拡散現象のモデル化の1つの実例ではあるが，必ずしも典型例ではない．一般に大気輸送モデルあるいは大気拡散モデルと呼ばれるモデルが，異なる目的で複数開発されている．そのほとんどは，大気中の光化学オキシダント等の化学物質や，黄砂やその他のエアロゾルといった粒子状物質を対象としたものであり，これら物質の大気質あるいは気候への影響評価を主要な目的として，アジア域スケールから全球スケールといった大規模な大気輸送現象を対象としている．SPEEDIを含めてこれらのモデルには共通点がある一方で，開発目的に応じた相違点も存在する．

 これらのモデルに共通する点は，気象モデルによる三次元の気象場計算と拡散計算の組み合わせで，対象物質の大気中濃度や沈着量が計算されることである．気象場の計算では，全球を対象とした大循環モデル，あるいは一部地域を対象とした領域気象モデルが使用され，風速，乱流（拡散），温度，降水に関する三次元分布が計算される．ほとんどのモデルでは，四次元同化と呼ばれる方法により，計算値の観測値（あるいは解析気象場）からの差異を小さくする計算修正が可能であり，過去あるいは現況を対象とした計算を高精度で実行することができる．

 モデル間の相違点は，対象とする物質と現象が異なることに起因しており，物理機構のモデル化の詳細さや時間・空間スケールに差がある．たとえば，MASINGAR（気象研究所）やSPRINTARS*（九州大学）は全球規模を対象としており，大循環モデルによる気象場計算と，そのスケールでのエアロゾルの生成・除去について詳細なモデル化がなされているものの，国内影響といった領域スケールでの拡散評価には必ずしも適していない．一方，領域スケールを対象とするモデルとして，領域気象モデルWRF*との組み合わせにより，CMAQ*（国立環境研究所），WRF/Chem*（海洋研究開発機構），CAMx*（電力中央研究所）等に代表される化学輸送モデルが開発・使用さ

れている．これらは，領域気象モデルからの乱流，雲・降水に関する詳細な情報や地表面状態に関する情報を利用することにより，湿性沈着および乾性沈着の詳細なモデル化が試みられている．

　SPEEDIの高度化研究で開発されたWSPEEDI-II*は，前述の領域スケール対象の化学輸送モデルの枠組みと同様に，領域気象モデルMM5と拡散モデルGEARNの組み合わせを採用している．相違点は，沈着過程については比較的簡易な沈着計算が使われていることと，放出点近傍での濃度空間分布をより詳細に取り扱っている点である．WSPEEDI-IIの沈着計算では，降水の空間分布は詳細に考慮するものの，大気中での放射性物質の存在形態を考慮せずに，湿性沈着および乾性沈着を，それぞれの効率を表す洗浄係数および沈着速度により表現する方式が採用されている．一方，有害物質の事故放出を主対象とするために，点状放出源からの拡散現象に適するラグランジュ型（多数の模擬粒子を追跡する方式）の計算モデルが用いられている．これは，すでに広がった物質を主対象としてオイラー型（拡散方程式の差分数値解を求める方式）の計算モデルが用いられている化学輸送モデルと対比される特徴である．ラグランジュ型では，数値計算上の疑似拡散が回避されるため，たとえば高所放出時の地上濃度をより現実的に再現できる等，とくに放出点近傍での濃度の空間分布の再現性向上が期待される．

　上述の通り，近年の大気拡散モデルの発展には著しいものがあるが，福島第一原発事故の大気拡散の再現には，未だに多くの課題が残されている．原因の1つは放射性物質の放出に関する情報の不確かさが未だに大きいことであるが，たとえ放出源情報が正確に把握できたとしても，モデル自体の課題も多い．大気運動による移流・拡散過程，地表面との相互作用による乾性沈着過程，雲・降水が関与する湿性沈着過程等，モデルがどの程度再現できるかの定量的評価が今後重要である．濃度が時間・空間的にシャープな分布をもつ点状放出源からの変動放出に対するモデルの再現性の検証は，これまでほとんど行われていない．拡散実験等のこの目的に適したデータの取得と合わせて，モデル検証と改良が必要である．

第9章
除染

森口祐一

　福島第一原発事故によって，大量の放射性物質が環境中に放出された．半減期の短い核種については，事故後初期の被ばくによる人の健康への影響が主たる関心事であるが，半減期の長い核種は，多様な経路を移動しながら環境中に長期間に残留し，人々の健康や生活を脅かす懸念がある．環境中に広く散在してしまった放射性物質からのこうした影響を軽減するためには，放射性物質を人々の生活や生産の場から取り除き，隔離することが求められる．そのために行われるのが除染である．本章では，除染の考え方，除染に用いられる手法，除染のための制度的枠組み，除染で発生する土壌や廃棄物の処理，処分などについて述べる．

9.1　除染の考え方と適用対象

　事故後に進められてきた対処にあわせて，本書でも除染という表現を用いるが，国際的にはクリーンアップ（Clean up）という語が用いられる．「除」染といっても，放射性物質を分解することは不可能であり，汚染が消えてなくなるわけではない．放射性物質が存在する場所が変わるだけであり，移染にすぎない，という批判的な見方もあるが，除染の本質は，放射性物質を，人々の生活環境をはじめ，その影響が及ぶ対象から遠ざけ，管理することにある．事故直後の避難者や事故対応にあたる作業者などの衣服や所持品から放射性物質を除去する作業も除染と呼ばれるが，ここで論ずる対象は，汚染された環境の除染についてである．

原発事故以外においても，非密封線源の取り扱いの過誤などから，除染が必要な状況が起こりうるが，一般には汚染の範囲は限定的である．一方，工場の跡地や，廃棄物の不法投棄場所などにおいて，放射性物質以外の有害な物質によって土壌が汚染され，除染が行われる場合もあるが，これとくらべても，原発事故による除染範囲はきわめて広範囲にわたる．

　除染を行う目的と対象場所の組み合わせとしては，居住，就学，就業などにより汚染地域で長時間を過ごす人々の外部被ばくを減らすための市街地の除染と，農産物の汚染を軽減，防止するための農地の除染が最も典型的であろう．

　一方，日本は国土の約3分の2が森林で覆われており，福島第一原発事故によって放射性物質が大量に沈着した地域には，森林の割合がさらに高い場所も含まれることから，森林の除染をどう考えるかは大きな課題である．さらに，陸上に沈着した放射性物質は，雨水とともに河川や湖沼を経て，海へと流れ下る．水産物の汚染の長期化の懸念があるなか，川底，湖底，海底も除染の検討対象となりうる．

　これらは，沈着した場所やその後の自然現象によって移動した先にある放射性物質を，その現場から取り除こうとする行為である．こうした除去活動によって汚染現場から除去された土壌や，除染資材から発生する廃棄物，さらには人工的なプロセスで放射性物質が蓄積・濃縮された下水汚泥や焼却灰などを対象に，それらからさらに放射性物質を抽出，分離することも，放射性物質を分離して人から遠ざけるという意味では除染にあたり，さらにその後最終処分しなければ真の意味での除染は完結しない．図9.1に示すように，本書では，汚染場所からの除去を狭義の除染ととらえ，その後の濃縮・分離などの処理，貯蔵，処分まで含めた一連の過程をより広義の除染ととらえ，次項以降でその具体的手法について述べる．なお，除染の対象となる核種はとくに限定していないが，今回の事故における核種の放出構成の特徴から，陸上を対象とする限りにおいては，主たる着眼点は放射性セシウムの除去，分離である．

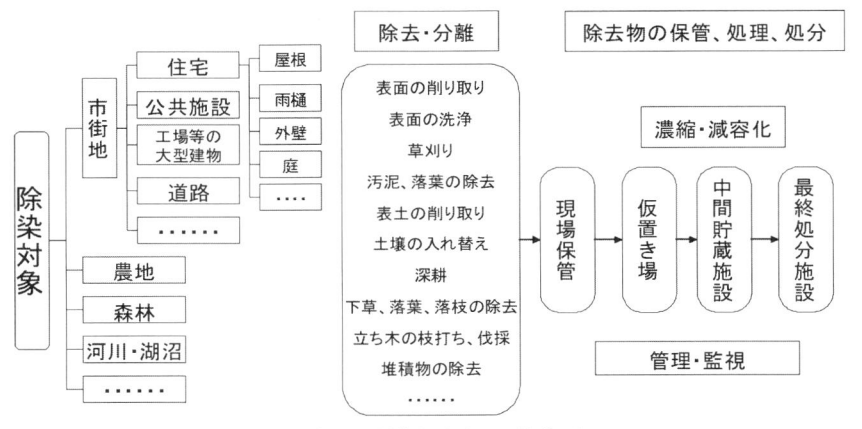

図 9.1　除去から最終処分までの除染プロセス

9.2　汚染場所の除染に用いられる手法

　汚染現場からの除去方法を大別すると，（ⅰ）セシウムが付着した土壌表面の掘削・搬出など，放射性物質を含んだ媒体をそのまま除去する方法と，（ⅱ）汚染場所に存在する放射性物質を現場でできる限り選択的に抽出，除去する方法とに分けて考えることができる．陸上にフォールアウトした核種の付着先は，土壌のほか，舗装された路面，建物の屋根，壁面，樹木，水底など，地表面のあらゆる場所にわたる．付着した先の表面の性状や核種の特性から分離のしやすさが異なること，屋根や壁面のように付着先をそのまま除去することが困難な場合があることから，適用先に応じて，上記（ⅰ），（ⅱ）いずれかの方法を使い分けることになる．

　こうした除去技術については，国際原子力機関（IAEA）による技術資料（IAEA, 1999）を含め，知見が蓄積されてきており，後に述べる法制度のもとでの除染の実施のために，環境省がとりまとめたガイドライン（環境省，2011）にも，こうした過去の経験が反映されている．しかし，土壌の性質や構造物の材料の地域性もあるため，今般の原発事故における除染において，

あらかじめどの方法が最も効果的かを的確に知ることは困難である．実際に除染を進める過程で，経験を積み重ねながら改善を図らざるを得ない面があることは否めず，平成 25（2013）年 5 月に環境省の除染関係ガイドラインは第 2 版に改訂されている（環境省，2013a）．

9.3　除染に関する事故後の経過

（1）　特別措置法制定までの混乱期

　話題がやや前後するが，ここで事故後の経過を振り返ってみたい．福島第一原発事故後，専門家の間では除染の必要性は早期から認識されていた．しかし，大量の放射性物質の環境中への放出と汚染という事態が想定外であり，これに対応するための組織も法的枠組みも定められていなかった．筆者自身も，事故後の早い段階で，環境省の土壌汚染の担当課を訪ね，土壌の放射性物質汚染への対応の必要性を訴えたが，反応は芳しくなかった．従来の環境基本法のもとでの環境保全に関する法体系では，悉く放射性物質および放射性物質で汚染されたものは除外されてきたためである．

　土壌汚染の定義について定めた土壌汚染対策法第 2 条では，「それが土壌に含まれることに起因して人の健康に係る被害を生ずるおそれがあるものとして政令で定めるもの」を「特定有害物質」として定めることができる規程があるが，法律本文に「（放射性物質を除く）」と明記されており，この法律のもとで環境行政が放射性物質汚染に対処することはできない状況であった．同様の問題として，下水汚泥や廃棄物焼却灰が放射性物質で汚染されたにもかかわらず，廃棄物処理法では放射性物質による汚染を除外してきた，という問題もあった．

　こうしたなかで，環境汚染・廃棄物処理分野の有志と，原子力・放射線分野の有志との間で，個人的なつながりを介した情報交換を行い，非公式，定期的な勉強会を進める取り組みに加わった．法制度面での制約で動きの鈍い行政の対応を待たず，原子力・放射線分野の専門家が，非営利法人の立場で福島県内の汚染地域に自ら入り，首長への提案や除染の試行を行う状況も見

られた．科学的，技術的裏づけが疑わしいものも含め，放射性物質による汚染へのさまざまな対策の提案が，関係自治体などに持ち込まれる状況も聞こえてきていた．

（2）　特別措置法の制定と地域指定

　除染に関して，事故後の数カ月はこうした非公式の対応にとどまっていたが，先述の廃棄物の放射性物質汚染に関しても，既存の法制度では対応できない状況が解消されていなかった．これら2つの問題に対して制定されたのが，「平成二十三年三月十一日に発生した東北地方太平洋沖地震に伴う原子力発電所の事故により放出された放射性物質による環境の汚染への対処に関する特別措置法」（略称：放射性物質汚染対処特措法，以下「特措法」と略記）である．この特措法は議員立法によって提案されたもので，2011年8月26日に可決・成立，8月30日に公布，一部施行された．

　特措法では，大きく分けて2つの分野について，講ずるべき措置を定めている．その1つが，本章の主題である放射性物質により汚染された土壌などの除染等の措置，もう1つが放射性物質で汚染された廃棄物の処理である．法の全面施行は平成24年1月1日であり，それまでの4カ月弱の間に急ピッチで基本方針，政令や省令の制定，除染のガイドラインの作成が進められた．除染についての検討を行う場として環境省に環境回復検討会が設置され，筆者も加わった．

　特措法のもとでの除染は，国の直轄による除染が行われる除染特別地域と，地方自治体が汚染状況を調査し，除染実施計画を定めて除染を行う汚染状況重点調査地域について実施される．除染特別地域は警戒区域，計画的避難区域に指定されていた範囲であり，10の市町村の全域または一部にまたがる．これらの区域は空間線量に応じて，帰還困難区域，居住制限区域，避難指示解除準備区域の3区分への再編が進められた．一方，汚染状況重点調査地域は，年間の追加被ばく線量1 mSv相当として，バックグラウンドを含め0.23 μSv/h以上の空間線量率を目安として，福島県内の41市町村と，岩手県，宮城県，茨城県，栃木県，群馬県，埼玉県，千葉県の63市町村の計104市町村が指定された．その後の調査の結果，4市町村について指定が解

除されており，2013年6月末現在の汚染状況重点調査地域は，100市町村である．

（3） 除染の基本方針と対象となる土地

放射性物質による環境の汚染への対処についての基本方針は，2011年11月11日に閣議決定されている．その冒頭部分の全文を箇条書きに変換して，以下に引用して示す．

- 土壌等の除染措置の対象には，土壌，工作物，道路，河川，湖沼，海岸域，港湾，農用地，森林等が含まれるが，これらはきわめて広範囲にわたるため，まずは，人の健康の保護の観点から必要である地域について優先的に特別地域内除染実施計画または除染実施計画を策定し，線量に応じたきめ細かい措置を実施する必要がある．
- この地域中でも，とくに成人にくらべて放射線の影響を受けやすい子どもの生活環境については，優先的に実施することが重要である．
- また，事故由来放射性物質により汚染された地域には，農用地や森林が多く含まれている．
- 農用地における土壌等の除染等の措置については，農業生産を再開できる条件を回復させるという点を配慮するものとする．
- 森林については，住居等近隣における措置を最優先に行うものとする．

この基本方針では，除染措置の対象が，さまざまな土地利用区分から水域まで，多岐・広範囲にわたることを認識した上で，住宅地と農地から優先的に除染を進める方針が示されている．

この時点では，森林については住居等近隣を最優先とすることが謳われているが，汚染度の高い地域に森林が占める割合は高く，また生活と森林が密着した地域が含まれることから，森林の除染に対する地元の期待は強く，その後の重要な検討課題の1つとなっている．森林の除染の目的は，（ⅰ）宅地と林地が近接している場合，林内に沈着した放射性物質からの放射線による居住者への被ばくを低減させること，（ⅱ）林内に沈着した放射性物質が，再飛散によって周囲の農地や宅地を汚染したり，降雨とともに，河川の下流域や海へ流出したりすることを低減すること，（ⅲ）林産物の生産やレクリ

エーションなど，森林自身の利用を再開できるようにすること，に整理されよう．

9.4　除染技術の実証試験と除染モデル事業

　こうした制度面での対処とともに，除染の技術面に関しても2011年度後半から組織的な対応が次第に本格化していった．科学・技術面での検討の中心としては日本原子力学会のクリーンアップ分科会があげられる．一方，政府予算による事業の試行では日本原子力研究開発機構（JAEA）が主に対応を進めた．その1つは，内閣府の委託により実施された除染技術実証試験事業である．この事業では，2011年10月に，除染作業効率化技術，土壌等除染除去物減容化技術，除去物の運搬や一時保管等関連技術，除染支援等関連技術の4分野について公募が行われ，11月に25件が採択されて2012年2月まで事業が実施された．これとは別に，環境省のもとで除染技術実証事業が実施され，JAEA福島技術本部が技術選定・評価等の業務にあたってきた．

　こうした除染対象物ごとの要素技術開発と並行して，具体的な地区を対象とした除染の試行として，「警戒区域，計画的避難区域等における除染モデル実証事業」が同時期の2011年10月の公募を経て，実施されてきた．この事業では，南相馬市，川俣町，浪江町，飯舘村を対象とするAグループ，田村市，双葉町，富岡町，葛尾村を対象とするBグループ，広野町，大熊町，楢葉町，川内村を対象とするCグループに分け，各グループが森林，農地，宅地，建造物，道路などさまざまな除染対象物を含み，また，線量率レベルも高〜低をカバーするように設定された．いずれも大手ゼネコンを中心とする共同事業体（JV）が受注し，2011年度末に報告会が開催され，一部の地区については積雪等の影響で事業実施が遅延したため，2012年6月に追加の成果が公表されている．

　環境省の資料（環境省水・大気環境局，2012）によれば，これら3グループでの除染対象地域は計16地区あり，1地区当たりの面積は3-37 ha，合計は

209 ha である．除染対象物ごとに，現場で得られた知見と実績がまとめられている．たとえば，家屋の屋根の除染による線量の低減率は，屋根の材質に依存し，トタン屋根や粘土瓦のほうがセメント瓦にくらべて高い除染効果を得やすいこと，焼付鉄板やスレート屋根では，除染前の時点で放射性物質の残留が少ないことなどが報告されている．このほか，家屋の雨樋や庭，大型建物の屋根や壁，農地，道路，公園，森林，樹木などの対象物ごとに，除染の定量的な効果も含め，試行で得られた知見がまとめられている．また，除染に伴って発生した排水のろ過，吸着，凝集・沈殿などによる処理効果，枝葉の減容化のための破砕による粉塵発生，焼却排ガスや焼却灰中の放射性セシウム濃度の測定結果なども得られている．

さらに除染に伴う除去土壌などの発生量の計量，その仮置き場での空間線量の測定なども行われている．面的除染が行われた 12 地区，延べ 185 ha に対して，除去対象物が約 3.5 万 m^3 発生しており，除染対象面積 1 ha 当たりの原単位は約 190 m^3 である．これは面積当たりの厚みに換算すれば約 1.9 cm である．土壌を剥ぎ取った地区では約 5 cm 相当，工業団地地区では 1 cm 未満に相当する結果となっており，対象とする地区の土地の利用形態が，空間線量の低減効果においても，除染に伴って発生する除去物の量にも影響している．

一方，このモデル事業では，除染に当たる作業者の被ばく量についても計測を行っている．モデル事業のうち最も線量の高い地域で，最も被ばく線量の高かった作業員が，5 年間同じ作業に従事すると仮定した場合には，作業者の 5 年間の線量が 116 mSv となり，100 mSv という限度を超える例があることが示されている．なお，除染作業者の被ばく管理については，従来からの電離放射線障害防止規則（電離則）では想定されていなかったため，特措法の全面施行による除染の本格化を前に，「除染電離則（略称）」が新たに制定されている．

2011 年度後半から 2012 年度にかけて行われたこうした一連の試行的な事業を経て，除染は本格実施段階に入り，除染事業における除染手法の効果についてのまとめも行われている（環境省，2013b）．また，帰還困難区域を対象とした除染モデル実証事業の結果も報告されている（環境省，2014a）．除

染事業の規模，範囲の拡大に伴って新たな課題も顕在化しつつあるが，本章では現在進行形の問題であることを指摘するにとどめる．

9.5 除染を行うべき汚染水準と除染後の目標水準

(1) 除染対象とする地域と除染目標の決定

　除染は，避難対象となっている地域にあっては，住民が帰還できる水準まで線量を下げること，避難対象ではないが線量が一定水準以上の地域にあっては，より安全，安心に生活できるように線量を下げることが目的である．しかし，どこまで下げることを目標におくか，そもそもどの汚染水準の地域で除染が必要なのかについては，さまざまな意見がある．

　この点は，特措法の全面施行に向けた 2011 年 9-12 月の 4 カ月弱の検討期間の主要な論点の 1 つであった．汚染の水準は，空間線量率から推定した年間の追加被ばく線量を指標として論じられるが，これは屋外で 8 時間，屋内で 16 時間過ごすと仮定し，屋内では遮蔽により屋外の線量に 0.4 を乗じた線量となるという仮定で換算が行われている．$(8+16\times 0.4)/24=0.6$ であるから，1 時間当たりの空間線量率から単純に時間の長さで換算した線量の 0.6 倍が年間の線量の指標となる．この計算法で年間 1 mSv に相当するのは 0.19 μSv/h であり，これにバックグラウンド線量 0.04 μSv/h を加算した 0.23 μSv/h が，汚染状況重点調査地域の指定の目安に使われている．

　しかし，除染の目標値は，必ずしもこの年間追加被ばく線量の値として明確に示されているわけではない．2011 年 11 月の特措法の基本方針では，20 mSv/年以上の地域を段階的かつ迅速に縮小することを目指すこと，具体的な目標は，モデル事業の結果などを踏まえて設定することとされた．年間 20 mSv 以上の地域は避難対象となっていて，国が直轄で除染を行う地域の中に含まれる．この時期は，前節で触れたモデル事業の受注者が決定したばかりの段階であり，実際にどの程度の水準までの除染が可能なのかは実施してみなければわからない，という行政の見解は，頼りなく映ったかもしれないが，むしろ正直さの現れでもあった．

一方，年間 20 mSv 未満の地域については，

ア　長期的な目標として追加被ばく線量が年間 1 mSv 以下となること．

イ　平成 25 年 8 月末までに，一般市民の年間追加被ばく線量を平成 23 年 8 月末とくらべて，放射性物質の物理的減衰等を含めて約 50% 減少した状態を実現すること．

ウ　子どもが安心して生活できる環境を取り戻すことが重要であり，学校，公園など子どもの生活環境を優先的に除染することよって，平成 25 年 8 月末までに，子どもの年間追加被ばく線量が平成 23 年 8 月末とくらべて，放射性物質の物理的減衰等を含めて約 60% 減少した状態を実現すること．

が目標とされた．

年間 1-20 mSv の地域のうち，線量の低い地域ならば，イ，ウの目標を達成することで年間 1 mSv 以下も満たされるが，相対的に線量の高い地域では，これは満たされない．年間 1 mSv は，長期的な目標として示されたものであるが，技術面，費用面での実現可能性の制約のなか，早期実現を求める住民と国や地方自治体との合意が得られていない状況がある．目標水準の妥当性もさることながら，目標水準の合意のあり方について，今後とも議論を呼ぶものと考えられる．

(2)　面的な除染と局所的な除染

特措法の汚染状況重点調査地域は，先述の通り，年間 1 mSv 以上に相当する地域について指定されることとなったが，これは必ずしも指定された地域全体の面的な除染を想定したものではない．2011 年 9 月 27 日に開催された環境回復検討会第 2 回会合では，面的な除染を必要とするレベルを年間 5 mSv（約 1 μSv/h に相当）とし，1-5 mSv/年の区域については，局所的に線量の高い場所の除染という考え方が示された．最終的に，この年間 5 mSv という値を明示することは見送られたが，線量の高い場所，区域を優先的に除染する考え方自体は合理的であろう．

なお，この年間追加被ばく量 5 mSv（空間線量率 1 μSv/h）という値は，国が除染を行う必要性を認める参照値として使われる場合がある．上記の検

討が行われていた時期にあたる 2011 年 10 月 21 日には，内閣府，文部科学省，環境省の連名で，「当面の福島県以外の地域における周辺より放射線量の高い箇所への対応方針」が発出され，周辺より放射線量の高い箇所を地方公共団体や民間団体等が発見した場合の文部科学省への通報や，国，地方公共団体による測定，除染などの対処について定めているが，その際の基準は，「地表から 1 m 高さの空間線量率が周辺より毎時 1 μSv 以上高い数値が測定された箇所」とされていた．

なお，この対応方針が発出された数日後に，千葉県柏市内の市有地において，上記の基準を大幅に上回る線量が測定され，文部科学省への通報第 1 号となった．対応方針に基づき，簡易な除染では対応できない場合の措置として，環境省への通報がなされ，環境省の要請に応じて，実態解明と除染への支援に加わった．この地点では雨水を排除する側溝の破損，土壌への雨水の浸透が直接の原因であったが，その背景には，大面積の屋根に降った雨水がこの場所に流下したことがあげられる．このため，大面積の屋根のほか，大面積の駐車場などを例示して，「放射性物質による局所的汚染箇所への対処ガイドライン」が 2012 年 3 月に環境省から発出されている．その後，東京都内の公園，川崎市の河川敷などで地上 1 m で周辺より 1 μSv/h 以上高い事例が報告されている．

9.6 除染土壌や廃棄物の保管，貯蔵，処理，処分

繰り返すまでもないが，除染によって放射性物質をなくすことはできず，人々の生活や生産活動への影響を及ぼしやすい場所から除去した放射性物質は，新たな行き先が必要となる．特措法のもとでの除染が行われる前から，線量の高い地域では，校庭や公共施設の表土の除去などの対応がとられてきたが，除去した土壌の行き先は当初からの課題であった．穴を掘って埋める，人の近づきにくい場所に積み上げるなどの現場ごとの対応のほか，特定の場所に集めて仮保管を行う，いわゆる仮置き場の設置も一部の自治体で実現している．放射性物質を含む大量の除染土壌や除染廃棄物を集めて保管するこ

とについて，周辺住民の理解を得ることは容易ではないが，仮置き場などの搬出先がなければ，面的な除染などの大規模な除染は行いにくい．国が直轄で除染を行う地域については，仮置き場を確保した上で除染が進められているが，地方自治体が非直轄で除染を行う場合，仮置き場が確保できず，除染対象とする場所に仮に埋設・保管する例も少なくない．

　特措法が成立した2011年8月26日には，除染に係る緊急実施基本方針が原子力災害対策本部から発出されていたが，そこでは，「当面の間，市町村又はコミュニティ毎に仮置場を持つことが現実的」とし，長期的な管理が必要な処分場の確保やその安全性の確保については，早急にロードマップを作成，公表することとされていた．これを受けて，2011年10月29日環境省が提示したロードマップでは，福島県と，福島県以外に分けて，処理フローが示されていた．

　ここで注目を集めるのが中間貯蔵施設と呼ばれる施設で，除染によって大量に発生する土壌や廃棄物，さらには除染以外にすでに発生してきた下水汚泥や廃棄物焼却灰などの高濃度の廃棄物を集め，一定の期間，安全に集中的に管理・保管することを目的とするものである．この施設は，当初，都道府県ごとに1カ所程度という基本的考え方が示され，9月末時点では，環境省の高官が，福島県だけではなく関東地方も含め計8都県に設けるとの発言を行っていたが，ロードマップでは福島県のみに設置との考えが示された．また，福島県分の処理フローについて，中間貯蔵施設での貯蔵は最大30年間とし，その後は県外で最終処分とされている．中間貯蔵施設については，立地選定や地元との調整が難航し，詳細は明らかではないが，土壌や廃棄物から放射性物質を分離，濃縮することで，長期間にわたって厳密な安全管理が必要となる廃棄物を減容することも想定されていると考えられる（環境省，2014b）．

　これに対し，福島県以外では，高濃度の廃棄物や，除染に伴う土壌や廃棄物は比較的少量であるとして，事故由来の放射性物質で汚染された廃棄物のうち濃度が高いもの（指定廃棄物）を処分する施設を国が整備するほかは，おもに既存の廃棄物処分場での最終処分を行う考え方が示された．その後，既存の処分場のみでは対応が困難な，宮城，茨城，栃木，群馬，千葉の5県

について，国が指定廃棄物処分場を整備する方針が示された．その候補地が茨城県，栃木県について 2012 年秋に示されたが，地元の大きな反発を招き，立地選定のプロセス自体の見直しに至っている．

　除染現場での仮保管，市町村やコミュニティ単位での仮置き場，県単位の中間貯蔵施設，その後の最終処分という段階的な過程がロードマップで提示されたが，これが順調に流れるためには各々の施設の立地受け入れが鍵となる．福島県分については，県外最終処分という方針が示されているが，その具体的目処は示されていない．そのまま最終処分場になるのではないかとの懸念から中間貯蔵施設の整備が遅れれば，中間貯蔵施設への搬出がなされずに仮置き場に長く留め置かれるのではないかとの懸念を生む．仮置き場が整備されなければ，現場保管に頼らざるを得ないが，現場保管が仮置き場と化すことを懸念すると，除染も進めにくい．中間貯蔵施設や最終処分施設の見通しが早期に立たないのであれば，結局は市町村やコミュニティごとに，除染によるメリットと，現場保管，仮置き場の受容性のバランスを判断せざるを得ない状況となる．

9.7　結語

　IAEA の 2011 年 10 月の調査団報告では，とくに森林についても言及しながら，線量低減に与える効果などから，除染の合理的な優先順位を考慮すべきことを助言している（IAEA, 2012）．一方，原子力災害被災地の住民からは，元通り生活できるようにしてほしい，元の環境に戻してほしい，といった要望が，国や事業者の責任を強く問う声とともに寄せられてきた．そうした中で，除染が進められているが，すべての汚染地について，元の生活が営める水準まで環境が回復できるか否かについては，冷静な見極めも必要である．時間がかかっても帰還したいという望みに応えて除染に最善を尽くすとともに，ある年限以内にある線量以下に除染できる見通しが立たないのであれば，新たな土地で生活を再構築する支援を行うという選択肢を準備することが必要との考えも示されている．

除染土壌や除染廃棄物の最終処分までの道のりは，実に長い．しかしその長さを憂いてスタートを切らずにいると，現在ある汚染からの影響を軽減することができない．目の前，身の回りの汚染に何とか対処できないか，という思いから，市民主導で除染活動が行われ，専門家の支援を得ながら，行政をより積極的な姿勢に転換させてきた事例も見られる．除染それ自体は放射性物質による影響を軽減するための一手段であるが，それだけにとどまらず，原発事故で失われた行政や専門家への信頼の回復も含め，より広い意味で，われわれをとりまく環境を回復させることが課題である．その道のりもまた長いことを認めざるを得ない．

第3部
福島第一原発事故からの教訓と課題

　福島第一原発事故のような緊急で甚大な災害時への対応を今後強化していくためには，放射性物質の環境動態の理解のみではなく，事故の際に人びとがどのように動いたか，今後何をすべきかを分析しなければならない．第10章では，科学と社会のあり方の課題について示す．第11章では，次世代へのメッセージのために，当時の研究者と学術コミュニティの動きをスナップショットとして紹介する．

第10章
科学者による緊急の取り組み

10.1 大規模事故における対策に必要な情報の収集と伝達

柴田徳思

福島第一原発事故に関してとられた対応から読み取れることは，
（ⅰ）政府災害対策本部や福島県災害対策本部に専門知識のある研究者が十分に配置されていれば，SPEEDIデータの活用や米国エネルギー省による航空機サーベイ結果の活用ができたと考えられ，線量の高い地域への避難は避けられた可能性があること，
（ⅱ）ヨウ素剤の配布・服用に関しても自治体ごとに異なる対応とならずに済んだと考えられること，
（ⅲ）緊急時に必要な調査のための予算措置とその適切な執行がなされたならば，放射線量等のマップ作成のための試料採取がもっと早い段階で開始でき，^{131}Iの分布マップはより精緻なものが作れたと考えられること，
などであり，対応の拙さがある．

環境へ大きな影響を及ぼす大事故に対して，事故対策は通常，政府の対策本部から自治体への連絡により進められるが，そのときの判断に専門性の高い知識が求められる場合に，どのように的確な情報を伝えるかに関する仕組みの拙さが今回の大事故で明らかになったといってよい．さまざまな大事故が発生し，政府対策本部と自治体との連携で対策を進めていく際に，専門知識が必要である場合には，必要に応じた専門分野の研究者が集結し，必要な

情報の収集を関係組織に指示して情報を集め，対策を進める組織にその必要な情報を伝えて対策に真に活かすことが望まれる．これには多くの分野の研究者が必要で，わが国において広い分野の研究者を含む組織は日本学術会議であるが，事故対応に素早く対応できる組織ではない．必要とされる組織に求められることは，

（ⅰ）大事故を想定した情報の収集と伝達に関する訓練を行うこと，

（ⅱ）政府，各省庁，各自治体との連携が密であり，相互信頼が確立していること，

（ⅲ）どのような情報が必要になるかを検討し，平常時の情報収集を関係組織に指示すること，

（ⅳ）関係組織が行う情報収集に必要な予算の手当ての方策をもっていること，

（ⅴ）新しい知見を対策に取り入れる努力を日常的に行うこと，

などが挙げられる．

次節以降に，「分野横断的研究の必要性」，「事態の科学的説明と不確実性の説明，検証の重要性——IPCCからの教訓」，「非常時の科学者情報発信「グループボイス」」，「科学者からの自律的情報発信はどうあるべきか」を記載する．これらの報告と議論の中に，わが国に求められる「大事故対応にあたり専門的情報を事故対策へ活かすための組織」のあるべき姿への有用なヒントが含まれている．

10.2　分野横断的研究の必要性

大原利眞

福島第一原発事故から3年が過ぎたが，未だに放射性物質による環境汚染問題に対して解決の糸口すら見えない状況にある．放射能汚染は，時空間的な広がりの点でも，人の健康や生物・生態系に与える影響の大きさの点でも，また，さまざまな環境が汚染されているという点においても，きわめて深刻な環境問題，新たな公害問題である．国内における多面的な科学力を結集し，

国際的な力も借りて，この環境問題の解決に立ち向かう必要がある．本節では，今回の放射能汚染によって惹起された分野横断的研究の必要性・重要性を示すことにより，環境汚染問題に対応するために，さらには今後の被災地復興のために必要な科学のあり方を考えたい．

(1) 事故によって明らかになった研究の課題

　日本の科学者・科学組織は，福島第一原発事故による放射能汚染という深刻な環境問題に対して，正面から向き合う必要がある．本書の各章で触れてきたように，事故発生直後から多くの科学者が，土壌，森林，海洋，生物・生態系等における放射能汚染の実態解明に献身的に取り組んだ．また，第2-5章に述べられているように，大気や海洋へ放出された放射性物質の量や広がりを明らかにする活動が実施された．これらの活動は，激甚な環境問題に立ち向かう気概に燃えた地球環境研究者の真骨頂が示されたといえるであろう．これらの初期の活動は，個人や研究室といった小規模で自発的な草の根活動からはじまり，次第に組織化されていったことは第11章に示す通りである．日本の社会全体が重苦しい雰囲気に覆われているなかで実施されたこれらの先進的な活動は，被災地の復興に大きな役割を果たしている．一方，環境汚染の深刻さ・広がりからすると，研究全体の取り組みはまだまだ弱く，きわめて不十分といわざるを得ない．その弱点の1つとして，分野横断的な研究の取り組みにおける不十分さが挙げられる．

(2) 動態解明に向けた分野横断研究の必要性・重要性

　今日の環境問題は複雑な多様性・多重性を有しており，そのマルチ構造を認識して研究を進める必要がある．今回の放射能汚染は，その典型的な問題事例といえよう．とりわけ，以下の3つの構造軸が重要である．
　（ⅰ）現象の時空間スケールの複層性（マルチスケール）
　（ⅱ）さまざまな環境媒体間での相互作用（マルチメディア）
　（ⅲ）影響の多面性・重合性（マルチエフェクト）
　（ⅰ）に関しては，放射性物質が，空間的には原発周辺のローカルスケールから，東日本スケール，さらには北半球スケールまで大気中を広がり地面

に沈着したこと（空間的なマルチスケール性），時間的には，事故直後の大気中の放射性物質による短期被ばくと ^{90}Sr や ^{137}Cs のような半減期の長い物質による長期被ばくの影響を受けること（時間的なマルチスケール性）からも明らかである．また，（ⅱ）に関しては，環境中に放出された放射性物質の実態を把握し，動態を解明して，今後の動向を予測するためには，大気，土壌，森林，河川，湖沼，海洋などの多様な環境での放射性物質の挙動を理解することが重要であり，そのためには，多媒体環境モデリングと多媒体環境動態計測の統合が求められる．（ⅲ）については，さまざまな放射性核種が及ぼす異なる影響，さまざまな経路による被ばく，人の健康・生産・生活へのさまざまな形での影響といった多面性・重合性がある．そして，このようなマルチ構造は，環境中の物質循環やさまざまな環境汚染で見られる一般的な問題特性であろう．

さて，複雑な環境システム問題にアプローチするためには，「統合型の研究手法」と「分野横断の研究体制」が必要となる．ここで「統合型の研究手法」とは，観測，室内実験，データ解析，モデリング，影響評価，技術開発・評価，経済分析，政策評価などの研究手法を組み合わせて，各研究グループ間で議論と情報交換・共有することによって目標達成をめざす研究スタイルである．また，このような統合型研究を進めるためには，地球科学，原子核物理，社会科学等のさまざまな研究分野の研究者で構成される「分野横断の研究体制」が必要となる．

このようにボトムアップ型の研究アプローチは，日本の科学文化あるいは縦割り組織，既存の学問分野を反映して，これまできわめて弱かった．今回の原発事故に際しても，電力中央研究所，海洋研究開発機構（JAMSTEC），日本原子力研究開発機構（JAEA），大学などで実施された大気モデルと海洋モデルの連携，国立環境研究所における多媒体モデリング・環境動態計測の統合研究など，一部の研究機関での分野横断的研究は見られるものの，日本全体のムーブメントにはなっていない．しかし，平成24年度から新学術領域研究「福島原発事故により放出された放射性核種の環境動態に関する学際的研究」（領域代表者：恩田裕一・筑波大学生命環境科学研究科教授）がスタートした．この研究プロジェクトには，放射化学・地球化学・大気科

学・海洋科学・水文地形学・生態学・森林科学などの異なる専門分野，観測・室内実験・データ解析・モデリングなどの異なる研究アプローチの科学者が参加している．したがって，分野横断・統合型の研究アプローチによって，上記（ⅱ）のマルチメディアでの環境動態の解明が進む基礎が作られたといえよう．今後の成果に期待したい．

　福島第一原発事故のような緊急事態の場合には，政府・関係機関の緊急対応と同時に，学協会の活動が重要である．第11章で見るように，地球惑星科学連合と各学会では，緊急事態に対応するために科学者への緊急活動を呼びかけ，多くの活動が実施された．しかし，そのほとんどが手弁当であり，政府の緊急調査とも十分な連携をもつような仕掛けが存在しなかったのが問題であった．本来このような事態を避けるための司令塔的機能は日本学術会議が担うべきものであるが，そのための特別プロジェクトと運営をサポートするような予算と体制はなかった．また，科学者によって緊急の科学研究費提案がされたが実施枠がなく，1年後にやっと上記の新学術領域研究が採択され，研究組織ができた．緊急的予算公募は，唯一，科学技術振興機構による「国際緊急共同研究・調査支援プログラム（J-RAPID）」が行われている．一方，米国では，国立科学財団（NSF）による民間寄付を含めた研究予算が立てられ，緊急の船舶観測などが実現した．今後の緊急事態のために，科学者が科学研究として緊急に提案することが可能な科学研究費枠を復活させるべきである．

（3）　復興に向けた分野横断研究の必要性・重要性

　今回の大規模な放射能汚染は，学界・研究界に対して，研究分野を横断した連携によって，被災からの復興への貢献の必要性を訴えている．図10.1は，放射能汚染問題に対する研究の流れをPDCA（Plan Do Check Action）型のフローサイクルで表した場合に，どのような専門分野が関係しているのかを示したものである．

　環境汚染の実態・動態の把握には，放射線科学はもちろんのこと，理工学の広範囲な研究分野が関係する．影響の評価や低減対策のためには，これらの理学系の研究分野のほかに，放射線医学や公衆衛生学などの医学系分野，

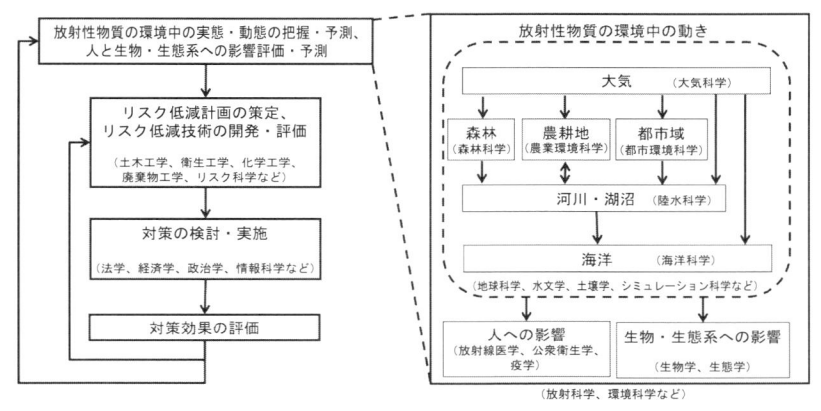

図 10.1　放射能汚染問題に対する研究の流れと関係している研究分野の例

原子炉工学，土木工学，河川工学，環境工学，廃棄物工学などの工学系分野，社会学，経済学，法学といった社会科学分野の連携が必須である．さらに，国民への情報発信，情報共有のためには，社会学や情報科学などの力が必要である．このように考えると，ほぼすべての科学分野による連携が求められることがわかる．そして，多様な研究分野を束ねるのが環境科学・環境研究のミッションである．それにもかかわらず，このような分野横断による研究連携が今日においても未だに不十分である．この事実は，日本の学術研究分野の保守性，あるいは，環境科学・環境研究の未成熟さを示しているのかもしれない．このようななかで，平成 23 年 11 月に環境放射能除染学会が，「環境放射能の除染に向けて国際性を持った総合科学的学術団体」として発足し，多くの基礎科学，および応用科学の参加のもとで分野横断的活動を開始した．このような学問分野の垣根を越えた研究活動が日本全体で活性化することを祈念するものである．

　チェルノブイリ事故は，原子力発電所等の事故によって環境中に放出された放射性物質の影響に関する多くの知見・教訓を残した．同様に，今回の福島第一原発事故によるさまざまな影響を科学的に解明し，その知見と教訓を後世に残すこと，世界に発信することはわが国に課せられた責務である．そのためにも，前述のような研究を進めて環境影響の全容を解明することが重

要である．

　さらに中長期的には，多くの自然科学者・社会科学者の参画のもと，将来の原子力関連事故をはじめとするさまざまな人為・自然災害に備え，突発的に発生する環境影響を最小化することを目的として，災害によって発生する環境影響の予防策・減災策，発生直後の機動的な対処，問題解決に至る方策に関する諸知見を体系化し，災害環境研究を進める必要がある．また，災害発生時に人を守るために，モニタリングネットワーク，予報・予測システム，専門家派遣に関する初動体制などの構築，リスクコミュニケーションに関する知的基盤整備なども重要な課題である．

10.3　事態の科学的説明と不確実性の説明，検証の重要性
——IPCC からの教訓

中島映至

　福島第一原発事故の一連の事態において問題になったのは，信頼できる情報とはなにかということである．たとえば，SPEEDI の計算結果は官邸まで届いていたが，官邸側ではこれを信頼できる情報として扱わず，速やかな発信を行わなかった．3 月 23 日になってやっと計算結果の一部が公表された．毎日，発信されるようになるのは，それから 1 カ月後の 4 月になってからである．この間に，放射性物質の流れる方向に避難した住民が被ばくを受けている．

　このような官邸側の判断には，不用意な情報を流すことによるパニックや風評被害の発生を未然に防ぎたいという政治判断があったと思われる．モデル計算の誤差を熟知している気象の専門家からも，当時，モデルシミュレーションやその結果の発信には慎重な意見も出ていた（日本気象学会，2011）．モデルには誤差を伴うために，もっと複雑な気象条件であったら SPEEDI の結果も間違っていたかもしれない．不確実な情報の発信は現場の混乱と二次被害を引き起こす可能性がある．そのために気象予報においては長い気象業務上のトラブルの経験から，気象業務法によって気象庁の許可なく気象予報を発することができない仕組みが作られた．

一方で，後に観測結果で検証してみると，SPEEDIはほぼ適切に当時の放射性物質の高濃度プルームの実態を再現していた．結果論になるが，SPEEDIの結果も参考に避難経路を策定したら，被ばくの程度を減らせたはずである．SPEEDIのような科学的研究成果に基づいて作られたモデルから得られる結果には，当時の気象条件を反映した科学的根拠があるわけだから，そのような情報なしで判断するよりも，判断を間違える確率は減ると考えられる．また，SPEEDIの結果が発信されることのない状況のなかで，根拠に乏しい知見がネット上で飛び交っている当時の状況で，タイムリーな科学的情報の発信を市民が必要としていたことも事実である．

　それではよりよい情報発信システムを作るにはどうすればよいのだろうか？　その1つの案として，たとえば学術会議のような科学者組織のなかに，次のような甚大な災害等に関わる緊急対応委員会を設けることを提案したい．
　（ⅰ）委員会は緊急時に起動し，学術会議の課題別委員会および学協会に対して対策に役立つ知見の集約を呼びかける．政府との間に緊急政府対策懇談会を設定し，国家的対応への積極的な学術界からの支援を行う．
　（ⅱ）集約した知見は，関連の委員会とともに専門家が集約し，専門家が共有すべき知見（知見A）と，広く一般に発信すべき知見（知見B）に分け，それぞれの知見の発信につとめる．知見Aは緊急政府懇談会へ提出し，事後の対応を含めて十分にフォローアップも行う．知見Bに関しては不確実性の情報を含めて，丁寧な説明を一般に行う．

　このようなシステムによって，研究活動によって得られた知見をセカンドオピニオンとして専門家と政府が利用できる有効な道ができると思われる．同時に，専門家による精査を通すことによって，誤差情報と説明を伴った質の高い情報発信を一般に対してできる．

　誤差情報の発信は，とくに重要である．このことを考えるために，天気予報について考えてみる．天気予報で「本日は晴れです」とだけ気象庁が発表して，実際には雨が降れば，天気予報を聞いた人は怒りだすかもしれない．そこで，気象庁では確率天気予報を1980年に導入している．つまり，天気予報には誤差があることをきちんと説明した上で，天気予報に降水確率を付与する．科学的知識には不確実性が伴うことを受け手側にも理解してもらっ

た上で，受け手の行動決定に科学的知識を役立ててもらう考え方である．今では受け手側の市民も天気予報の確率を考慮した上で，傘をもっていくかを判断している．どうしても濡れたくない大事な服装で出かけるときなどは，降水確率が低くても傘を持参するだろう．雨を気にしない人は確率がかなり高くても，傘をもたないかもしれない．誰も天気予報が晴れといったはずだと怒りだす人はいない．

　このように誤差を伴うが社会的に大事な科学的知見を発信する場合には，不確実性の目安を同時に発信することが一般的になりつつある．物理学の世界で正式に物理法則と認められるには 99.99% 以上の精度が必要だそうである．それ以外は仮説ということになる．現象の再現が難しい地球を対象とする地球科学の知見の場合には，もっと大きな不確実性を伴っている．

　地球温暖化現象の研究では，「気候変動に関する政府間パネル」（IPCC；Intergovernmental Panel on Climate Change）＊ による評価報告書の作成において，この問題が詳細に議論されている．そこでは，不確実性を記述する言葉として 3 つの言葉が定義されている．すなわち，不確実性が定性的に評価される場合には，証拠の量と質の相対的感覚（提案や意見が真実あるいは妥当であるかを示すための，理論，観測，モデルからの情報量）と一致度（特定の発見についての公表文献間における一致の度合い）で示す[1]．

　表 10.1 に過去の気候変動にかかわる放射強制力＊要因に対する IPCC 第四次報告書での評価を示す．ここでは，放射強制力を生み出す要因の評価に関する不確実性を示すために，証拠に関して十分（A），中程度（B），不十分（C）であるか，またさまざまな文献間の一致度に関して高い（1），中程度

---

[1] データやモデル・解析結果に関する正確度に関する専門家の判断を使って不確実性がより定量的に評価できる場合は，発見が正しいことを評価する可能性を表すために，非常に高い信頼度（少なくとも 9 割），高い信頼度（8 割程度），中程度の信頼度（5 割程度），低い信頼度（2 割程度），非常に低い信頼度（1 割以下）を使う．特定の結果の不確実性が，証拠物に関する専門家の判定と統計的分析を使って表される場合は尤度を用いる．すなわち，ほとんどありそう（99% 以上），きわめてありそう（95% 以上），非常にありそう（90% 以上），ありそう（66% 以上），どちらかというとありそう（50% 以上），ありそうもない（33% 以下），とてもありそうではない（10% 以下），きわめてありそうもない（5% 以下），ほとんどありそうもない（1% 以下）．誤差範囲は 5-95% の範囲で示す．

表10.1 放射強制力の評価に関わる気候変動要因の不確実性評価（IPCC, 2007）

要因	証拠	一致度	LOSU	確実なもの	不確実なもの	放射強制力範囲の論拠
LLGHGs（長寿命温室効果ガス）	A	1	高	過去と現在の濃度，分光学知識	あるガス種の産業革命前の濃度，対流圏での鉛直分布，微量気体の分光強度	さまざまな観測データセットからの傾向評価の不確実性と放射伝達モデルとの差
雲アルベド効果（全エアロゾル）	B	3	低	観測事例，航跡雲，大循環モデル結果	全球の放射強制力の直接的観測	公表されたモデル値と，人工衛星データを考慮した場合のモデル値の差
太陽放射照度	B	3	低	過去25年間の観測値，太陽活動度の代替指標	代替指標データと全太陽照度データの関係，オゾンの間接効果	報告された太陽照度の復元値の範囲とその定性的な評価
メタンの酸化に伴う成層圏水蒸気	C	3	極低	経験的簡易モデルによる評価，分光学知識	水蒸気の傾向に対する他の要因の影響	与えられていない
灌漑に伴う対流圏水蒸気	C	3	極低	プロセスの理解，分光学知識，いくつかの地域での情報	全球への注入	与えられていない
飛行機雲	C	3	極低	巻雲の放射的・微物理的特性，航空機による排出量，ある領域での飛行機雲の雲量	飛行機雲の巻雲への発達過程，巻雲への航空機影響	与えられていない
宇宙線	C	3	極低	いくつかのモデルによる因果関係，関連するプロセスの若干の証拠	放射強制力の量的評価，強制の結果起こる相互作用の説明が困難	与えられていない

(2)，不十分（3）を示してある．これらの2つの指標を総合して，科学的理解度（LOSU：Level of Scientific Understanding）が5段階（高，中，中低，低，極低（評価しない））で定義されている．評価によると，現在では，長寿命温室効果ガスの放射強制力の評価は高い理解度にあり，メタンの酸化に伴う成層圏水蒸気，灌漑に伴う対流圏水蒸気，飛行機雲，宇宙線の影響に関する理解度がきわめて低いことがわかる．

さらに，IPCC評価書におけるこのような結論の記述に至るには，専門家および政府による査読が2回行われている．この査読システムでは，記述内容をまず専門家や政府関係者に公表して，それに対する批判や意見を集約し，もう一度執筆に反映する．このような手続きによってできるだけ記述の誤りを減らし，漏れのある情報をすくい上げようと努力している．また，記載内容が客観的な科学的知見に限られるように，社会が温暖化対策で取るべき意思決定を示唆するような価値観を含めた記述は含めないように決められている．

　それでもなお，2007年発行の第四次評価報告書にはいくつかの不適切な記述が混入し，批判が起こった．これを受けて，IPCCでは2010年に，評価システムについての国際レビューを行い，より厳密な評価プロセスを導入した．すなわち，根拠となる評価資料の厳選と出典の明確化，不確実性の言葉の徹底，メディアとの適切なコミュニケーションの確保，より多くの社会対話，利害者排除原則の確立などが加わった．

　以上のことは，社会的に関心が高い科学的知見の発信には，できるかぎりの検証と不確実性に関する説明がきわめて重要であることを示している．結論からいえば，検証に多くの時間をかけない科学的知見については，受け入れられにくいということである．IPCCでは，20年間にわたる検証と評価システムの透明性確保の努力をした上で，評価報告書が作られてきた．その結果，温暖化現象に対処しようという社会的行動が起こりはじめた．

　SPEEDIに関わる今回の情報発信問題では，緊急事態であったこと，初期段階では激烈で予測不能な核爆発が起こったかもしれなかった事情を考えると，上記のような時間をかけることのできるシステムのすべてを当てはめることは難しい．しかし，今後の事故の備えのためには重要な示唆が含まれていると思われる．まず，SPEEDIの結果にどれくらいの不確実性があるかがわかっていれば，官邸の判断は変わったかもしれない．天気予報の場合では，気象庁によって，予報モデルの結果と観測された気象場を総合的に解析しながら判断を行っている．当時，アメダス地上気象観測網がダウンしていてSPEEDIの計算結果の確実性の裏が取れなかったという言い訳があるが，衛星データもあるし，気象予報モデル結果もあったわけだから，気象庁等から

専門家を招集してチームを作れば，当時の風の状態とSPEEDIの計算結果を総合的に判断して，確度の高い避難経路を設定できただろう．現在の気象予報はアンサンブル気象予報に基づいており，初期の風の場や温度場の誤差の影響を考慮してモデルを数十回実施することによって，計算結果の不確実性も把握している．今後は，これらのデータの分析から不確実性も含めて数値計算結果の情報を解析・発信するシステムを作るべきである．

さらに最近の気候モデリングでは，複数のモデル結果を利用するマルチモデルアンサンブル手法によって，個々のモデルのもつ癖をできるだけ客観的に評価しようとしている．SPEEDI以外の複数のモデル結果があれば，セカンドオピニオンとして役立つはずである．JAEAではSPEEDIの後継モデル（WSPEEDI*やSPEEDI-MP）が開発されていて，動力炉・核燃料開発事業団の火災爆発事故（1997年3月），東海村JCOウラン加工工場臨界事故（1999年9月），三宅島の火山性ガスの拡散プロセス（2000年8月）などの解析にも適応されて成果をあげている．このようなモデルや，大気汚染物質の輸送モデルなどの緊急の転用によって，事故発生から1-2週間程度で研究用の複数のモデル結果が得られていた．したがって，これらのモデル結果を政府がセカンドオピニオンとして利用するシステムがあったならば，有用な情報源になっていたと考えられる．

10.4 非常時の科学者情報発信「グループボイス」

横山広美

（1） グループボイスの提案――ワンボイスの限界を乗り越える

東日本大震災を受け，緊急時の科学的情報発信のあり方が問い直された．とくに，放射性物質の拡散を予測するSPEEDIのデータが公開されなかった折，研究者の各個人のシミュレーション結果をウェブ上などに公開しないように呼びかけた日本気象学会の対応は，本来的には非常時の政府の一元的な掛け声をさまたげないようにという科学者として誠実な対応だったが，情報隠蔽であるなどの偏った報道により批判を受けた．また，SPEEDIと同様

のシミュレーションが可能だったかもしれない研究者がどのようにふるまうべきだったかについても多くの議論が行われた．しかし未だ，具体的な提案は多くない．

また，科学者の声を1つに統一して発信する「ワンボイス」の必要性も議論された．しかし一方で，ワンボイスによって有用な意見が排除される可能性があることや，研究者集団の声をワンボイスにまとめることはそもそもできないのではないかといった意見も多い．

本節では，非常時にどのような条件がそろえば研究者が有用と思われる情報を発信し，よりよく社会に貢献できるかについて考察する．さらに具体的な手法について提案を行いたい．

(2) 2つの関門──「法整備」と「責任の所在」

研究者が社会に有用な情報を発信する際に，クリアしておかなければならない2つの条件がある．緊急時の法整備を進めること，さらに，研究者が情報発信をする際の，責任の所在を明確にすることである．

1つは，法整備である．気象学会の情報発信はそもそも，気象業務法に違反するのではないかという懸念があった．気象業務法は気象業務に関する基本的な制度を定めており，第17条には，「気象庁以外の者が気象，地象，津波，高潮，波浪又は洪水の予報の業務（以下「予報業務」という．）を行おうとする場合は，気象庁長官の許可を受けなければならない．」と定められている．国家が危機に瀕する際に，法律違反になるからという理由で行動できないようでは困る．何かしらの対処が必要であろう．

震災後，広島市に住む中学生がNHKの放送を「多くの人の助けになるのでは」と動画配信サイト「ユーストリーム」に流した．ツイッターで瞬く間に広がり，テレビを見ることができない多くの人が情報を得ることができた．本来，これはNHKの著作権を侵害した違法行為である．しかしユーストリーム関係者もNHK職員も，迷いながらも少年を支援，その後，NHKもこの行動を是認した．上記の放射性物質拡散の情報とは状況が異なるが，非常時に柔軟に動くための法的な措置は必要である．

第2は責任の所在を明確にすることが必要である．研究者が個人で，ある

いはグループで通常の研究発表の範囲を超えた放射性物質拡散のシミュレーションを行って発表する場合，その責任の所在はどこにあるのだろうか．研究者が所属する大学や研究所がその責任を負うのは適当ではないであろう．ましてや，研究者個人が責任を負うことは不可能だ．著者はその後の調査活動によって，研究者が自由に情報を発信できない理由の大きな原因は，責任の所在がはっきりしないことであることに気づいた．責任の所在は，政府以外にはない．そこで，研究者が情報を発信する際には，所轄官庁との綿密な連携を行い，官庁の責任のもとで発表することが望ましい．

　震災後，大阪大学と東京大学の原子核物理の研究者を中心に，土壌の放射線を測定するグループが立ち上がった（第11章参照）．これは任意の団体として，迅速に行動を開始し福島入りして測定を行うと同時に，自治体や文部科学省とも調整を続け，その成果は文部科学省から放射線量マップとして公開されている．

　このグループは当初から文部科学省と調整を重ね，測定を行いデータの発表を行った．調整に時間はかかったが，結果的にデータを発表したのは文部科学省という位置づけになった．つまりデータおよびその発表の責任の所在は，個々の研究者やグループではなく，文部科学省という省庁にあるとしたのだ．

　このような危機時に，責任の所在をはっきりさせデータを発表していくことは不可欠である．政府および省庁は，こうした事態に備え，政府・省庁が責任をもち研究者のデータを公表する場を議論しておくことが重要である．また，研究者も，個人やグループ，大学や研究所および学会などを責任の所在と考えるのではなく，政府・省庁に責任を付託した形で発表することを念頭に置くべきであろう．

（3）　ワンボイスではなくグループボイス

　震災後，専門家による統一された声，いわゆる「ワンボイス」あるいは「ユニークボイス」の必要性と可能性が議論されてきた．しかし，日本の科学者を代表する日本学術会議であっても，低線量被ばくに関する見解を出すにあたって委員の声をワンボイスにすることが難しかったと聞く．結局，会

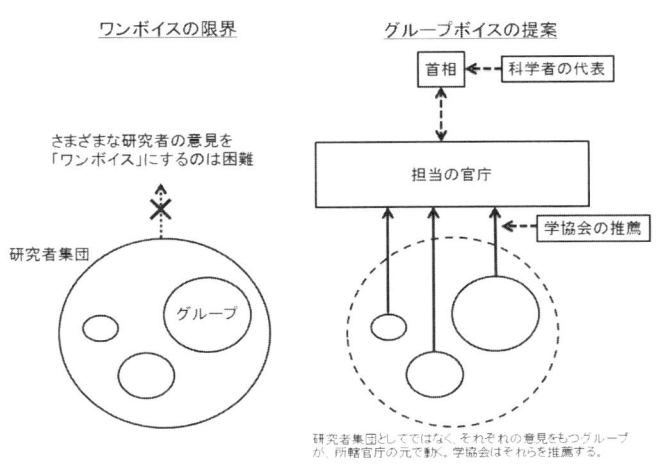

図10.2 ワンボイスからグループボイスへ

長の談話としての発表となっている．

そこで，ここでは現実的な提案をしたい．具体的には2段階の情報発信を提案する．

1段階目は，ワンボイスならぬ，「グループボイス」である．ここでは，学術コミュニティ全体を通じてのワンボイスにせずとも，志をともにする研究者グループが，グループとして情報発信および提言を行っていく活動を指す．

原子核物理のグループが連携し，福島の土壌調査を行ったことは，常日頃，議論している研究コミュニティの自発的，迅速な行動は可能であることを示したよい例であろう．こうしたコミュニティによる有機的な連携，グループによる「ボイス」が，いくつも出てくる状態は結果的に望ましいであろう．グループによって，データも少し変わるであろうし，逆に，同一のデータが複数のグループから提出されることでデータに対する信憑性が高まる効果もある．原子核物理のコミュニティの場合，人数も限られていることからグループがいくつも立ち上がったという状況にはならなかったが，分野によっては複数のグループが動いても不思議はない．

もちろんこれは，グループに参加しない個々の研究者の発言や発信を妨げ

るものではない．多くの個々の研究者の発言はむしろあったほうが，議論は進むであろうし，そうしたなかによい提案も多く含まれるであろう．しかし一人では，できることも限られるし，またデータ分析および解釈にも偏りがでるであろう．ある程度の一般性をもたせるためにも，個々の研究者よりはコミュニティとして結束して動く方が望ましい．

　危機時に情報交換できる範囲は限られる．上記の原子核物理の研究者集団の場合，被災地に近い東北大学のメンバーは，自分たちができることは限られているので，測定の活動は関東および関西が中心になって進めてほしいと伝えたという．場合によっては九州や四国方面の大学で別グループができていたとしても不思議ではないかもしれない．

　しかし，こうしたグループが数多く出てきた場合，受け皿となる省庁も対応しきれないであろうし，また社会から見てもどのグループがどのような特徴や信頼性をもつのかわからない．そこで，情報発信の2段階目として，グループの信憑性を評価し，省庁の判断を後押しするのに機能する団体が必要である．それは，学会や協会，日本学術会議など，グループが所属するコミュニティの代表が適切であろう．各種グループから出てきたデータや解釈の比較を，学協会のウェブページに整備すれば，多くの人に活用されるであろう．

　どのような非常事態が起こるか，事前に予測するのは難しい．もちろん，システムとして整備をしておくことも必要であるが，そのときどきに柔軟に対応することも必要である．ここで提案したようなモデルは，あくまで理想であるが，次の非常時に，研究者からのボトムアップの情報発信が迅速に行われることを期待したい．

（4）　首相の脇に有能で信頼できる科学者を

　非常時に，欠かせないことがある．それは，トップマネジメントを行う首相のすぐ脇に，有能で，首相からも信頼を得ている科学者を配置することである．東日本大震災後，菅元首相は東京工業大学の専門家を次々と呼び寄せた．東京工業大学は菅元首相の母校である．その分，首相の信頼を得ていたといえよう．

アメリカでは1979年に設立された連邦緊急事態管理庁（FEMA）という組織が，ハリケーンや地震など自然災害に対する危機管理を行っていた．しかしブッシュ政権下でテロ対策に関心が向き，国土安全保障省が設置されると，FEMAもそのなかに吸収された．近年のアメリカは，テロ対策にばかり関心が向き，自然災害への対応が手薄になるのでは，という懸念をもたれているという．

　このFEMAという組織が非常によく機能した時期があった．それはクリントン政権下，ウィット氏が長官を務めた時期だった．ウィット氏はクリントンに直接意見できるような立場の人物であると同時に，きわめて有能，カリスマ性をもち，クリントンから得た信頼がいかに大きかったか，という点について関係者が口をそろえて賞賛している（浅野，2010）．

　東日本大震災後，日本にもイギリスのような科学顧問を置くべきだ，という議論が行われ，実際，それに向けて準備が行われている．ぜひとも必要だと思うが，ただ置くだけでは機能するとは限らない．FEMAも異なる長官の下ではうまくいかない時期もあったようだ．組織としては人で左右されるようでは困るが，しかしそれでも，首相との信頼関係を深める活動をこうした立場に立つ人々は心がけなければならない．

（5）　結び

　東日本大震災の後，筆者の周りでは，社会に役立つ情報をもっているのに，それを活かすシステムがないことに焦りを感じている研究者が多くいた．法整備を行い，責任の所在を官庁にゆだねて，研究者としてできることをできるだけ行うシステムがあれば，状況は少し異なったのかもしれない，とも感じる．直接的にどこまで役立つことができるのか，その評価は難しいが，社会に役立とうと奮闘する研究者たちが多くいることを見れば，少なくとも，科学者や研究者に対する信頼は，いまとは違っていたかもしれない．

　東日本大震災でできなかったことは，おそらく次の大災害時にもできない．できないことを推し進めるのではなく，できることを整備していく方が建設的である．研究者の力を緊急時にも効率的に役立てることができる整備を期待している．

10.5 科学者からの自律的情報発信はどうあるべきか

今田正俊

　2011年の震災と原発事故のとき，切迫した事態に有用な情報や考え方を示してくれるはずだと一般国民から期待されていた気象や地震などの学問分野の人々の沈黙や混乱，遅滞は，世の中に大きな不信と失望を引き起こした．信頼性のないことをいうわけにはいかず，わからないことはわからないのだという態度を堅持することは，科学者精神そのものであるという考え方もできる．しかし問題はそう簡単なことではなかった．

　科学のもう1つの精神に，自由な思考に基づいて仮説を積み重ねながら，考え得るあらゆる可能性を吟味し，自己の信念のみに基づいて発言するという理念がある．残念ながら気象庁，原子力安全委員会のような公益的な現業組織*（以下，現業組織と略記）だけでなく，気象・地震・原子力などの分野の研究者，科学者のレベルからも，研究者コミュニティとネットワークを駆使して，事態を把握し対処しようという熱気を，少なくとも私のようなコミュニティの外部の者は感じることができなかった．むしろ異様な沈黙と不可解な統制が，当時の専門家コミュニティを支配しているという印象を多くの国民は受けた．

　2011年の震災と原発事故の後に日本に起きた事態と，上に述べた科学者の対応（現実にはかなりの場合無対応だったこと）は，日本における科学・科学者と，それらが社会に関わる社会制度や，国家からを中心とする科学への財政上の支援のあり方との間に，いくつかの大きな欠陥と矛盾を抱えていることを明らかにした．従来の想定を超えるような大災害や，緊急事態（想定を超える事態というのは，いつでも起きる可能性があり，実際起きてきたことを歴史は教えている．科学は人間の想像力に限界があることも，歴史のなかで人間に教えてきた）が起きたときに，本来，大災害や緊急事態に対処しうると多くの国民が期待していたSPEEDIや気象庁などは求められる有用な情報提供ができず，柔軟な対応が取れなかったばかりか，本来の定めら

れた業務の範疇には入らないという理由で，機敏な対応と情報公開を行わなかった，と多くの国民は感じた．SPEEDI や気象庁も想定された範囲内でのルーチンワークはきちんとこなしたという見方があるかもしれないが，相当の財政的支援を受けてきた機関に対して，国民が素朴に期待してきたことは，緊急時には機動的に，ルーチンの枠を超えても，そのときの科学技術の最高水準での対応があってしかるべきであったということである．しかし，現業は業務として課されているルーチンワーク以上の事態には対応することができないこと，時の政治に振り回されやすく，使命感をもって果敢に挑む科学者精神を現業者集団に求めることはできないということを，大多数の国民は知ることとなった．

　原子力・エネルギー，気象分野などのそれぞれの現業組織のその後の自律的検証や自ら顧みる言及を，まだ十分な形で見ることができないことは残念なことである．「安全神話」などの根拠のない仮定のもとに安住してきた「ムラ」の体質が，震災後も何ら変わっていないのではないかという懸念もまだ続いている．しかし本節の主題はそのことではない．

　より深刻な問題は，異様な沈黙と統制が現業機関に属さない科学者・研究者のなかにも見られ，それがおよそ科学の基本精神とはかけ離れたものであったことである．一般には誤解されているかもしれないが，国の委員会を含めた現業従事者は職務としては科学者とはいえない．重要な情報発信が可能であるのに，ルーチンやマニュアルにないから発信しなくてよい，あるいは情報発信の影響が大きすぎるのではないかという心配のために沈黙するという，日本の現業組織のもつ特性に近い雰囲気が，現業従事者ではない科学者にも蔓延していたように専門家外からは見える．これが国民の最大の不信と失望の原因の 1 つとなった．

　では，想像していた以上の社会の緊急かつ重大な事態が生じたときに，これに柔軟に対処できるしたたかな仕組みは，どうすれば創り上げることができるだろうか？　少しでもしたたかな仕組みを作り得るとしたら，その仕組みのなかで科学者が果たせる役割はあるだろうか？　緊急事態に柔軟に対処する能力があると国民が夢想していた現業組織が対応できない事態にあっては，プロであるはずの現業組織ですら対応できないのだから，科学者は沈黙

するしかない，ということになるであろうか？

　現業者がルーチンをこなすことに手一杯となり，国民の真に求めている情報や事態の把握に直結する情報を提供しない，あるいは提供できない場合に，問題に対処できる能力をもっている者がいるとしたら，それは同分野の最先端の科学者・研究者群以外には考えられないであろう．危機に対処しうるのは（仮にできるとするなら），その分野の科学者が結集して知恵を出し，緊密な連絡を取り，時の政治からの独立性も保ちながら，そのときの最先端のノウハウを使った対処を試みられるような仕組みによって機能する組織しかないであろう．

　科学者は，これは自分の本来の業務ではないといって逃げるであろうか？本来科学者は自己の信念に基づいて行動すべきであり，またそれが科学の真髄でもある．したがって，ある分野の科学者すべてに危機対処のための軍隊的な規律を課したり，統制を課したりすることは，緊急時といえども，科学の精神を放棄することを意味する．しかし一方，自由な発想に基づいて，使命感をもって事態に向き合おうとする科学者が，現業組織の守備範囲を超えた問題への対処に参加する活動を，コミュニティの外部なり周囲の者や，ましてや上部機関の管理者が妨げたり抑制したりすることは，それ以上にあってはならない．その一方で，そのような自由意思での科学者の活動が，緊急時において，てんでばらばらに行われ，信頼性の程度もばらばらのまま，さまざまな活動や発言が乱立することは，むしろ有事への対処に混乱をもち込むだけになることも十分にあり得るだろう．

　このような混乱を避けるだけでなく，効率的に，柔軟に事態に対処するためには，各分野のコミュニティの中で志あるものが，平常時から相互の信頼性，予測や観測，実験の不確実性等についての認識を共有することが必要不可欠である．そのときになって初めて行動を起こしても，混乱を増幅するだけであろう．

　では，このような活動と準備を，現業者が近くにいる学会が主導することができるだろうか？　本来ならば，学会というものはこのような活動を率先して行うことを国民から見れば期待したいところである．しかしながら震災後の経験を経て，「学会」が現業組織の利害をも代表する性格をもつ場合が

多いことを考えるとき，今ある「学会」がすべて緊急時の科学的活動を主導できると考えるものは少ないであろう．また，学会は当該分野の研究者の総意を代表するものであるべきだと考えるならば，危機に際して現業意識と同じ発想で「本来業務」を超えることはすべきでない，不確実性があることに関わるべきではないというかなりの数の「研究者」の意見があるときには，「学会」はそのような意見にも目配りすべきだという考えもある．

　このような考え方や現実事情があることも知った上で，それでもルーチン的な現業的対応では対処しきれない緊急かつ重大な問題や危機に対して，したたかに対処できる社会を作るために，科学者が役割を果たせるとしたら，どのような組織形態と体制があり得るだろうか？　しかも，科学者は日常的には各自の先端研究を進めることをなりわいとしている．この一見相容れないような危機に対処しうる仕組みと科学の独立自由を両立させる組織を作らなければならないということになる．現業に近い研究分野にあっては，基礎研究者といえども，「学会」とは別に，意志をもつものが結集し，有事の事態への対処を行うという，いわば予備役か志願者の有志集団（コミュニティ）を組織し，プロトコルを整備し，この待機しているものの組織が日常的にも活動をしているという形態を作り上げること以外にはないように思える．さらに，この形態に加えて，社会からは，この有志の集団に一定のサポートと信頼を与える仕組みを創ることが，有事に強いしたたかな仕組みとなり，緊急重大事の助けになると考えざるを得なくなる．この強くしたたかな仕組みを支えるためには，現業者と現業組織が有する豊富なデータとネットワークが，機敏かつ効率的に利用に供されるような環境整備や，制度，権限が必要となる．さらに，この志願者・有志集団の対処能力を日常的に吟味，評価して，そこから発信される情報の信頼性を批判的に検証するとともに，そこからの情報発信を保護する仕組みも必要となる．

　2011年の有事—震災と原発事故—に際して，十分に有効な仕組みはなかったにもかかわらず，個人レベルでのいくつかの英雄的な活動はあった．これらは高く評価されねばならない．しかしそれが組織的な活動につながった例は大変少なかったために，対処はどうしても後手，後手に回ることになった．また「パニック」や「混乱」を避けるためという名目で，さまざまな緊

急の活動や行動を統制して抑え込もうとするような，信じられないような動きがあったこと，その結果，何もしないことを奨励することになり，個々の研究者の躊躇や「自粛」，事なかれ主義的な発信規制につながったということも伝え聞く．これらの迷走ぶりは，すべて，平常時における科学者群に支えられる人的ネットワークと，あるべき情報発信のプロトコルが，もともと整備されていなかったことに起因している．

　科学者の本来あるべき姿のままに，萎縮や自己規制，統制を生まずに，平常時とあわせて緊急時にも，その当時の最高の専門性を活かした貢献が，科学と科学者から社会に対して行われるためには，より高い見識に裏打ちされた科学・技術的知見の集約とその発信を行う中立・独立した組織が存在する必要がある．この組織がエンジンとなって研究者の連携を促進強化し，現場の研究者・科学者へのサポートとアドバイスを行い，研究者および情報発信環境の保護，行政と異なる立場からの現業・産業へのアドバイスを可能にする仕組みの構築が行われる必要がある．なぜなら，対処する問題は複合的な問題であり，現場の科学者・研究者からの視点をまとめ上げ，現場からでは包含できない俯瞰的なビジョンが必要だからである．

　本来，科学は，自由と競争，実験的検証を経ることによる対立の止揚と発展を享受しながら多様性を保持することと，各研究者の科学的良心のみに基づいた何ものにも縛られない発言と活動を生命線としている．当然情報発信もこの多様性と自由を保持しつつ進められるべきであり，情報発信を行う中立・独立した組織が科学者に対する統制や抑制を行う組織であってはならない．不確実さ，対立する意見があるときに，シングルボイスではなく，できうる限り信頼性も担保しながら，多様な考え方を伝えられるようにしておくことは重要である．

　一方で短期的に緊急な対処を必要とするような事態，あるいは多大の国民的利害が関わる問題にあっては，各科学者の自由な情報発信に加えて，信頼度の高い情報が何であるか，どういう選択肢がそのときの最高の専門性と信頼性から導き出されるかということを迅速に明らかにすることは重要なことである．大震災と原発事故に際して，現在の科学技術水準に照らして，最高の専門性と知見，機動性と協力によって事態を解決しようとしていたとは到

底いえなかったことが，国民の不信が増大した最大の原因であった．高度の専門性を活かした柔軟な対応のためには，意志をもった第一線の科学者が結集し，信頼度の高い情報を選別整理しうる機能をもった，行動する組織の存在が不可欠であろう．

　もちろん，この組織においては情報公開および行政とのつながりのプロトコルの確立も必要である．政治的に決定する必要のある問題は，科学者から提示された（複数の）見解を参照しながら，最終的にはあくまでも行政・政治レベルが責任を負って決定すべきものである．その決定の妥当性を独立な科学者組織が後に検証し，後代のために役立てる仕組みが整備されることが望ましい．

　一方で，現業組織に対しては，先端研究を取り込む必要という観点からも，また現業が利害によって硬直化する可能性があるということから考えても，科学者が独立した立場から適切なアドバイスを行うことが望まれる．

　前述の中立・独立した組織は科学者が科学的良心に基づいて活動，発言するときに，攻撃や統制から保護する役割も担う必要がある．国民への重大な影響があり得る問題で，かつ不確実性が存在する問題に対して，そのときの最高の科学的水準で科学者が発言することは，問題の解決や軽減に資すると考えられるが，その不確実性故に，発言に対する無限責任を負わされたのでは，真に科学的な立場からの発言は不可能になる．またこのような最高の専門性からの発言は，十分な法律的な検討，社会的な影響の深慮を経て，また国民の信頼を得るための長い努力の道のりを経て，初めて受け入れられるものとなっていくことも指摘しておかなければならない．

　このような科学者・研究者の有志からなる組織および中立・独立した組織は，本来，日本学術会議に要請される責務である．しかし，日本学術会議の現体制は，ボランティア活動としての色彩が強く，現時点では日本の科学技術を牽引する強いリーダシップを発揮できているとは言えない．その大きな原因として，日本学術会議の財政的困難もある．このような現状と要請を踏まえると，研究分野に応じ，必要に応じて現場の科学者・研究者の情報発信組織が自律的に構成，構築されていることを前提に，各分野における現場の科学者・研究者組織の情報発信に対して，この信頼性を平常時から吟味，評

価し，科学情報発信を推進し，高い見識に裏打ちされた科学・技術的知見の集約とその発信を担う組織が本来ならば必要であろう．現状の学術会議とは異なり，理想的にはこの組織にはしっかりした財政的なサポートがなければ，研究の先端性を取り込み，急発展するネットワーク機能を取り込んだ真に有効な働きはできない．科学者集団が科学的根拠を検討して，政府などから独立に意見を表明する場が日本にはほとんど皆無である．これはアメリカ，イギリスなどのシステムとは好対照であり，日本の科学の底の浅さ，伝統のなさを示す実例とも解釈できる．

　情報発信の高い信頼性を担保するためには，錯綜する膨大な情報に科学者が自由にアクセスでき，緊密，透明かつ詳細な情報の共有を可能とする科学情報の収集と，緊急時にも耐える堅牢な情報発信環境も必要となる．とくに国民的な利害の大きな問題について，信頼性の高さを評価しつつ，多様な情報に専門の研究者から一般国民までがその段階に応じて容易にアクセスし，参照し合える環境は必要である．すでに述べたように国家予算の相当部分を占めるようになった科学技術活動と，それによって爆発的に増大する科学情報を，科学を財政的にも支える国民の理解のもとに発展させるという長期的な大きな課題と，この問題は密接につながる．DIAS（Data Integration and Analysis System）のような試みはあるが，十分に機能するには至っていないし，災害緊急時に役立つシステムという段階ではない．災害・緊急時や国民的利害の大きな問題での透明性・信頼性の高い迅速な情報発信の仕組みは，省庁の縦割りなどの枠を超え，すぐにも整備される必要のあることである．

　今のままの学術会議と現業組織につながる学協会だけでは，今まで述べてきた構造的，根本的問題に対処しきれないということを述べてきた．学術会議には相応の活動と展開を期待したいし，ここに述べた新しい考え方に立った組織と強い連携があることが好ましい．また，学会の連合体としての学術会議の限界にも留意することも必要である．しかしそれを超えて，新しい組織と体制を整備し，英知を集めて科学者からの自律的情報発信を可能にしていく努力が求められている．この科学情報発信を担う新しい組織は，現業組織とその周辺の学協会についても批判的に検証し，あらゆる利害関係から一線を画してそれらの活動をコーディネータとしてチェックすることも求めら

れる．このような新しい科学界の潮流を創ることは，未曾有の震災，原発事故を経験した日本の科学者に求められる．日本発の，科学者からの情報発信として，また災害に強いしたたかな社会を支える枠組みとして位置づけることができよう．

　最後に，緊急時対応について当たり前のことであるが，一言注釈を加えておく．災害時，緊急事態が生じたときに，第一陣として動き出さなければいけないのは，災害・緊急時対応専門のプロの部隊である．そこですぐに科学者が何かできることはほとんどない．またそのような体制を作ることも本来あるべき姿ではない．科学者ができることは，この危機対応システムが機能しうるか，最先端の科学技術の成果を十分取り入れるものとなっているか，信頼性の高い情報であるかを平常時において監視チェックし続けることである．数分，数十分を争うときの対応システムが最新の科学を反映した信頼性の高いものになっているかを平常時に検証，審査，助言，サポートするということである．

　　この小論は，筆者の参加する，学術会議「計算科学シミュレーションの情報発信検討小委員会」での議論，および，計算科学研究機構連携推進会議「計算科学から社会への情報発信のあり方に関する検討ワーキンググループ」中間報告などをもとに，個人的見解も含め，筆者の責任でまとめたものである．両委員会での委員の方々との活発な議論に感謝する．

第11章
福島第一原発事故にかかわる緊急活動とメッセージ

　本章では，福島第一原発事故にかかわる緊急活動と，研究者・学術コミュニティの動きを紹介する．一連の緊急活動では分野を超えた歴史的ともいえる活動も生まれた．それらの動きとその活動のなかで感じられたこと，将来に向け考えられたことが順不同で述べられている．次世代へのメッセージとなれば幸いである．

11.1　福島大学からのレポート

渡邊　明

　福島大学は，福島県内唯一の国立大学法人として，震災と原発事故の最前線に位置し，その対応をしてきた．しかも，原発事故で一般環境中に放出された放射性物質によって，大学という公共施設のなかで，最も高い高線量率を記録した．ここにはその危機管理に関わった実態の一部を残し，より安全な社会構築に向けた思いを記した．

　2011年3月11日午後，ある会議終了後のコーヒーを飲んでいるさなか，今まで経験したことのない大きな揺れに襲われた．14時46分，残されたコーヒーは室の絨毯にまかれ，テーブルの下にもぐり，揺れがおさまるのを待った．1978年の宮城沖地震等多くの震災を経験したが，これまでの地震とは異なり非常に長い時間であった．

　大学の危機管理を預かる立場から，早急に施設課に向かい，安全確認を依頼したものの，余震のすごさで室内に留まることができず，屋外退避の指示

を出した．その後も続く余震のさなか屋外退避の連絡とエレベータなどで閉じ込めがないかどうかを確認するうち，約1時間が経過した．学内にいた百数十名と翌日の大学入試後期日程試験の会場下見に来学していた親子が中央広場に集まり，15時30分頃自宅帰還を指示した．また，帰宅困難者に対する避難所の開設を行い，食糧と水の配給をはじめた．

　大学周辺のアパートには約2000名の学生が居住しているが，春休み期間であったため，在住者は150名ほどであったが，食糧，水の配給が必要であった．大学は上下水道が破損したものの，電気が使え，テレビで情報を集めることができた．まるで映画を見ているような現実離れをした津波災害の様子に加え，東京電力福島第一原子力発電所事故の深刻な情報が飛び込んできた．しかし，放射能漏れやメルトスルーなど，この時点では想像もつかず，早期に冷却機能が働くものと思い，主として危機対策本部は地震対応を行っていた．当面の安全確認と後期入試の中止を決定した後，危機対策本部に関わる職員以外には3月15日までの自宅待機を指示した．

　大学の校舎は天井の落下が数カ所あったものの，大きな損傷はなく，外見では安全が確認された．交通はいたるところで寸断され，その回復は4月下旬までかかった．また，ガソリンの供給が止まり，8時間並んでも手に入れられない状況が3月下旬まで続き，通勤に支障をきたした．

（1）　深刻化する福島第一原発事故

　福島第一原発が冷却機能を喪失し，深刻な状況に陥っているニュースが続く．3月11日21時23分，原発から半径3km地域の避難指示が出され，地震よりも原発事故対応が深刻化する．徹夜で避難者受け入れの対応をする一方で，震災による大学構成員の安否確認をするため災害対策本部会議を午前，午後の2回開催し，今後の対応を検討するものの，原発事故の推移が大きな課題になってきた．

　12日15時36分に1号機が爆発する．水素爆発がどのようなものか，放射性物質は漏れていないのかどうか懸念する．夕刻出された10km圏内の避難指示が，1時間足らずで20km圏内へと拡大した．夜になって（20時41分）水素爆発は格納容器の爆発ではなく，放射性物質の外部への放出は

変化していないとの見解が政府から出されるが，どの程度の範囲に，どのくらい放出されたのか全くわからない．大学の中でも避難指示が出された場合の検討を開始した．原子炉の冷却機能は目途が立たず，素人でも再臨界（原子爆弾の爆発のような現象が起こると思っている人が多かった）を懸念し，避難準備についての不安が集中する．

　そして，14日11時1分に3号機がまた水素爆発を起こす．そして2号機の冷却水が不足し，危機的状況にあることが報道される．15日0時，2号機のベントで水蒸気が放出される．6時10分，2号機に大きな衝撃音がし，格納容器が破壊．7.3気圧あったものが11時25分には1.5気圧に低下し，放射性物質を含む水蒸気が漏れたことが報道されるものの，依然ただちに人体，健康に害を与えるものではないとの政府発表が続く．しかし，15日11時に20 kmから30 km圏内が屋内退避域に指定され，作業員の撤退と併せて，原子力発電所で働いている人たちから家族へ電話やメールで遠くへ逃げろと伝えられ，国道114号線の渋滞が報道された．

　こうした状況のなか，ある自治体対策本部から「避難している114号線の飯舘村付近で線量が高い」との噂が流れているとの連絡が入り，その理由を問われた．NOAA HYSPLIT＊モデルによる輸送計算をはじめる．地上発生高度海抜50 mで，福島第一原発から9時にスタートの空気塊の流跡線は，見事に19時頃福島市上空に到達．大学で唯一私のところにあったGM線量計の表示に合う結果が出た．しかし，この計算では飯舘村の高線量はうまく説明できなかったが，発生高度300 m，放出時刻を15時とすると飯舘村の中心を通ることも判明した．

　16日の大学の危機対策本部会議には17日の輸送予測を行い，さらなる事態が発生すれば放射性物質の到着時刻は予想でき，屋内退避指示で被ばくを避けることができることを説明するが，すでに周囲は高線量となっていて居住そのものに懸念が及ぶ．大学に残る学生を少なくすることがよいとの判断からその帰宅支援を行い，交通網がある程度動きはじめた仙台，新潟，那須塩原の3地区に学生を送る準備と，近隣学生の帰宅要望調査を開始した．

　3月17日いよいよ冷却状態が深刻な状況を迎え，ヘリコプターによる注水が開始されるが，成功している様子はない．午後アメリカ政府から80 km

圏内にいるアメリカ人への退避勧告が出され，60 km 圏内に位置する大学の危機対策本部の移転先を検討すべきとの意見が強くなる．国任せの避難でよいのかどうか議論が集中する．夕刻ようやく自衛隊による核燃料プールへの給水が開始され，東京消防庁の決死隊にも似た特殊車両による給水作業が事態の深刻さを示す．しかし，被ばく状態については「ただちに健康に影響するものではない」との政府見解が流れてくるだけで，環境放射能の情報はない．

　19 日，理工系教員から空間線量率測定が提案され，福島市内の 2 km メッシュのデータ測定の準備がはじまる．線量計の調達を福島県と調整し，5 台の線量計を借りることができた．20 日には 4 号機燃料プールへの特殊車両による冷却水の注入が成功し，ややほっとした気分になった．23 日，LP ガスタクシーを 5 台チャーターし，空間線量率の測定が開始された．すでに飯舘村には大学の研究者が入り高線量が計測され，避難をすべきとの報道がなされる一方，国際原子力機関（IAEA）が立ち入り，異なったデータを発表，さらにもう 1 つの研究機関が放射線量の計測結果を発表し，そのたびに値が異なる．測定器の差異や測定高度が異なっていたのだ．そうした状況から，このモニタリング調査では計測器を高さ 1 m の路上に限定し，2 km メッシュで計測することになった．

　3 月 23 日，米国エネルギー省（DOE）が，3 月 17 日から 19 日にかけて米軍の無人航空機を用いて福島第一原発周辺の放射線量を測定した結果が公表され，空間線量率分布が SPEEDI の予測結果と類似していることが報道されて，SPEEDI の有効利用問題が出される．しかし，DOE の計測もライン状で福島第一原発から北西方向に高線量域が伸びていることを示すだけで，地上での空間線量率との整合性も問題になった．

　3 月 27 日福島大学放射線計測チームの計測結果がまとまる．その結果が図 11.1 である．DOE がとらえた高線量域と一致しているだけではなく，20 km から 30 km 圏内の屋内退避地域で高空間線量率域を示している．その結果をまず避難行動に役立ててもらうために各自治体に伝えることにした．浪江町では津島支所の高線量率域にいた人々の避難説明に使われた．また，福島県などでは行方不明者の捜索などの行動計画に利用することができた．国

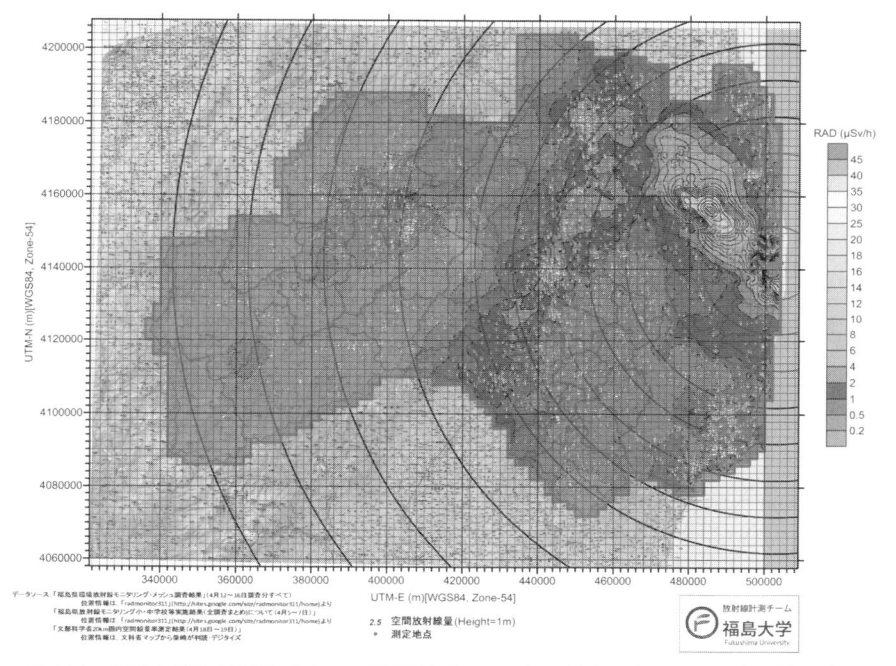

図11.1 福島大学放射線計測チームが観測した2011年3月末の高度1 mの空間線量率分布に，4月12-16日の調査，福島県放射能モニタリング小・中学校等実施結果および文部科学省20 km圏内空間線量率測定結果を含めて2011年6月17日に発表したもの（カラー口絵10参照）

の避難区域の見直しにも役立つ結果となった．まさに最前線の仕事であった．

福島第一原発では商用電源による冷却ポンプが起動しはじめたものの，4月に入っても安心できる情報は流れてこない．一方，線量計の導入が進み，次第に各地の空間線量率が報道されるようになった．大学でも3 μSv/h前後の値を示すものの，授業を開始するためには安全性の確認と，交通網の回復が不可欠である．空間線量率の変化から減衰曲線を計算し，外挿して5月になれば1 μSv/h以下になり，安全が確保されると考えたが，減衰曲線の減衰は次第に鈍り，計算通りに減少しない．当然，核種の同定がされておらず短半減期の放射性物質の量も不明であったためである．

こうしたなか，バイサラ社や東京大学の支援申し出があり，第3章3.7節

に示したようなさまざまな観測を実施することができた．東京大学の鶴田治雄氏によるハイボリュームサンプラーの設置は，学校の窓の開閉の影響や暑いさなかカッパやマスクを着用したりして被ばくを恐れている人々へ，その影響を実際の測定データとして直接提供できたことは大きな力となった．また，雨水の放射性物質の計測やハイボリュームサンプラーの時間のかかる計測支援を大阪大学篠原厚氏や東京大学アイソトープ総合センター桧垣正吾氏が引き受けてくれた．こうした取り組みはさらに拡大し，東京工業大学吉田尚弘氏によるインパクターフィルターを用いた粒度別ハイボリュームサンプラーは，問題になった花粉と放射性物質の関係を示す有力な実績データとなった．

　4月に入り，福島市ではほぼ予定通り小中学校，高校の授業が開始される．父母の不安や，登下校時の環境の汚染，校舎の窓の開閉問題や体育の授業等屋外での活動制限などが課題になる．放射性セシウムの多くが土壌表面にあることがわかり，被ばく線量低減のために表土剥離が開始される．集めた表土は青いシートをかぶせて校庭の隅に置く工事がはじまった．そんななか「天地返し」や「ピット方式」の実験を行った．剥離した土壌を埋設するピット方式では，50 cmの覆土で線量率が10分の1以下になることを示し，学校での標準的な被ばく低減策として提案した．このピット方式を附属の幼稚園，小学校，中学校，養護学校で実施し，おおよそ$0.2\,\mu Sv/h$前後になるものの，地表より高所で高線量率を示すという結果が出た．周辺を広く除染しなければ，周辺からの影響で簡単には事故前の線量率には戻らないことを実感した．

（2）　福島からの想い

　福島第一原発事故から3年以上が過ぎた．事故直後から国，自治体の関係者，研究者が入りさまざまな実態調査がなされてきたが，どれだけそれが被ばく低減や，事故対策に役に立っているのだろうか．自分の仕事を含めて考えさせられる場面が多い．低線量であっても戻らない住民，とくに40歳以下の若い住民の帰還は少ない．低線量であっても，そこに終息していない原子力発電所があること自体，不安で戻れない現実がある．20年早く高齢化

社会が進んだと表現する町もある．放射性物質の汚染による自治体の崩壊，避難等による職場の崩壊，家族の崩壊，除染の実施の有無や保管場所による近隣トラブルなど，原発事故はさまざまなクラスターを崩壊している．

今回の事故を受けて，私たちの社会は，どれだけ安全対策が強化されたのであろうか．津波の予測高が変更になり，護岸工事が補強された．原子力発電所の安全テストが実施され，避難区域も見直された．そして，経済産業省の所轄であった原子力安全・保安院が環境省に移され，原子力規制庁に変更になった．だが，福島第一原発事故で使用済み核燃料プールが破損し，燃料だけが集積し，再臨界を起こす可能性はゼロではない．想定外が許されないのが福島の教訓である．

事故現場では日々修復作業が試行錯誤で行われている．しかし，プラント建設のように，日々，ワーキングブレークダウンを行い，修復作業を1つ1つ確認しつつ実施している様子はない．そもそも事故前に確かな技術の伝承に基づく運営がされていれば，想定外の震災津波でもこのような事故には至っていない．また，下請け，孫請け，ひ孫請けの構造や，重要な原子力災害時の避難行動計画やSPEEDIまでもが，本来の所管部署でもきちんと理解されていない実態がある．廃炉作業中に再臨界が発生し，再び大量の放射性物質が放出されたとき，3.11の教訓はどのように活かされるのであろうか．どのように改善されたのであろうか．進まぬ安全対策に，構造的な安全音痴を懸念しているのは私だけではない．安全神話はこうした構造から生まれているのである．

11.2 学術会議と学協会の取り組み

中島映至，柴田徳思，髙橋知之

事故当初，政府が進める対策に協力する方法がほとんどわからないままに，全国の研究者は試行錯誤で支援のための調査や作業を開始した．福島大学による福島県土壌調査は3月14日にははじまっており，このようなボトムアップの活動が，政府によるトップダウンの対策とともに，いかに重要であっ

たかを物語っている．しかし一方で，このようなボトムアップの努力が，政府の対策に十分に取り入れられなかったことが，わが国の意思決定システムの問題点でもあった．この時点でこれらの活動について振り返り検証することは，後世にこの問題を伝えていくためにも重要であろう．

　学術コミュニティの司令塔ともいうべき日本学術会議と各学協会の役割は重要であった．第21期日本学術会議は，2011年3月18に日本学術会議緊急集会「今，われわれにできることは何か？」を開催し，緊急対応に必要な専門家の意見交換を行い，日本学術会議幹事会声明「東北・関東大震災とその後の原子力発電所事故」を公表した．その後，東日本大震災対策委員会を設置し，3月25日に提言「東日本大震災に対応する第一次緊急提言」を発出した．それに続き，多くの提言，報告等を取りまとめてきた．

　10月以降は，第22期日本学術会議となり，東日本大震災復興支援委員会および，東日本大震災に係る学術調査検討委員会が設置され，審議，調査，提言等の活動を行っている．とくに，総合工学委員会・原子力事故対応分科会には原発事故による環境汚染調査に関する検討小委員会が設置され，その下に大気モデルに関するワーキンググループおよび初期被ばく関連データ発掘・収集ワーキンググループが設置された．モデルに関するワーキンググループでは，放射性物質の輸送に関するモデル結果の提供を世界に呼びかけた．現在では寄せられた9個の領域大気モデル，6個の全球大気モデル，11個の海洋モデル結果の比較解析が進んでいる．初期被ばく関連データ発掘・収集ワーキンググループは，今回の事故において，さまざまな個人・団体が測定したデータのなかに，公衆の被ばく線量のより正確な評価に寄与する有用なデータが存在している可能性があることから，そのデータ収集のために設置されたが，データを測定したという事実を記録として留めて後世に残すということの社会的意味の観点も含めてデータを収集することとし，放射線・放射能測定データアーカイブズワーキンググループとして改組した．このワーキンググループでは，データの発掘と整備に関して検討が進められ，データの発掘に先立ち，どのような種類のデータが存在するのかを把握するため，22学協会の協力を得てアンケート調査を実施した．データの散逸・埋没化を防ぐための呼びかけやデータの収集方法，収集したデータの継続的な管理，

運用方法等が課題となっている．

　各学協会でも緊急の集会，調査，情報発信を行ってきた．3月15日には日本放射化学会から観測が呼びかけられた．3月17日には日本地球惑星科学連合・大気海洋・環境セクション・プレジデント談話によって，緊急支援への協力の訴えが国内外に発出された．4月20日には核物理分野の研究者と地球科学の研究者による検討会が開かれ，後に「環境放射線核物理・地球科学合同会議」とすることとした．これらの広範な研究者グループは，文部科学省に大規模な調査と研究の実施を働きかけた．海洋観測についても，日本海洋学会が震災対応ワーキンググループを4月中旬に組織し，学術船による船舶調査がはじまった．4月から7月にかけて，日本地球惑星科学連合，日本気象学会，日本海洋学会，日本分析化学会，日本地球化学会，日本放射化学会が研究会や講演会を開いた．8月にはゴールドシュミットコンファランスにおいてFukushimaセッションが立てられるとともに，会合において日本地球化学会会長の海老原充，欧州地球化学会会長のBernard Bourdon，国際地球化学会会長のSamuel Mukasaによる共同声明が出された．

　これらの活動によって徐々に全国の地球科学分野の研究者のネットワークが形成されはじめた．その結果，科学研究費（新学術領域研究）（代表・筑波大学恩田裕一）が提案され，2012年6月に採択された．研究者による最初の緊急科研費提案から実に1年が経過していた．ボトムアップ型の研究プログラムはその他に，米国国立科学財団の緊急予算（NSF-RAPID）等と呼応した日本の科学技術振興機構（JST）の「国際緊急共同研究・調査支援プログラム（J-RAPID）」があり，2011年4月18日に公募を開始している．

　これらの事実を振り返って感じることは，1つ1つの独自活動がだんだんと結びついて，徐々に力を発揮するようになってきたことである．また政府の活動では十分に手が回らなかった国際社会への発信も，学術コミュニティが大きな役割を担ってきたといえる．その過程で，文部科学省非常災害対策センター（EOC）との議論もはじまった．現在では，これらの研究によって多くの観測データとモデルシミュレーション結果が蓄積されている．このことは，研究者は緊急事態にあたっては鈍重であるが，それはあきらめることを意味するのではなく，粘り強い研究活動の維持によって，大きな力を発

揮できることを意味している（中島ほか，2011）．

このような活動は今も息長く続いている．2012 年 3 月には日本化学会による「福島第一発電所事故から 1 年：環境放射線（能）モニタリングデータの検証」研究会，同じく 3 月に日本原子力研究開発機構（JAEA）公開ワークショップ「福島第一原子力発電所事故による環境放出と拡散プロセスの再構築」，2012 年 11 月には「Fukushima Ocean」国際ワークショップ，2013 年 1 月には米国気象学会による「福島特別会合」が開催されている．

続く 3 つの節で各学術コミュニティにおける活動を紹介する．

11.3 大気科学と放射化学の震災緊急対応調査

鶴田治雄，中島映至

物質輸送モデリングの分野では，大気汚染物質の輸送モデルが急遽，有志によって改修されて福島原発事故のシミュレーションが開始された．大気中に放出された放射性物質は気体または粒子，あるいは気体から粒子に変換されながら大気中を輸送されており，広域での拡散過程は最新の大気汚染モデルによってよく再現される（第 3 章参照）．もし，複数のモデル結果が研究者から提供され，気象庁等による専門家チームが気象場とともにこれらのモデル結果を解析していたら，対策におおいに役立ったと思われる．しかし，ボトムアップによって算定されたモデル結果のいくつかは世界に発信されたものの（Morino *et al.*, 2011；Takemura *et al.*, 2011），対策で十分に利用されることはなかった．

事故当初，多くの地球科学研究者が「今，取得しなければ永遠に失われてしまう試料とデータの確保」のために，次の 2 つのグループが並行して緊急調査を開始した．今回の福島第一原発事故における緊急対応として，日本放射化学会では，会員が作るそれぞれのグループで可能な放射能測定を中心とした活動を呼びかけた．その後，学会ホームページ（HP）を通じての会長声明によって，より活発に各種活動が続けられた．3 月 15 日から関係者に呼びかけ，高エネルギー加速器研究機構（KEK），理化学研究所，金沢大学，

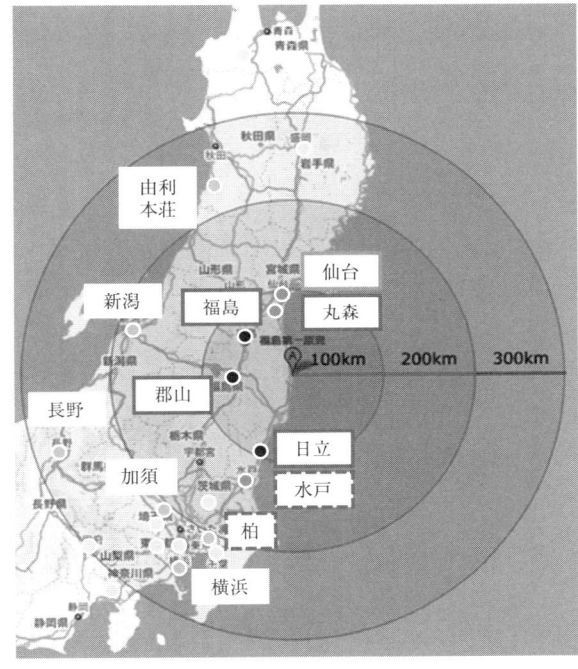

図11.2 日本地球惑星科学連合の緊急放射性物質調査研究チームによる観測点
第2期の観測地点は2011年8月まで実施され，その後は宮城県丸森町（仙台から移転），福島，郡山，日立の4地点で継続中．なお休止地点は，2011年5月まで実施された．

新潟大学，名古屋大学，大阪大学，徳島大学，九州大学などで大気中の放射性核種の測定が開始され，3月22日から九州大学の百島則幸氏（日本放射化学会理事）を中心にデータのチェック体制を取り，公開を開始した．同時に，日本放射化学会および日本地球化学会と日本地球惑星科学連合の連携による，大気中の放射性核種測定が開始された．そして，大気（エアロゾル）試料を緊急に採取するための機器やフィルターの購入や，放射性核種の分析，土壌プロジェクト（後述）への参画などが必要であり，文部科学省に緊急科研費を申請したが認められなかったために，ほとんどの研究が研究者の手弁当とボランティアで行われた．福島県と農林水産省主導による農地土壌調査の測定についても，日本放射化学会への依頼があり，学習院大学と東北大学電子

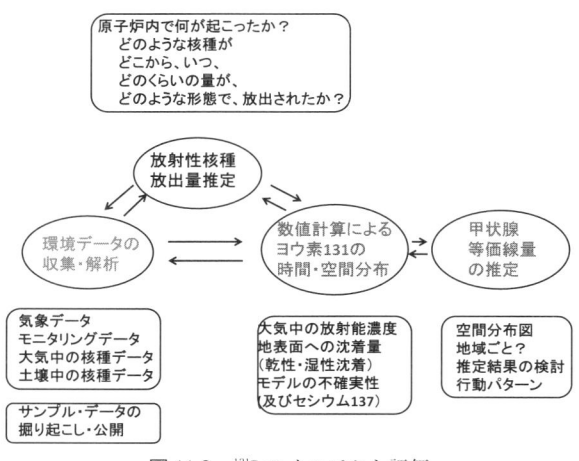

図11.3　^{131}Iのインパクト評価

光理学研究センター（大槻 勤氏のグループ，当時）を通した対応が行われた．

　これらの草の根の活動は，日本地球惑星科学連合の緊急放射性物質調査研究チームに発展して，福島第一原発を取り囲む広範囲な地域で，大気エアロゾル中の放射性物質の多点観測（図11.2）が実施された．現在でも4地点で長期変動を測定中である（鶴田・中島，2012）．現在，これらの個々に収集・測定されたデータの散逸を防ぎ，データの収集を広く進める努力が行われている．

　内部被ばく量の評価にとって最も必要とされているのは^{131}Iのデータである．しかし，その半減期は約8日と短く，リアルタイムで計測されない限り，データを得ることができないために，利用できるデータが非常に限られている．そのようななか，福島県内での大気中の^{131}Iの連続測定データは，NHKと元理化学研究所の研究員だった岡野眞治氏による調査によって発掘に成功した（NHK報道，2012，2013）．その解析が，東京大学（中島，鶴田）と海洋研究開発機構（JAMSTEC）（滝川雅之）によって行われ，大気中の^{131}Iの流れの状況や，茨城県立医療大学（佐藤斉）による等価被ばく線量の試算が行われた．このような取り組みは，その後，これらのデータやその後

公開されたデータをいかに活用するか，また，その他のデータの活用などを含めて，原子炉内部の状況に詳しい元日本原子力研究開発機構（JAEA）研究員の田辺文也氏も加わって，図 11.3 に示すような方向で，チームを組んで全員で検討を進めている．

さらに埋もれたデータの発掘を進める必要がある．そのなかには，福島県等において事故直後に行われたスペクトルデータや，自治体が有する多数のベータ線吸収式大気浮遊粒子状物質（SPM）自動計測機で使用された試料の分析から得られる ^{137}Cs の 1 時間ごとの時系列など，事故直後の放射性核種の大気中の挙動を知るために重要なデータが得られつつあるので，その解析が急がれる．

11.4　海洋上での緊急震災対応調査

植松光夫，河野　健，津田　敦

福島第一原発事故により，放射性物質が海洋に運び込まれ拡散していった．陸上の放射能汚染調査にくらべて，海洋の汚染状況を把握するのは，装備の整った研究調査船を用いて調査する必要があり，船や乗船者の確保も容易ではない．また，わが国で，海洋試料の放射能計測の経験があるが，測定可能な設備のある研究室は限られていた．大気を経由して降下したり，原子炉から直接放流されたり，放射能汚染を受けた海水が時間とともに拡散することは，太平洋に面する国々への不安をかき立て，国際的な大きな問題に繋がることにもなる．これらの海洋調査は，迅速にかつ広域に行わなければならなかった．わが国だけではなく，国際的な観測体制が不可欠であり，米国研究者を中心に，国際共同海洋調査航海が行われた．本節では，文部科学省が海洋放射能に対して取った調査，日本海洋学会を中心とした海洋科学研究者がどう対応したか，国際的な調査航海にどう取り組んだかを紹介する．

（1）　文部科学省による「海域モニタリング計画」の実施

　　地震から 11 日後の 2011 年 3 月 22 日，文部科学省は「海域モニタリング

計画」を発表し，放射性物質の海洋拡散の調査に着手した．これを受けて海洋研究開発機構（JAMSTEC）では，学術研究船「白鳳丸」をただちに福島沖 30 km に派遣し，モニタリング調査を開始した．調査船派遣の指示があったのは，3 月 21 日の午後，晴海出港は 3 月 22 日，調査開始が 3 月 23 日である．観測点は，過去に海洋生物環境研究所（海生研）が実施していたモニタリング点に準じて設定され，実施内容は，海水採取，大気塵採取，空間放射線量率測定と決められたが，これらがすべて整理されたのは 3 月 21 日夜であった．あいにく「白鳳丸」は調査航海を終え観測機材はすべて陸揚げした後で準備の時間はなく，海水サンプリングは，船内に装備されている表面採水くみ上げポンプの配管からの採取のみとなった．線量計などの機材や消耗品は，3 月 21 日の夜間にありあわせのものが集められ，3 月 22 日に JAMSTEC 横須賀本部沖合で積み込まれた．不十分な情報のもと，いかなる事態にも対応できるように経験豊富な者が夜間に呼び出され乗船が指示された．このなかには放射線取扱主任者も含まれていた．一刻も早く福島沖の状況を国民に知らせることが第一の目的と説明されており，とるものもとりあえずの出航であった．採水作業に伴う作業員の線量限度基準などの安全対策は，専門家を交えて策定し作業開始直前に指示された．採取した海水や大気塵のサンプル引き渡しのため，毎日ひたちなか港に入港していたが，不足がちの消耗品はこのときに補充された．また，放射線防護の専門家が途中から乗船し，船内で説明会が実施された．大気塵採取のためのエアーサンプラーやフィルターホルダーも途中から日本原子力研究開発機構（JAEA）で通常使用されているものが積み込まれた．このように最初のモニタリング航海は綱渡りのような状態で実施されたが，結果的には放射線量などは危険な状況ではなく，作業は滞りなく行われ，採取したサンプルは，毎日，JAEAに引き渡された．この海水は即時分析され，翌日には文部科学省から発表されていた．

　乗組員や乗船者に過度のストレスを生じさせないよう，特定の船舶を長期間連続してモニタリング行動に従事させないという配慮から，30 km 圏でのモニタリング活動は，「白鳳丸」のあと，「みらい」，「かいれい」，「よこすか」と船を替え，5 月上旬までの間に計 4 回実施された．「みらい」以降は，

採水装置を搭載することができたため，採水層は表面と海底付近の2層となった．また，そのときどきの情勢により，観測点は徐々に増え，最終的には16点となった．そして一部の測点では採泥も実施するようになった．

初期のモニタリング行動は，研究者から見るとさまざまな面で異例といえる．まず，震災から間もない時期であり，海面には多くの大型漂流物があった．そのため船舶の活動は日中に限られていた．放射能への対応も初体験である．たとえば，調査船のトイレは海水を流しているが危険はないのか，また，機関冷却海水ポンプのストレーナに溜まったゴミを定期的に除去するが，危険ではないのか，など細かい点にも懸念があった．さらには，行動中に高濃度汚染水が再度放出されてしまう，再度爆発があるかもしれない，などという不安もあった．

通常の観測航海は，研究者が独自の目的に基づいて観測計画を立てる．そのため，何をどう観測するかについては船上において独自に判断が可能である．しかし，今回の行動はそうではない．そのため，放射能測定用の海水サンプルは何リットル必要か，容器は何を用いるか，サンプルには酸を添加するのか否か，添加するとしたら硝酸か塩酸か，濃度と添加量はどの程度か，大気塵サンプルは何分間吸引を行うのか，荒天時にはどの測点を優先するか，など逐一指示を仰ぐ必要があり，調整には時間を要した．また，消耗品調達には常に悩まされていた．しかし，これらの課題も時間の経過とともに解決されていった．緊急調査の航海であったため，研究者の目から見れば不十分なこともあったであろうが，事故直後であったことも考慮すれば，必要な社会貢献は果たせたものと思われる．

放射性物質が薄まりつつ広域に拡散していることを受け，6月以降，モニタリング行動は外洋へと移動した．2011年度は，合計12回の航海が実施された．外洋で採取したサンプルの放射能濃度は検出限界を下げた高感度分析法を用い，文部科学省から公表された．なお，これらのモニタリング行動は海生研からの委託事業として行われた．

（2） 日本海洋学会の緊急震災対応活動

上記のような状況のなかで，池田元美（北海道大学）らが呼びかけ人とな

って，震災に関する勉強会が，東京大学本郷キャンパスで4月14日に行われた．主催者の予想を大きく超え，100人以上の人が集まり，速報としての，地震，津波，放射能汚染に関する話題提供が続いた．池田がまとめた結論としては，日本海洋学会は，震災に関する情報発信，提言などを行うべきであるとした．勉強会からの提言は，翌日15日の日本海洋学会幹事会で議論され，すぐさま震災対応ワーキンググループ（WG）が結成された．また，4月18日には花輪公雄会長声明として「学会の総力を結集し，海洋環境の現状把握と将来予測に関して，情報の収集とその発信，そして提言や調査研究計画の組織化を通じて，震災対応に取り組み社会への貢献を目指すこと」を宣言した．

　しかし，海洋科学の分野では放射能の専門家はごく少数がいるのみである．大気圏核実験が盛んだった1950年代から60年代にかけて，放射能汚染問題が注目され，この頃，日本の調査・研究体制がほぼ構築されている．しかし，その後はチェルノブイリやスリーマイル島の事故があったが，日本から見れば遠隔地であり，研究者数，部署などは次第に減り，今回の事故に対応するにはあまりにも少ない調査研究資源しか残されていないといった状況であった．また，海洋の場合，採水，採泥，生物採集，どれをとっても，ある程度の設備を備えた調査船が必要であり，やる気だけではどうにもならない部分がある．東京電力は，福島第一原発放水路など，沿岸部の測定を3月22日から開始し，文部科学省は，学術研究船「白鳳丸」を3月下旬に福島沖に向かわせたのを皮切りに，JAMSTEC，海生研を主体とした30 km圏の観測を継続した．文部科学省のみならず，農林水産省，国土交通省等を通じた政府主導による放射能モニタリングは，初動としては早かったと判断される．大量の瓦礫が海面を漂い，原発事故の収束も不透明ななかで調査に向かわれた船舶職員，調査員の方々には敬意を表するが，これらの政府主導によるモニタリングでは十分でないことは明白であった．

　これらの状況を受け，日本海洋学会震災対応WGは，5月16日と7月25日に，モニタリング体制に関する提言を行った．5月の提言は，数値モデルによる放射性物質拡散の再現・予測のためには広域観測が必要であること，さらに，モデルによる再現が難しく高濃度汚染魚介類が採集されている沿岸

域での観測が不十分であることなどを指摘した．7月に入ると政府による海洋観測の広域化は図られたが，測定のあり方は，緊急時測定のままで，測定限界は高い濃度のままであり，広域化とともにN.D.（検出限界以下）という結果が多く並ぶことになった．これらのデータは拡散モデルの検証にも使えないし，高次生物での濃縮を考えた場合，N.D.が安全と同義とは必ずしもとれない．このような状況下で，測定の高精度化を強く促す提言がまとめられ，ワーキンググループとして「福島第一原子力発電所事故に関する海洋汚染調査について（提言）」を発表した．この提言は，ホームページでの発表にとどまらず，関係機関の窓口への直接送付も行った．この直後に，政府モニタリングでの高精度化が図られたが，提言が効いたかどうかは，不明である．

一方，研究者によるボトムアップ的な観測も，次第に形成されてきた．学術研究船「淡青丸」と「白鳳丸」（JAMSTEC）は，ボトムアップの研究を行う共同利用の研究船である．年間の計画は，申請の審査，評価に基づき，年度のはじまりまでにすでに確定している．共同利用の枠組みを変えずに，有効な震災対応航海を組むため，東京大学大気海洋研究所と海洋研究コミュニティが組織する研究船共同利用運営委員会は，以下のプロセスを踏んだ．

まず，平成23年度「淡青丸」，「白鳳丸」の主席として研究航海の申請が採択された研究者に，同運営委員会研究船運航部会からアンケートを実施し（4月13日），提供可能な航海日数はあるか，調査海域に三陸など被災地域が加えられるか，試料採集などで協力が可能かを調査した．その結果，多くの方から積極的な回答があり，20日の航海日数を震災対応航海に割り当てられることになった．引き続いて，地震のメカニズム，放射性物質の拡散，津波による生態系攪乱の3つのテーマについて，4月19日に震災対応航海の公募を開始した．2週間という若干短い公募期間ではあったが，11件の応募があり，同運営委員会運航部会の審査を経て，全件採択となった．したがって5月中旬には震災対応航海を含む新しい運航計画が確定した．その後も試料採集などで，協力の申し出が相次ぎ，整理すると，試料採集や観測点変更で協力する震災協力航海が8航海202日（「淡青丸」4航海，「白鳳丸」4航海），アンケート調査で提供された航海日数および研究目的変更により，

震災対応航海が「淡青丸」で6航海45日を実施することができた．共同利用のようなボトムアッププロセスは手続きが煩雑で時間がかかるというのが一般的であるが，今回は，共同利用のボトムアッププロセスを崩さずに，迅速に震災対応航海を組むことができた．これは，研究船共同利用運営委員会の委員を含む研究者コミュニティが良心と熱意をもって緊急時に対処したためである．

　このような，震災対応航海は，学術研究船「白鳳丸」，「淡青丸」だけではなく，多くの研究機関によって行われた．また，試料採取など協力も相当積極的になされた．理想的には，より効率的なモニタリング，調査，研究を限られた研究資源を活用して行うため，一元的な意思決定機構があればよいのだが，縦割り的な構造や，各機関がそれぞれの使命をもっていることもあり，これは困難である．日本海洋学会震災対応WGは，補助的な手段として，震災にかかわる航海情報を集め，公開することによって，試料計測の融通や，効率的な観測資源の投入に資することを目的とした．

　表11.1に2011年度の航海情報を載せる．これを見てわかるように，多くの震災対応航海が大学，JAMSTEC，水産総合研究センターなどによって実施され，半分程度が，放射性物質に関する調査である．これら放射能関連航海では，日本海洋学会震災対応WGの分析サブWGが調査結果をまとめ，公表した．放射能試料の採集分析に関するマニュアルを参照し，作業が進められた．また，放射能関連航海では，航海中，作業中の安全管理をどうするかも大問題であった．これに関しては，「白鳳丸」で福島沖を観測する予定であった乙坂重嘉（JAEA）と青野辰雄（放射線医学総合研究所）が中心となり，安全指針を策定し，多くの航海で参照された．また，船上での防染対策に関しては，7月に福島沖で本格的な放射能調査を行った東京海洋大学「海鷹丸」航海（石丸隆主席）の方策が多くの航海で踏襲された．これらの対策は専門家が少ないなかで模索されたが，日本海洋学会震災対応WGが情報拠点として有効に機能した．

　これら震災対応調査の1つの大きな山は，NHKと日本海洋学会震災対応WGが共同で行った福島第一原発20 km圏内調査ではなかっただろうか．原発近傍は最も汚染リスクの高い海域であることは明白であるが，ここでの

表 11.1　2011 年度震災対応航海一覧（日本海洋学会震災対応 WG まとめ）

RI：放射能試料採集
ER：生態系調査
PO：海流等海洋物理調査
EM：地震関連地学調査

第 11 章　福島第一原発事故にかかわる緊急活動とメッセージ——247

モニタリングは東京電力が限られた観測点で限られた測定項目を測定しているのみで，汚染の実態や周辺海域で採集された魚類に高い放射能濃度値が散見されるメカニズムなどの解明にはほど遠かった．しかし，20 km 圏は警戒区域に指定され，立ち入ることができない海域として観測を当初から諦めていた．NHK の池本端ディレクターは関係機関と粘り強く折衝し，最終的には大熊町の許可のもと観測が行えることとなった（詳細は JOS ニュースレター Vol 2, No 1 参照）．観測計画は神田穣太・石丸隆（東京海洋大学）を中心にまとめられ，観測は，（株）三洋テクノマリンの有志社員および東京海洋大学，東京大学，東海大学の研究者らによってなされた．事故からは 9 カ月あまりが経過していたが，32 地点での採水，採泥，生物採集を行い，汚染の実態把握，今後の予想にとって非常に有益な試料を集めることができた．この調査は，理不尽な事故により漁業自粛を余儀なくされ漁業の再開を熱望する地元の漁民の方々，および福島県水産試験場の協力があってはじめて許可と実施に至ったといえる．今後も，このような調査が継続し，福島の漁業が再開し，安心して福島の魚を食べられる日がくることを願わずにはいられない．

　1 年半にわたり震災対応に関与してきたが，権益にとらわれない学会および研究者のボトムアップで意思決定される共同利用拠点は，従来の枠を超え，社会に対する貢献を試みた．それが，本当に意味のある貢献ができたか，また，もっと重要な役割があったか，といったことは，今後検証され素直に批判を受けるべきであろう．また，ほかの機関や個人においても，多くの志があり，試みがなされた．許可が得られなかったり，実施に至らなかったものも多い．本来，これらの意思をくみ上げるべき学会や共同利用拠点としての責任は重く受け止めている．

（3）　国際共同海洋放射能調査航海の対応と実施

　2011 年 4 月 14 日の震災に関する勉強会が開かれた後，4 月 20 日に青山道夫（気象研究所，当時）から，米国ウッズホール海洋研究所（WHOI；Woods Hole Oceanographic Institution）のケン・ベッセラー（Ken Buesseler）が，米国船での国際共同海洋放射能調査を計画しており，日本側で大学関係研究者が動きやすいとの判断で，植松光夫（東京大学）に打診があった．偶然，

2人が5月3日から6日にデンマークで開催されたリエージュコロキウムに参加することがわかった．会場で Gordon and Betty Moore Foundation がベッセラーの申請を正式に採択する連絡を受け取り，急速に計画が具体化し，ハワイ大学の研究船 Kaimikai-O-Kanaloa（R/V KOK）による調査航海が実現することになった．寄港地の決定や，機材の国外からの日本への輸送，乗船者の確定が着々と進められた．日本の EEZ 内での調査許可を得ることだけではなく，外国船が横浜港を出港し，観測終了後に再度，横浜港へ寄港する場合，外国船の国内での輸送を制限するという，明治時代の法律（1899年）に基づいた沿岸輸送許可申請という予想外の書類作りや出費も強いられた．

　日本からは西川淳（東京大学）と宮本洋臣（東京大学）が動物プランクトン・マイクロネクトンの放射性物質の濃度をモニターする生物グループメンバーとして，横浜港から 2011 年 6 月 4 日から 19 日まで，R/V KOK による福島沖航海に参加した．本調査航海では，放射能汚染の低いと考えられる外洋域から徐々に福島沿岸域に近づいていく計画で行われ，乗船者の属する機関以外に，英国のオックスフォード大学，IAEA，東京大学，東京工業大学，日本大学，気象研究所などから依頼された試料採取を行った．出航前にはジョン・V・ルース駐日米国大使と会談し，今回の海洋放射能汚染についての米国の関心の高さを感じさせられた．

　これらの海洋試料は，関係機関の間でお互いに同じ放射性核種について分析し，測定結果が一致することを確認し，データの信頼性を高めることにも貢献した．一方，文部科学省からの放射能汚染に対する戦略推進費は，大気と陸上に限られ，海洋放射能調査についての優先度は低いためか，配算されなかった．しかし，大量の海水試料や生物試料の放射能測定に前処理の試薬や試料容器，輸送費用などは不可欠であり，（独）科学技術振興機構（JST）の震災関連研究を対象とした「国際緊急共同研究・調査支援プログラム（J-RAPID）」に，日本海洋学会震災対応 WG が中心となり応募し，航海終了後に採択された．また，不足分は東京大学総長裁量経費による支援を受け，喫緊の海水分析に必要な消耗品や研究集会などの貴重な活動資金となったが，各研究者の負担はきわめて大きかったといえる．現在，新学術領域研究「福

島原発事故により放出された放射性核種の環境動態に関する学際的研究」（2012-2016）が採択され，中期の調査研究体制が確立されている．

11.5　スクリーニング調査への核物理研究者の参加

谷畑勇夫，藤原　守

　3月12日の福島第一原発1号機建屋が水素爆発とのニュースが伝わりはじめた頃から，原子核談話会*のメーリングリストに原子炉の状況を憂慮するメールがまわりはじめた．また，それとは別に東京大学理学部の早野龍五氏がツイッターでいろいろな情報を流され，広く議論の輪が拡がっていった．15日には愛知淑徳大学の親松和浩氏などが崩壊熱の計算を行い，情報として流しながら議論が進められた．15日頃にはつくば市の高エネルギー加速器研究機構（KEK）や東海村の日本原子力研究開発機構（JAEA），和光市の理化学研究所（理研）などで放射線レベルが上昇し，関東にも放射性物質が流れてきているという情報が研究者間で流れた．

　「大変なことが起こっている．この状況に原子核物理を研究しているものとして何ができるだろうか？」という意識のもとに，大阪大学核物理研究センター（RCNP）*の藤原・谷畑で相談の上，上述のメーリングリストに集会の呼びかけをすることにし，16日の真夜中2時頃に緊急会合の開催通知メールを発信した．これに先立ち，理研の延與秀人氏からのe-メールで，「東日本の機関は大なり小なり危機対応に忙しいので，核物理屋の検討グループを西日本の機関所属者を集めて立ち上げてもらえませんか？」いう連絡をもらっていたこともきっかけとなった．

（1）　3月15日深夜に原子核談話会のメーリングリスト（ml-np）で呼びかけ，翌日3月16日に集会を阪大 RCNP で開催

　深夜の呼びかけにもかかわらず，16日の午後には近畿圏からだけではなく広く西日本から RCNP の4階講義室がいっぱいになるほどの研究者が集まり，現状の報告やわれわれは何をすべきかについての議論が行われた．谷

畑自身も北京に滞在中であったが，16日の朝急遽帰国し集会に参加した．そこでは，自分たちの専門である放射線計測という切り口での支援が，最も適当であり，福島県一帯の土壌放射能と空間の線量率測定をめざそうということになった．

その頃流れていた情報はよく考えるとおかしいものが多々あった．そのなかでも，東京電力の発表の中に^{38}Clが検出されたとの報告があげられる．上記のメーリングリスト内での情報交換で，最初これは原子炉の中に注入された海水中の塩（NaCl）の塩素に中性子が吸収されてできるしかないので，まだ核分裂反応がとまっていないことの証拠ではないかとの意見が出た．しかし，もしそうだとするとナトリウムに中性子が吸収されてできる^{24}Naも検出されるはずだが，それは検出されていない．結局この検出情報は間違いであろうということになり，核分裂は停止しているという結論に達した．東京電力がこの検出は間違いであったと発表したのは何カ月も後のことである．測定をしている人たちの熟達度もさることながら，こんな重大な放射性核種の検出の誤りが，発表までのどの段階でも確認されなかったということが，われわれにさらなる危機感を与えることとなった．「測定は専門家がやらないといけない！」と．

（2）　3月17日文科省，大阪大学と連絡，協力参加することを決定

集会をもったその日の夜に文部科学省と連絡を取り，福島第一原発事故に関して土壌放射能や空間放射線の測定を行いたい旨を知らせた．また，17日午後には大阪大学の理事および安全衛生管理室と連絡会談をもち，われわれの考えと希望を伝えた．理事からはぜひこの事態に貢献できるように頑張って下さいとの励ましをいただいた．18日には藤原・谷畑が文部科学省へ行き，こちらの考え方を述べたところ，放射能分布調査の重要性はわかるが，土壌調査よりも，住民の方々がどれくらい放射性物質の影響を受けるのかの優先順位がこの時点では高いので，福島でのスクリーニング活動に参加してほしいという協力要請があった．その同じ日，「阪大は，大学全体として震災復興に関してできることはなんでもやる」との趣旨の理事会支援決議が行われた．鷲田清一大阪大学総長はじめ理事の方々の，未曾有の事故に対する

非常事態協力宣言であった．また，スクリーニング活動に関して，学部の枠を超えて，本部直轄の安全衛生管理部の全面支援をもって行うことも決定された．この決定を受けて，RCNP から全国の核物理関連の研究者に対して，福島でのスクリーニング支援参加者打診が開始された．この活動は，原子核物理学者のみならず，放射化学，医療物理分野の人々の参加へと広がっていった．

（3） 3月20日具体的行動計画の議論（RCNP），まずはスクリーニング活動への参加からはじめることに合意

　このような状況の下，3月20日に再び集会を行い，行動計画を議論し，まずはスクリーニング活動に参加し，時期を見計らって土壌の放射能，空間線量率の調査を行おうということになった．3月21日第一陣が現地入りスクリーニング参加，3月24日甲状腺測定開始と早期の立ち上げがうまくいき，4月9日までに6100人をスクリーニング，890人を甲状腺スクリーニングすることができた．このスクリーニングは文部科学省，厚生労働省が指揮を取り，福島支援本部を中心に組織され，ほかにも京都大学原子炉実験所，広島大学，長崎大学，各自治体からの支援者，電気事業連合会（電事連）の人たちが参加しており，毎日100人程度の人が朝7時半に打ち合わせの後，各市町村の作業に出向くという形で行われた．このスクリーニング活動のなかでも，子供たちの甲状腺に蓄積された可能性のある ^{131}I の状況は急を要するものであった．^{131}I は半減期が短く，早急に測定しないとどれくらいの放射線を浴びたかがわからなくなってしまう．

　1986年のチェルノブイリ事故では，土壌放射能測定が実施されたのは事故後3年も経過した後であった．共産国ソ連崩壊に瀕していたロシアが新生ロシアとなったのは1991年のことであり，チェルノブイリ周辺住民にとって，この5年間の空白が不幸な放射線による健康被害にもつながったことはよく知られていた．とくに ^{131}I の痕跡はまったくなく，その危険性に対しても知らされなかったので，多くの子供に被害が出たことが知られている．今回の事故でも ^{131}I が多量に放出された可能性が大きいので，早急な対処が必要であった．

福島県主体のスクリーニング活動指揮で，緊急に子供の甲状腺にたまっているかもしれない ^{131}I の測定を行ってほしいとの要請が，核物理グループにあった．放射能レベルの高い地域では，バックグラウンドに隠れて測定は困難であろうということが予想されたが，SPEEDI の予測結果なども示され，北東の飯舘村や南方向のいわき市に ^{131}I が流れた可能性があった．緊急に子供たちの咽喉に NaI サーベイメータを用いての測定が開始された．当初，川俣町山木屋地区の公民館などを用いて測定を行ったが，バックグラウンドが毎時 2-3 μSv もあるなかでの測定は困難であった．このような状況を改善するため，コンクリート建屋のなかで外部からコンクリート壁で γ 線がよく遮蔽されている毎時 0.1-0.4 μSv の部屋で測定を行うことに変更された．子供たちへの有意な甲状腺への放射能蓄積としては，毎時 0.1 μSv 以上の放射線被ばくは見られなかったものの，それ以下でのレベルの被ばくについてはわからなかった．半減期 8 日の ^{131}I の甲状腺測定は 3 月 30 日まで継続されたが，2 半減期を経過し，これ以降の有意な被ばくの検出は困難との判断で，子供の甲状腺被ばく測定は打ち切られた．3 月 30 日までの甲状腺被ばく検査は 890 人にも及んだ．子供たちへの放射線被ばく量の推定値から，子供たちに甲状腺異常が起こる確率は非常に低いと確信させる値であった．

　初期には高線量地域から避難してきた人たちがおもなスクリーニング対象者であったが，時期がたつと残してきた家財道具や車を取りに一時帰宅する人たちのスクリーニングがおもなものとなった．また，バスを用いた計画的な一時帰宅者のスクリーニングも行った．

　住民の方々からの放射線関連の質問などにもちゃんと答えられるという必要性，場所によっては放射線レベルが高い可能性もあるので，スクリーニングへの参加者は法令に定められた放射線業務従事者に登録されていることを条件とした．大学など研究組織以外からのスクリーニングへの参加者は，電事連や自衛隊など，仕方のないことではあるが，放射線に関する知識が十分でない方々が多かったので，核物理のグループはいろいろな質問に的確に答えることができたと自負しておられる参加者が多かった．スクリーニングを担当している文部科学省の方々からもそのような意味で評価していただけたと思う．

スクリーニングへの参加者は，各自持参のポケット線量計でモニターされていたが，初期の頃には1日の作業で最大 $30\,\mu\mathrm{Sv}$ 程度の被ばくであった．また，この時期に理研の長谷部裕雄をはじめ多くの方々が，人工物からの除染を種々の溶剤や洗剤を用いて時間を見ながら行い，非常に除去しにくいものであることを見つけていた．

　この支援活動は登録者数 102 名，参加機関数 30，参加延べ人数 361 名となり，8 月まで続けられた．

　3 月下旬に東京大学原子核科学研究センター（CNS）* が支援活動に一中心として参加を表明，広い分野の協力が開けた．3 月 31 日に「福島の原子力発電所事故後の放射線量調査」提案書を大阪大学を通して文部科学省に提出した．

11.6　放射性物質の沈着状況調査に関する大規模調査

柴田徳思，谷畑勇夫，藤原　守，大塚孝治，下浦　享

　陸域への放射性物質の沈着状況に関する大規模調査の結果は，「放射線量等分布マップ拡大サイト」（http://ramap.jaea.go.jp/map/）で見ることができる．

(1)　官学共同の土壌調査の始動
(i) 3 月中の動き

　前節までに述べられているように，スクリーニングの活動が広がるなか，参加した研究者のなかでは土壌の調査を早急にはじめたいという気持ちが強くあった．とくに $^{131}\mathrm{I}$ の半減期が 8 日と短く，放出されたときから 2 カ月もすると 1/1000 にも減衰してしまい，検出が困難になるため，スクリーニングの仕事をしながらも，福島のオフサイトセンターの文部科学省の方々や福島県の担当の方々との折衝を続けていた．また土壌調査や放射線測定についての具体的な方法の議論を進めた．この時点では，福島県・文部科学省それぞれに土壌調査の必要性を感じていることが確認できた．同時に学術会議の

メンバーである日本原子力研究開発機構（JAEA）（当時）の柴田にも計画についてわれわれの希望を伝えた．こうしたなか，東京大学理学系研究科の大塚から東京大学もこの救援活動に主体的に参加し，原子核分野以外の関連研究分野の人たちを含めて，土壌放射能の調査やその後の放射性元素の移動について総合的に考えようとの提案があった．分野は，核化学，放射化学などはもちろん，地球科学や海洋科学の研究者にも訴えかけることとなった．この会の議論をもとに，文部科学省に対して現行のスクリーニングに加えて早期に土壌調査が必要であることを訴え，放射線測定については，「放射線測定大学ボランティア支援活動の具体案」として，3月29日づけでまとめた．

このような種々の議論を重ねながら，土壌調査の提案書を作り上げ，3月31日に文部科学省に内容を説明した．内容は次のようなものであった．

① 広域の（20，30 km 圏だけでなく隣接県も含む）詳細な汚染地図を作成する．放射線汚染の検査には，科学的経験の蓄積されたチームを結成し，世界的に認められた手法で行う．

② チェルノブイリ事故では，放射線の離れたところへの集中的降下も報告されているので，広域放射線測定が必須であり，GPS を用いた位置情報を利用する．

③ 調査結果に基づき，より綿密な避難地域の設定などに役立てる．避難地域については時間的に急を要する場合は暫定地域を先に設定することもあるなどとし，具体的には福島第一原発から南北 50 km，内陸へ 60 km の範囲内で 2 km×2 km のメッシュで土壌をサンプリングし汚染地図を作ることと，同時に地表から高さ 1 m での線量測定を行い，線量地図を作ることを具体的方法まで含めて提案した．

同時に東京大学を中心とした提案も持ち込んだ．この提案書では「住民の被ばく線量調査」や「事故後の対策について」という項目でそのほかにも提案がなされている．この提案と平行して，日本学術会議での議論が進み，4月4日づけで東日本大震災に対応するための第二次緊急提言が発表された．この内容にはさらに測定領域の拡大，また線量の強い地域での測定メッシュの細密化などが含まれていた（www.scj.go.jp/ja/info/jishin/pdf/t-110404.pdf）．

（ⅱ）4月上旬，大阪大学 RCNP で土壌調査の組織，測定計画についてのミ

ーティング，東京大学理学系研究科で地球科学や核化学も含めたミーティング

　これらの提案に対し，文部科学省からも前向きに検討するとの感触を受け，4月11日に土壌調査の組織作りや，測定方法などについて議論をする会を再び大阪大学核物理研究センター（RCNP）で開催した．大阪大学が中心となって参加者を募ることや，測定法のプロトコルを作ることが決定された．大阪大学では藤原と谷畑が責任者となり，参加者の募集や調査に必要な道具や機器の調達を行うこととなった．また，チェルノブイリなどで経験のある，広島大学の星正治，筑波大学の恩田裕一などが中心となって，土壌試料採取や測定のプロトコルを作り上げた．東京大学理学系研究科附属原子核科学研究センター（CNS）の大塚，JAEAの柴田（当時）を中心にして，原子核分野以外の関連研究分野の人たちを含めた大学連合の会が開かれ，土壌放射能の調査やその後の放射性元素の移動について総合的に考えていくこととなった．

　一方，日本地球惑星科学連合においても東京大学の中島映至，首都大学東京の海老原充等が中心になって，放射化学会等関連学会，グループに緊急調査が呼びかけられていた．4月20日に福島の土壌調査のための検討会が原子核物理学分野と地球科学・放射化学分野の研究者合同で東京大学において開かれ，そこでの議論に基づき4月末に試行的な土壌採取が行われた．さらに5月2日に東京大学にて会議がもたれ，「環境放射線核物理・地球科学合同会議」として原子核物理学分野と地球科学分野（地球惑星科学連合）との連携組織が正式に立ち上がった．

　この頃，国土交通省に接触した恩田裕一は，河川や国道の脇などは福島県各市町村の首長の承諾がなくても土壌試料採取が可能であるとの内諾を受けた．そのもとに，5月連休前からパイロット調査を開始することで合意し，その経験やデータを元に大規模な土壌試料採取のためのプロトコルを作ることとした．この活動の資金は，そのほとんどが大阪大学からのものであった．

(iii) パイロット調査

　5月上旬にパイロット調査として，10 kmメッシュの土壌採取と測定を開始した．3月には強く見えていた^{131}Iの信号が，この頃にはまだはっきりと

は見えているものの，Csなどにくらべて減少していることが見られ，ますます早期の土壌調査重要性を強く認識した．またそのほかの放射性元素についても，この頃には多種のものが観測できた．また，土壌中でも非常に放射性物質濃度の高い場所を見出した．また，放射性物質の土壌への浸透状況のデータも収集した．この浸透状況のデータはほとんどの放射能が深さ5cm以内にとどまっていることを示し，これを元に以降の土壌採取は5cm深さまでとするという重要な決定を促した．

(iv) 5月中旬，総合科学技術会議（CSTP）＊による「放射線量等分布マップ作成」の承認と調査のための予算折衝の開始

　5月13日づけでスクリーニングの支援のために作ったRCNPのメーリングリスト ml-support に土壌調査（採取）のための参加依頼のメールを送り出し，参加者を募った．この訴えかけには核物理研究者以外からの問い合わせもあり，核化学，放射化学や，放射線医学，高エネルギー物理学，環境科学，地球科学などの学会にも参加依頼が流された．このメーリングへの返信をもとに参加可能者名簿を作り，大阪大学RCNPが土壌試料採取のまとめとなり，東京大学CNSがγ線測定のまとめをすることを決定して準備をはじめた．

　また同時に大阪大学RCNPで土壌採取のための資材を集めはじめた．私たちの希望は事故から^{131}Iの10半減期以内に測定を行うことであり，また梅雨がきて土壌表面に変化が生じる前に土壌試料採取を終わることであった．しかし文部科学省のプロジェクトとして試料採取を行う戦略推進費を用いるための事務的作業は困難を極めた．というのも関係する機関が多く，調査に要する機器や消耗品をすべて積み上げ，全体の予算を認めてもらう必要があった．予算の取りまとめを行ったJAEAと各大学とのやり取り，JAEAと文部科学省とのやり取り，文部科学省と財務省とのやり取りなどで，大変な作業が強いられ，時間がかかった結果，実際の作業の開始は6月4日，5日の実地訓練の後となり，研究者の目標から1カ月遅れることとなった．このために^{131}Iの分布マップに用いることのできた試料は大変少なくなった．

（2） 土壌試料の採取

文部科学省は「放射線量等分布マップの作成等に係る検討会」を設置し，土壌調査のプロトコルの策定を開始した．本調査に入る前に土壌試料採取のプロトコルやγ線測定のプロトコルを確認するため，先に述べたように，パイロット調査を行うこととなった．この内容は，4月末から5月初めにかけて，福島県東部を中心とした地域を10 km×10 kmメッシュに分けて，それらの中の68地点からの土壌試料採取を行い，分析を大阪大学，筑波大学，首都大学東京，東京大学，JAEAにより行うものであった．パイロット調査は，半減期が8日の^{131}Iの分析のため，できる限り早期に広範囲でしかも迅速な調査が必要であるという問題意識で実施し，大勢の土壌採取者，異なる仕様のGe半導体検出器をもつ多くの機関による分析が同質の結果となることが求められるために実施したものである．

5月の後半になって予算が決定される見込みであるとの情報に基づいて，福島県二本松市の岳温泉に6月1日から本部を設置し，6月4日から土壌試料採取をはじめることとなった．深さについては5 cmまでの土壌を採取する．加えて約300カ所で深さ分布を見るために20 cm以上の深さまでのコアサンプルを取ることとなった．

環境試料中の放射性物質は一様には分布していない．2-3 m離れた場所の土壌の放射線強度が大きくばらついているだけでなく，U8容器*に採取された土壌中の放射性物質の分布も一様でないことが明らかになった．この結果に基づき，2-3 mの範囲内で少なくとも5カ所から土壌試料を採取することとした．また，土壌試料を十分撹拌した後容器に格納することも，土壌試料採取プロトコルに加えられた．これらのことは，パイロット調査の成果である．

多くの分析グループ，装置によって一斉に測定が行われるので，放射性物質の絶対値の較正が必要である．そこで，U8容器に格納され既知の濃度の^{134}Csおよび^{137}Csを含む標準土壌試料（IAEA-444）を各分析機関で持ち回り測定することとした．通常，^{134}Csは1回の崩壊により複数のγ線が放出することによる効果（サム効果と呼ばれる）のため，検出器の大きさや試料との距離により感度の補正が必要となるが，IAEA-444の分析結果で規格化

することで，この補正の必要がなくなった．また，分析結果の再現性をチェックできるように，測定記録簿，検出器の写真，スペクトルのすべての報告が土壌試料分析プロトコルに含められた．採取法のプロトコルは前述の星，恩田による提案がほぼそのままの形で文部科学省の検討会で採用された．実際に予算が実行可能になったのは6月6日であったが，それまでの活動や土壌採取の道具などの調達は，これも大阪大学からの援助でまかなった．

　実際には4，5日はテスト期間であるという名目で採取をスタートした．1組3人（または2人）で30組の採取グループを作り，各グループが別々のタクシーに乗り，予定された場所へ行って土壌試料の採取を行った．当初は大阪大学の提案のように1500カ所で試料採取を行うので，これくらいのグループで10日強の日程で採取は終わると予定していた．しかしながら，2200カ所さらに周辺近県の調査もあって，この見積もりは甘かったということが後でわかった．

　この採取で重要であったことは，まず土壌試料を採取する地点の決定とその場所の地権者の承認を得ることであった．この折衝には文部科学省の方々が多大な努力を払われた．実際，土壌試料採取を行いはじめた時点では，川内村の採取地点だけが承認されており，そのほかの場所の承認は得られておらず，毎日の新しい場所での折衝と試料採取が同時進行するような具合であった．また，そのため毎日のように次の日の採取地点の選択とグループ分けを行う必要があった．大阪大学安全衛生管理室の齊藤敬氏とJAEAの斎藤公明氏が本部に詰め，毎晩のようにその仕事をこなされた．

　毎日80-100人の人たちがこの土壌試料採取に参加した．試料採取の期間ずっと参加された方はほとんどいなかったが，それぞれの都合で3-5日間参加し，また何日かおいて戻ってこられて参加するという状況であった．

　当初の予定である6月14日まで試料採取を続けたが，全地点を網羅することはできず，日を改めて調査を行うこととし，6月27日から30日まで再び試料採取を行った．この調査では福島第一原発から20 km圏内の土壌も調査すべく計画に入れていたが，この圏内は電事連が試料採取するということになり，JAEAと電事連の共同で採取が行われ，7月8日まで続いた．20 km圏内は汚染濃度が高く，時期が少し遅れても ^{131}I は測定できるだろうと

表11.2 土壌試料採取に参加した機関と人数

	参加機関	人数			参加機関	人数
1	青山学院大学	4		51	帝京大学	1
2	秋田大学	1		52	東海大学	2
3	茨城県立医療大学	4		53	東京医科歯科大学	2
4	医療法人大雄会総合大雄会病院	2		54	東京工業大学	1
5	医療法人名古屋放射線診療財団	1		55	東京慈恵会医科大学	1
6	医療法人明倫会今市病院	1		56	東京大学	14
7	宇都宮大学	1		57	東京都市大学	2
8	愛媛大学	1		58	東京理科大学	3
9	大阪市立大学	1		59	東邦大学	3
10	大阪大学	31		60	東北学院大学	2
11	岡山大学	2		61	東北公益文科大学	1
12	岡山理科大学大学院	2		62	東北大学	15
13	海洋研究開発機構	3		63	獨協大学	1
14	金沢医科大学	2		64	名古屋市立大学	1
15	金沢大学	11		65	名古屋大学	8
16	亀田総合病院	1		66	新潟大学	14
17	関西学院大学	3		67	日本原子力研究開発機構	73
18	九州シンクロトロン光研究センター	1		68	日本大学	3
19	九州大学	6		69	日本分析センター	20
20	京都教育大学	5		70	沼津工業高等専門学校	1
21	京都女子大学	1		71	兵庫県立粒子線医療センター	1
22	京都大学	6		72	広島国際大学	1
23	群馬県立県民健康科学大学	1		73	広島大学	5
24	群馬大学	2		74	福井大学	6
25	高エネルギー加速器研究機構	16		75	福島県立医科大学	3
26	高知大学	1		76	福島大学	9
27	甲南大学	6		77	藤田保健衛生大学	1
28	神戸市立工業専門学校	1		78	防災科学技術研究所	1
29	神戸常磐大学	1		79	放射線医学総合研究所	3
30	国際基督教大学	1		80	北部地区医師会病院	1
31	国際福祉医療大学	3		81	北海道大学	9
32	国立環境研究所	1		82	三重大学	1
33	国立がん研究センター	1		83	宮城教育大学	1
34	国立極地研究所	1		84	宮崎大学	1
35	国立天文台	1		85	武蔵大学	1
36	国立病院機構	3		86	山形大学	4
37	埼玉医科大学	1		87	横浜国立大学	1
38	財団法人高輝度光科学研究センター	1		88	リアルタイム地震情報利用協議会	2
39	産業技術総合研究所	2		89	理化学研究所	1
40	滋賀医科大学	1		90	立教大学	5
41	渋川総合病院	1		91	立正大学	3
42	首都大学東京	3		92	立命館大学	1
43	純真学園大学	6		93	琉球大学	3
44	順天堂大学	1		94	早稲田大学	1
45	昭和薬科大学	1		95	荏原製作所	1
46	信州大学	3		96	(株)日本環境調査研究所	1
47	聖マリアンナ大学	1		97	電気事業連合会(現地支援チーム)	31
48	千葉大学	2			(電力会社10社および日本原燃(株))	
49	中部大学	1		98	富士フイルムRIファーマ株式会社	3
50	筑波大学	9				

98機関440人(電事連を含む)

表 11.3　γ線測定に参加した機関と人数

	参加機関	人数		参加機関	人数
1	大阪大学	84	12	東京工業大学	21
2	大阪電気通信大学	11	13	東京大学	16
3	金沢大学	24	14	東北大学	29
4	九州大学	10	15	徳島大学	7
5	京都大学	11	16	新潟大学	11
6	高エネルギー加速器研究機構	5	17	日本大学	5
7	甲南大学	6	18	日本分析センター	7
8	佐賀大学	1	19	宮崎大学	5
9	首都大学東京	21	20	理化学研究所	30
10	信州大学	1	21	立教大学	34
11	筑波大学	1			

21 機関，340 人

いう希望があったが，それは残念ながら考え不足であることが後でわかる．

　採取した土壌試料は日本分析センターに送られた分以外は，すべて東京大学 CNS を通して，Ge 検出器のある大学に配布し測定を行った．この測定には 21 機関 340 人の科学者，学生などが参加した．^{134}Cs，^{137}Cs からのγ線はすべてのサンプルでクリアーに見えており，詳細な地図を作れることとなった．しかし ^{131}I のγ線が有意に検出されたのは 400 カ所あまりにとどまった．おおまかな地図上での分布は得られたが，詳細についてはさらなる検討にゆだねられることになった．そのほかの放射性同位元素としては ^{110m}Ag，^{129m}Te 等の測定も行われた．

　この土壌試料採取には，福島県およびその隣接地域約 2200 地点から土壌試料約 1 万 1000 個が採取され，2 カ月のうちにそれらに含まれるγ線放出核種の測定が行われた．土壌採取には教育・研究機関を中心とする 98 組織，440 名（表 11.2）が，分析には，21 機関，340 名（表 11.3）が参画するという全国規模の共同事業である．1 つのプロジェクトに大学を中心とする多分野の科学者が，このように多数参加協力したのは，わが国では初めての経験である．大阪大学が災害支援の意思を早急に決定したことがこれにつながったと考えられる．実際文部科学省の予算が 6 月 6 日から利用可能になるまでの費用は，（道具の調達も含めて）大阪大学からの資金援助でまかなわれた．これなしには，測定の方法を決定するためのパイロット調査や本調査の準備

はできなかった．

　文部科学省のプロジェクトとして行われたこれらの土壌調査の結果は，「放射線量等分布マップの作成等の報告書」(http://radioactivity.nsr.go.jp/ja/contents/6000/5235/24/5253_20120615_1_rev20130701.pdf) として公表されている．調査に参加された700名以上の方々の献身的な努力による成果といえる．

(3)　放射線量率の測定

　土壌の汚染状況の調査には，土壌表面から一定の高さにおける放射線量率分布と，土壌に沈着した放射性物質の量を調べることが必要である．土壌試料を採取した約2200地点では，地上1mの高さでNaIシンチレーションサーベイメータにより線量率を測定した．また，道路に沿って走る車に乗せて線量率を測定する走行サーベイも行われた．

　走行サーベイに関しては，大量の測定情報集約を簡単に行えるKURAMA (Kyoto Univ. RAdiation MApping System) と呼ばれるシステムが，京都大学原子炉実験所により開発されている．市販のサーベイメータのアナログ出力から空間線量率の測定データを取得し，同時にGPSによる位置情報データを記録できるシステムである．福島県で複数台のシステムを整えて測定を開始したところであるとの情報を得たため，福島県から6台のシステムを借用して調査を実施することとした．走行サーベイのルートについては，具体的なコースを用意することが時間の関係で難しかったため，以下のような方針でサーベイを実施した．1日に走行できる距離がだいたい200km程度であろうと想定し，主要道路の距離が200km程度になるよう，測定対象地域を小さな領域に分割した．分割されたそれぞれの領域の地図を用意し，作業当日に各測定チームに今日はこの領域の測定を行うよう依頼し，具体的な道路の走行ルートは各チームの担当者の自主的判断にゆだねるというものである．結果としてはこの方法が功を奏して，測定参加者の自主的判断により効率的かつ有効なサーベイが行えた．実際の走行サーベイは6月6日から6月13日に行われ，全走行距離は1万7000kmに及んだ．

(4) 土壌γ線分析の体制構築

　この大規模調査は，総合科学技術会議（CSTP）の緊急予算を受けての，文部科学省の事業としてトップダウン的な大型予算の裏づけで実施された形を取っている．しかし，実際には，原子核物理学や地球科学などの研究者や学術研究コミュニティからの働きかけ，学術会議からの提言があり，それと結びつく形で企画・実現されていったものである．参加者の観点から見ても，個々の研究者・教育者が土壌試料採取および分析の呼びかけに応えることで実現された．このように二重の意味で，ボトムアップ事業であったといえる．ボトムアップ事業であっても，とくに土壌試料からの放射線分析に関しては体制の構築が必要であり，その当事者としてこの事業実現の鍵のいくつかについて述べる．

(i) ハブ機能の重要性

　2200カ所で採取された土壌試料は，東京大学CNSと日本分析センターの2カ所に送付された．大学・研究機関（21機関）による分析のハブとして，東京大学CNSにより，約6000の土壌試料の集約，チェック，記録，配送，分析結果の集約およびチェックが行われた．広範囲にわたる土壌試料採取が短期間で行われた結果，わずかではあったが，採取地点の重複や地点名の不整合等が見られた．すべての土壌試料に対して採取グループ，採取者名，採取日時等の情報もすべて記録され，採取現場での記録と付き合わせることで，プロトコルから外れた記録の試料も，こうした重複する情報があることで同定可能となった．重要な点を列挙すると，

　①試料は少数のハブに一度集めて，ラベル情報を詳細にチェックする．

　②ラベル情報の記載には不備が起こり得ることを想定の上，ラベル情報はあらかじめ重複するものとする．

　③以上のことを十分に行うためには調査専従の担当者を置く．

　項目②については，試料採取現場の状況がさまざまに変化し，担当者が入れ換わっていくことを考慮すれば，必要なことである．これによって多くの試料が破棄を免れた．項目③に関しては，このような単純だが注意力を要する重要な作業は，研究・教育と両立させることは実際には困難なことがあるものである．東京大学CNSでは，幸運にも採用することができた有能な事

業専任者 3 名がそれに携わることでハブ機能を果たすことが可能であった．

各分析グループに送られた試料の分析結果は，いったん東京大学 CNS に集約されチェックが行われた．このなかには同一試料を複数の機関で分析した結果の比較も含まれた．2011 年夏時点では広範囲にわたって ^{137}Cs と ^{134}Cs の放射能はほぼ同じ強さであることが知られていたので，両者の強度比をチェック項目とした．わずかに見られた記録ミス，較正の誤り等はこのチェックで発見することができ，各グループへの再分析の依頼あるいは送付されたスペクトルの分析により正すことができ，試料は生かされた．

全国の 21 機関による分析で，測定の専任者が配置されたグループは皆無であり，多忙な大学教員（グループリーダー）による分析結果のチェック機能は必ずしも十分ではなく，ハブ機関で再チェックし，必要に応じて修正することの重要性があらためて認識された．

(ⅱ) 非破壊分析の限界

本大規模調査を提案した主要な目的の 1 つである ^{131}I の定量は，残念ながら全地点の 1/5 程度でしか可能でなかった．とくに強度が強くて測定可能であると思われていた原子炉からの 20 km 圏内の分析を 2 週間程度後回しにした結果，有意な結果が得られなかった．^{131}I からの γ 線のエネルギーは 364 keV であり，^{137}Cs からの γ 線の 662 keV，^{134}Cs からの γ 線の 605，796 keV 等より低い．そこで，セシウムの γ 線のコンプトン効果による裾野のバックグラウンドに埋もれてしまっていた．^{131}I に対しては 10 半減期を超えて強度が 1/1000 以下になっていた反面，セシウムからの γ 線強度はほとんど減衰していないため，信号対バックグラウンド比が小さくなりすぎてしまったことが原因であった．当時，すべての試料は非破壊で分析すべきだと思い込んでいたが，1 試料でも化学処理によりセシウムを取り除き測定すれば，定量できた可能性があったことに気づいたのは，残念ながら何カ月も後であった．現在，化学処理を行い，半減期の長い ^{129}I の定量により ^{131}I の当初の量を推定しようという試みがなされているだけに，直接測定の可能性に気づかなかったことが悔やまれる．

（5） 大規模土壌調査から見えた組織論的課題

最後に，今回の大規模緊急調査から見えてきた課題を3つほど指摘しておきたい．

この度の調査は，研究者レベルのボトムアップ的な意思と，文部科学省などの行政サイドからの考えがおおむね整合して，きわめて短期間に実現されたといえる．数百人規模で専門知識や経験のある研究者をトップダウンで動かすのは一般的に考えても難しい．一方，梅雨期前の調査，^{131}Iの短い半減期を見据えての早期の調査という観点から，迅速さは必須の条件であった．また，原子核物理学と地球科学という異分野の緊密な連携も調査の遂行上，大きな役割を果たした．今回は，双方にパイプのあった人の紹介が活動を加速したという偶然もあった．同じことの繰り返しはないとしても，将来の何らかの天災，人災に備えて，このような体制の構築が可能であるようにしておくのは重要である．事態の種類によって活動は異なるので，何をしておくべきかは自明ではないが，研究者コミュニティとしても，偶然の幸運には頼らないですむ仕組みを考えておくべきと思われる．

この度の活動では，比較的短期間に予算処置が行われて，活用された．また，土壌調査は，土壌という公的あるいは私的財産を取ってくるので，行政的に認知されていないと遂行はきわめて困難となる．この点は，住民に呼びかけて，集まってもらった上での放射線調査などと大きく異なる．行政の関与と寄与は必須のものであったし，迅速であったのは確かであるが，わが国の行政の仕組みが緊急時には平常時とは異なったルールで動くようになっていれば，さらに精度の高い調査となったはずである．^{131}Iの測定が限定的にしかできなかったことを上で述べたが，1カ月早く測定をしていれば，^{131}Iの放射線強度が高く，問題は発生しなかったのである．今回，行政担当者も大変大きな努力をされたのであるが，平常時とほぼ同じステップを経なければならず，また，通常の会計規則が適用されるなどの問題点があり，改善は十分可能なのではないかと推測される．

今回の土壌調査では東京大学CNSは，構成員に業務命令で参加を指示することはなかったものの，機関として参加した．その結果，大学や研究科からの全面的なサポートを受けることができ，ハブ機能を果たすこともできた．

サポートは東京大学 CNS を越えたところにも及んだ．全国的に見ると，機関としてこのような取り組みをしたところは意外に少なく，個人ベースの活動が多い．今後，大学や研究機関において，緊急時には必要であれば，専門を活かした迅速な対応をすることを，学問の基本理念とのバランスに配慮しつつも，使命の1つとするようなことも考えていいのではないか，と思われる．

　ここに記した土壌調査の紹介は，文部科学省が主催した調査のごく一部であるが，調査の骨格をなす部分である．このような結果を得ることができたのは，何百人にもおよぶ科学者の危機感とボランティア精神があってのことである．各々の方々のなかには被災者関係者から，ただ単に放射線研究に関連していたという方などが含まれており，各々のストーリーが刻まれているはずである．しかし，これら一人一人違った状況の下に，このような献身的な努力の集積として短い期間のうちに詳細なデータを得ることができたことは，データとともに活動の記録として将来の歴史の中に残るものと期待できる．

　このプロジェクトに参加された方に，この場を使って深い感謝の意を表したい．

11.7　森林調査への科学者の貢献

恩田裕一

　福島第一原発事故により，放射性核種が広く拡散し，各地で高い濃度の放射性セシウム，放射性ヨウ素が検出されているということが明らかになってきた．事故以前より，大気核実験起源の放射性セシウムをトレーサとして土壌侵食，土砂移動の追跡を行ってきたわれわれとしては，放射性核種の沈着量の把握がされた後，その後の放射性物質の陸域環境での移行についてきわめて心配になっていた．それは，わが国において，放射性セシウム等の動態について研究を行っていた研究者が非常に少なかったためである．

　予備調査の結果，多くの放射性核種は，森林地帯を中心に沈着していたこ

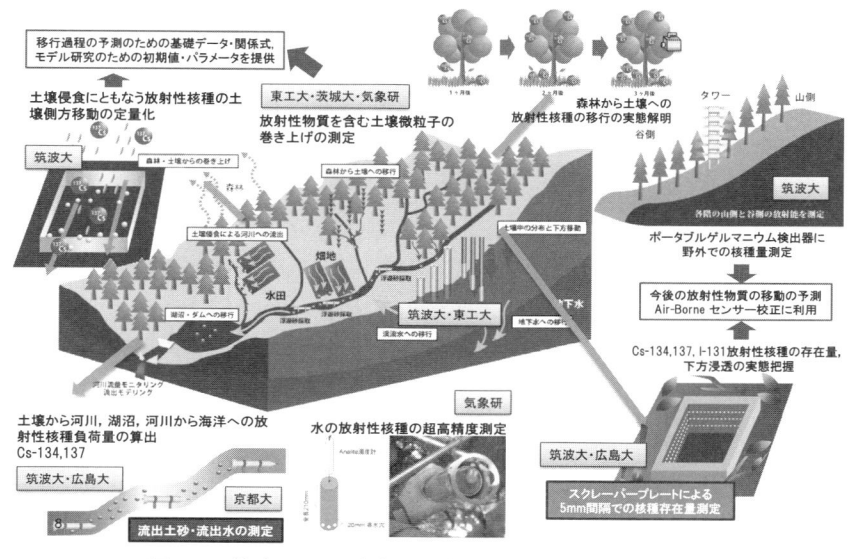

図 11.4　陸域における包括的調査の模式図（恩田ほか，2012）

とが明らかになってきた．それらの核種は，土壌や河川等の自然環境を通じて移行することが確認されている．中島映至氏をはじめ多くの方々の働きかけと文部科学省・日本原子力研究開発機構の多くのご苦労の結果，「戦略推進費」の枠組みにおいて，陸域の放射性核種の移行（森林，土壌，地下水，河川水）について，研究を行うこととなった（図11.4）．

このような調査にあたっては，さまざまな条件における，森林や土砂生産源における詳細なモニタリングおよび河川への移行過程の包括的なモニタリングが必要となる．幸い，恩田は，JST-CREST プロジェクト「荒廃人工林の管理により流量増加と河川環境の改善を図る革新的技術の開発」の代表をしており，森林流域において，斜面，源流域から渓流までの「入れ子」型の詳細なモニタリングを行っていた．そのプロジェクトにおいて，浮遊砂中の土砂の生産源の推定のために，大気圏核実験起源の土壌に吸着した放射性セシウムを利用した研究を遂行しており，研究室に3台のゲルマニウム検出器を有していた．プロジェクトのノウハウをそのまま適用することができたのは，ある種幸いなことであった．

調査に当たっては，上述の「土壌採取プロジェクト」の際に大変にお世話になった川俣町の全面的な協力を得た．地元の県議会議員の方にも本当にお世話になり，われわれが適地であると思われた場所の地主さんを次々と紹介していただいた．紹介された地主の皆様は「こういうことになってしまったので，とにかくしっかり調べてください」と励ましていただき，土地の使用等に全面的に協力いただいた．また，この地域の多くの部分を占める森林で調査地を探していた際も，電源がある場所，というきわめて難しい条件であったが，町役場の担当者が地主の皆様の承諾を一手に引き受けてくださり，2011年6月の調査開始から1カ月あまりの間に調査地を決定することができた．

　さらに，実際に調査を開始するためには，多くの測器を入手する必要がある．われわれは今まで，性能および価格の観点より，濁度センサーやデータロガー等を海外から直接購入する機会が多く，通常1-2カ月の納期が必要であった．今回のモニタリングにあたり，アメリカ，オーストラリアの各メーカーに連絡すると，「福島のために是非協力したい」ということで，これも1-2週間でかなりの測器の入手ができた．

　また，沈着した放射性核種の包括的移行状況の把握のためには，森林，畑地等からの土壌侵食，田からの流出，地下水への移行，河川を通じた流出など，多くの調査を同時並行的に行わなければならない．そのために，主に土壌サンプリングプロジェクトで行動をともにした，広島大学高橋嘉夫氏（当時），坂口綾氏，田中万也氏，東京工業大学吉田尚弘氏，またまったく面識がなかったにもかかわらず電話1本で参加の了承をいただいた茨城大学北和之氏，気象庁気象研究所五十嵐康人氏，京都大学山敷庸亮氏に半ば強引に参加いただいた．そして，図11.4に示すような，包括的な移行調査が可能となった．また，調査は，大学のメンバーだけでは，到底実行不可能で，多くのコンサルタント会社の皆様にも協力していただくことができた．多くのコンサルタント会社の皆様も，実家が福島であったりして，今回の問題には，並々ならぬ熱意をもって仕事にあたっていただいた．ここにあげたのは，ごく一部の協力にすぎない．そのような多くの皆様のご協力があって，6章で述べたような調査が可能であったことを感謝したい．

用語集

(本文中には*で示す)

ア行

アンサンブル実験：数値シミュレーション実験を1回のみの結果から評価するのでなく，初期値が少しずつランダムに異なる複数の状態から，多数のシミュレーションを行い，その平均や標準偏差などから，結果と不確実性を評価する実験．【田中泰】

イメージングプレート（IP）画像：X線フィルムがデジタルフィルムになったもの．放射性物質の分布を画像化する技術・手法（オートラジオグラフィー）のデジタル版．従来，X線写真はフィルムを媒体としてアナログ画像を得たが，IPでは，放射線エネルギーによって準安定状態に励起される物質（輝尽性発光体）をプラスチック板などに塗布し撮像媒体として使用する．この発光体（Euの微結晶）は，赤色レーザーの照射により蛍光を発する．この蛍光をデジタル画像化することで，X線写真以上の情報を得ることができる．通常のX線フィルムの1000倍近い感度を有し，ダイナミックレンジも広く，繰り返し使用できることに利点がある．【五十嵐】

宇宙線：銀河系の内外の天体活動に伴って発生した高エネルギーの粒子線全般の総称．主体は陽子であるが，それより重い原子核も飛来している．地球外からの宇宙線を一次宇宙線，大気圏での一次宇宙線による核反応で生じた中間子，中性子，ミュオン等の宇宙線を二次宇宙線と呼ぶこともある．【五十嵐】

エアロゾル：気体中に液体または固体の微小な粒子が浮遊している分散系（コロイド）．浮遊する微小な粒子そのものはエアロゾル粒子と呼ばれるが，「エアロゾル」のみで浮遊微小粒子を指すこともある．「エーロゾル」ともいう．【田中泰】

エアロゾルモデル：大気中のエアロゾルの分布や特性を求めるための数値モデル．MASINGAR mk-2，SPRINTARS を参照．【田中泰】

液体シンチレーション検出器：放射線のエネルギーによって有機物が発光することを利用した放射線の検出法のうち，^{3}H や ^{14}C など低エネルギーの β 線を放出する核種の定量の場合，蛍光を発する液体有機物と試料との混合物を作り，蛍光検出器により測定を行う．この装置を液体シンチレーション検出器と呼ぶ．【五十嵐】

欧州共同体委員会（CEC；Commission of the European Communities）：欧州連合（EU；European Union）の前身である欧州共同体（EC）時代の執行機関．【田中泰】

大阪大学核物理研究センター（RCNP；Research Center for Nuclear Physics）：大阪大学に全国共同利用施設として1971年に開設された原子核物理に関する基礎物理学の研究センター．【五十嵐】

カ行

海洋研究開発機構（JAMSTEC；Japan Agency for Marine-Earth Science and Technology）：海洋に関する基盤的な研究開発や研究協力を総合的に行うことにより海洋科学技術の水準の向上を図るとともに，学術研究の発展に資することを目的とする独立行政法人．多くの研究船・探査機や，スーパーコンピュータ「地球シミュレータ」を運用している．【升本】

海洋分散シミュレーション：海洋内での放射性物質やその他の汚染物質などが，その

発生源からどのように広がっていくのかを，海洋中の流れと物質の挙動を合わせてコンピュータを用いて計算すること．過去の状況を再現する場合にも，また将来の状況を予測するためにも利用される．【升本】

核分裂収率： ^{235}U や ^{239}Pu などの核分裂性核種が原子核分裂を生ずる際，それぞれの核分裂生成核種が全体の生成核種に占める割合．全体を200%とする．たとえば，^{90}Sr の核分裂収率はおよそ6%である．【五十嵐】

過酷事故解析計算コード： 主に原子炉格納容器の物理性状や原子燃料の配列，配管等の構造，運転状況等を模擬し，原子炉事故時にいつどの程度の規模でどのような原子炉の破壊が生じ，どの程度の規模でどのような放射性核種が格納容器外へ放出されるか，また，こうした事故に対しプラントで実施する対応策等も検討，予測したシミュレーションコード．わが国では数種類のコードが開発されている．【五十嵐】

過剰リスク： 放射線の被ばくによって生ずる健康影響（リスク）が，通常と比較してどの程度過剰にあるのか量的に評価した値のこと．原爆被爆者の健康影響調査から得られたリスク値が放射線防護において一般的に適用されている．被爆者における過剰リスクは，被ばく線量，被ばく時年齢，被ばくからの経過時間，現在の年齢，性別などの因子によって変動するため，リスク評価は非常に困難な仕事となっている．【五十嵐】

逆推定： 観測結果からさかのぼってその原因を調べる解析手法．具体的には，物質の放出量などを外部入力として数値モデルに与えてシミュレーションを行うことで大気中の濃度などの結果を得る方法（順問題）に対して，仮定の放出量（たとえば単位放出量など）を与えて計算し，これをどのように調節すれば実際に測定された観測値を矛盾なく説明できるかを，逆に計算で推定する方法である．逆解析，逆解法，逆転法ともいう．【田中泰】

局所的な高線量地域（ホットスポット）： 放射性物質の大気沈着量が周囲とくらべて顕著に多く，結果として継続的に空間線量率が高い地域．【森野】

緊急時計画区域（EPZ；Emergency Planning Zone）： 原子力施設で放射性物質または放射線の異常放出といった事態が発生した場合に備え，旧原子力安全委員会の「防災指針」で定められた重点的に防災対策を充実すべき地域の範囲．周辺住民等への連絡手段の確保，周辺住民等の屋内退避・避難等の方法・経路の周知，環境放射線モニタリング体制の整備などの対策を講じておく必要がある．被ばく低減に必要な措置判断の目安として，福島第一原発事故以前までは，原発の半径8-10 km，再処理施設の半径5 km，加工施設の半径500 m が妥当とされていた．【五十嵐】

緊急時対策支援システム（ERSS；Emergency Response Support System）： 原子力重大事故に際して国が原子力災害応急対策を実施し，必要となる事故進展予測を支援するため，電気事業者から送られてくる情報に基づき，事故の状態を監視し，専門的な知識データベースに基づいて事故の状態を判断し，その後の事故進展を解析・予測することを目的に開発されたシステムのこと．平成15年10月以降，（独）原子力安全基盤機構が同システムを運用している．【五十嵐】

計算モジュール： 物質の移流や降水による除去過程など，特定の計算処理を行うための一連の過程をひとまとめにしたもの．【滝川】

現業，現業組織： 広義での現業とは，管理的な業務でない実地の業務のこと．公的業務に関しては，技能分野の業務に従事する職務および公的機関（国，地方自治体，独立行政法人）での労務のうち，非権力的・公権力の行使を伴わない業務．技能分野の業務に従事する職種のなかでは，現業職は，管理職，事務職，研究職以外のものである．また現業組織とは，中心となる職務が現業

であるような組織のこと．【田中泰】

10.5 節では，現業組織は公共エネルギー産業，たとえば電力会社（原子力発電を含む），気象庁などの気象・災害に対処する組織，医療・保健に携わる病院および医師団体など，公益性が強く，法律で定められる業務を国民のために提供する組織を総体的に指す言葉として用いる．必ずしも非営利団体に限定しない．またここで取り上げる問題点に関して言えば，監督官庁である原子力規制委員会および経済産業省，環境省，厚生労働省などの行う業務も現業業務には一部含む．【今田】

原災法 10 条通報（全交流電源喪失）： JCO 臨界事故を教訓に 1999 年に定められた原子力災害対策特別措置法で決められた通報義務のこと．原子力施設の境界付近で基準以上の放射線量が検知された場合等では，事業者はただちに主務大臣，立地の都道府県知事，立地自治体の首長，隣接県の知事へ通報することが決められている．この基準としては，1. 事業所の境界付近で 5 μSv/h 以上を検知した場合，2. 排気筒等通常放出場所で，拡散等を考慮した 5 μSv/h 相当の放射性物質を検出した場合，3. 管理区域以外で 50 μSv/h の放射線量か 5 μSv/h 相当の放射性物質を検出した場合，4. 輸送容器から 1 m 離れた地点で 100 Sv/h を検出した場合，5. 臨界事故の発生またはそのおそれがある状態，6. 運転中に非常用炉心冷却装置の作動を必要とする原子炉冷却材の喪失が発生することなど，とされており，全交流電源喪失もこの基準に含まれる．福島第一原発事故では，3 月 11 日 15：42 に該当と判断された．さらに事態が悪化し，500 μSv/h の放射線量が検知されたり，すべての非常用炉心冷却装置の作動に失敗したりすると原災法 15 条通報該当となり，政府は緊急事態宣言を発出し原子力災害対策本部が立ちあがることとなる．【五十嵐】

原子核談話会： 原子核物理学の実験研究者で作られている団体で，ふだんから情報の共有につとめている．また核物理学研究分野での将来の方向などの議論を常に行っている．【谷畑】

原子力環境整備センター： 現在の公益財団法人原子力環境整備促進・資金管理センターの前身（2000 年 11 月に名称変更）．【田中泰】

広域 X 線吸収微細構造（EXAFS；Extended X-ray Absorption Fine Structure）： 試料に対する X 線の吸収率のエネルギー変化である X 線吸収スペクトルに見られる元素固有の吸収端から 100 eV 程度高エネルギー側に現れる振動構造を指す．この振動を解析することで，注目している元素（中心原子）の周囲 5Å 程度の範囲にある元素の種類，個数，中心原子からの距離などを得ることができる．【髙橋嘉】

航空機モニタリング： 航空機（ヘリコプター等）を用い，上空から迅速かつ広範囲に放射性物質の拡散・沈着状況などをサーベイ（計測）すること．福島第一原発事故に際して，初期には米国 DOE が，2011 年 4 月以降は，文部科学省が実施した．旧原子力安全委員会が定めた「環境放射線モニタリング指針」では，「航空機により放射性プルームの上空を横断し，放射性物質の放出規模を推定するとともに，放射性プルームの拡散範囲等を空中より迅速に把握することが防護対策を決定するために有効な手段と考えられる」とうたわれている．【五十嵐】

高分解能多検出器装備誘導結合プラズマ質量分析計（HR-MC-ICP-MS；High resolution multi collector-type inductively coupled plasma mass spectrometer）： 誘導結合プラズマ質量分析計（ICP-MS）は，イオン源に高周波印加により生成する高温プラズマを用いる質量分析装置のこと．イオン化した原子の質量分別の仕方によって四重極型，磁場型などがある．HR-MC-ICP-MS は高感度に，かつ分解能よく質量分析する（HR）ため，磁場型の質量分析部を備え，かつ，分離された質量の

異なる同位体を同時に測定できるように検出器を複数（MC）備えている．【海老原，五十嵐】

国際原子力機関（IAEA；International Atomic Energy Agency）： 1957年に国連において憲章草案が採択されて設置された．原子力の平和利用を進める国連傘下の自治機関．原子力技術の科学的，技術的協力を進める世界の中心的フォーラムと位置づけられている．現在144カ国が加盟．軍事的利用への転用防止の保障措置や健康，生命等の保護についても権限を有する．IAEA本部はオーストリアのウィーンに置かれるが，保障措置の促進目的で，わが国にも東京地域事務所が置かれている．【五十嵐】

国際原子力事象評価尺度（INES；International Nuclear and Radiological Event Scale）： 国際原子力機関（IAEA）と経済協力開発機構/原子力機関（OECD/NEA）がチェルノブイリ事故の経験を踏まえて策定した原子力施設，放射線利用施設等の事故についての重大さの指標．安全上重要でない事象がレベル0であり，低い方のレベル1～3を異常事象（incident），高い方のレベル4からレベル7までを事故（accident）として大別される．チェルノブイリ事故のように，炉心が損傷してすべての防護がはずれ，大量の放射性物質の放出とその後の一般人の被ばくがあった場合，レベル7と判断される（深刻な事故）．【五十嵐】

国際純正・応用化学連合（IUPAC；International Union of Pure and Applied Chemistry）： 化学分野での標準化・共通化を目的に1919年に設立された化学者の国際機関．化学の進歩と化学の人類社会の貢献を目標としている．命名法，原子量，周期表，定数などを扱ってきた．【五十嵐】

国際放射線防護委員会（ICRP；International Commission on Radiological Protection）： 放射性物質や放射線から人や環境を守る決まりや仕組みを，専門家の立場から勧告する国際学術組織．【五十嵐】

コンプトン散乱線： X線やγ線は，そのエネルギーの一部を電子に与え，散乱される．コンプトンによって見出されたことにちなみ，コンプトン散乱と呼ぶ．散乱線は入射線より小さなエネルギーしかもたない．入射線と散乱線の波長差は散乱角の関数となる．【五十嵐】

サ行

再飛散： 地表などに沈着した放射性物質が，強風による風塵現象などによって再び大気中に浮遊することを，放射性物質の再飛散あるいは再浮遊という．【田中泰】

作付け制限区域： 平成23年4月8日付けで原子力災害対策本部から出された通知により指定された．福島第一原発事故に伴い汚染された水田土壌の放射性セシウム濃度の調査結果および土壌中の放射性セシウムの米への移行の指標から判断して，生産された玄米が食品衛生法上の暫定規制値（500 Bq/kg）を超える可能性の高い地域については，米の作付け制限を行うこととする，とされた．そのため，土壌中放射性セシウム濃度が5000 Bq/kgを超えた地域を作付け制限区域とすることが決められた．平成25年度においては，具体的な地域を指定して作付け制限が県知事あてに指示されている．【五十嵐】

自由大気： 対流圏の空気層で，大気境界層の上にあり層流が卓越する領域．【五十嵐】

出荷制限： 政府は，2011年3月中旬以降，食品衛生法に基づく放射能の暫定規制値を超えた食品を出荷停止の扱いとし，市場に出回らない措置が取られている．なお，暫定規制値は，食品の放射能濃度が半減期に従い減ずることを前提に，この水準の汚染を受けた食品を飲食し続けても健康影響がないものとして設定された．この数値は，相当の安全を見込んで設定してあり，出荷停止となった食品をそれまでの間飲食したとしても健康への影響はないとされる．【五十嵐】

ジュールJ： SIでの仕事，エネルギー，熱

量,電力量の単位.1ニュートンの大きさの力がその方向に物体を1メートル動かすときの仕事が1 J.1 J＝1 C・V(クーロン・ボルト)＝1 W・s(ワット秒)である.1 Jは約0.239 cal(カロリー)なので,水1 mlを1℃上昇させるのには約4.2 Jが必要.【五十嵐】

食品の暫定基準値: 平成23年3月17日付けで厚生労働省からの通知で示された放射性物質についての食品中の濃度基準値.この数値を「上回る食品については,食品衛生法第6条第2号に当たるものとして食用に供されることがないよう販売その他について十分処置されたい」と指示している.たとえば,放射性ヨウ素は飲料水,牛乳,乳製品については300 Bq/kgとされ,また,乳児に対する食品では,100 Bq/kgを超えないように注意もされた.放射性セシウムについては,野菜類,穀類,肉・卵・魚その他で500 Bq/kgとされた.平成24年4月からはより厳しい基準値が示され,一般食品中の基準値として放射性セシウムは100 Bq/kgとされた.乳児用食品,飲料水はさらに厳しい基準値となっている.【五十嵐】

数値シミュレーション: 放射性物質の大気中濃度の時間変化など,求めたい事例について物理的・化学的理論や観測事例などを基に数式化し,数値モデルを構築したうえで計算機を用いて仮想実験を行うこと.【滝川】

生物学的半減期・生態学的半減期: 生物が汚染のない環境に移されたときの放射能の低下は生物学的半減期で表され,環境の放射能レベルの低下も含めて現場の状態での放射能低下を生態学的半減期で表すこともある.【神田】

線量換算係数: 人体の内部被ばくを簡易的に計算で求めるための係数のこと.内部被ばくを正確に求めるためには,体内組織・臓器に沈着した放射性核種の種類・量(放射能)を測定する必要があり,放射性核種が体内に存在する時間,人体は内部被ばくを受けるわけだから,それぞれの放射性核種の量の時間的変化(代謝・体外排泄・放射壊変による減衰)を追跡しなければならない.また,それぞれの人の臓器の重量や大きさ,形態についても本来考慮しなければならない.そこで,摂取した放射性核種の放射能と標準的な人体の組織や臓器重量を仮定し,核種の代謝・体外排泄についても標準化し,その仮定の下で各組織・臓器が受ける線量との関係が求められている.このように,人体に摂取された核種の単位放射能当たり被ばく線量に換算する係数は実効線量係数と呼ばれる.【五十嵐】

線量率効果: 長時間,長期間かけて放射線を被ばくした場合,同じ線量でもそのリスクは減少する.このような線量率-リスク低減の度合の評価値を線量率効果係数と呼ぶ.【五十嵐】

総合科学技術会議(CSTP;Council for Science and Technology Policy): 内閣総理大臣,科学技術政策担当大臣の指揮の下,各省より一段高い立場から,総合的・基本的な科学技術・イノベーション政策の企画立案および総合調整を行うことを目的とした「重要政策に関する会議」の1つとされる.総理大臣を議長に,14人の閣僚および有識者委員により構成される.【五十嵐】

相対リスク: 有害物に起因して発生するいずれかの健康影響について,性別,年齢などの因子を同じにした対照集団のリスク(R_c)と比較してばく露集団のリスク(R_{cx})が何倍になっているかを表すもので,相対リスクが1であれば,有害物はリスクに影響していないということを意味する.過剰相対リスクとは,相対リスクより1を引いた値のことを指す.すなわち,$(R_{cx} - R_c)/R_c = (R_{cx}/R_c) - 1$.【五十嵐】

草本,木本: 植物の種類を表す用語.地上部分の生存期間の長さによっての区分.草本はふつう1年を超えない期間で枯死するものを指し,木本は1年を超えて長期に生存して組織の多くが木質化するものを指す.植物の分類学上の区分ではない.【五十嵐】

タ行

大気拡散モデル： 放射性物質や大気汚染物質などが大気中に散らばる様子を再現する数理モデルのこと．Atmospheric dispersion model の訳語．プルームモデルやパフモデルと呼ばれる解析解を求めるモデルや，コンピュータによる数値計算シミュレーションによって濃度を求めるモデルがあるが，現在ではおおむね後者の数値モデルを指すことが多い．これはコンピュータの著しい発展により，詳細な気流場と地形や地表面状態を再現し，その条件下で微量物質を拡散・移流させることが可能となってきたためである．物質はモデルの中では大気の乱流により拡散し，気流により移流させる．代表的な数値モデルには，WSPEEDI システムの GEARN，FLEXPART，HYSPLIT 等がある．【五十嵐，田中泰】

大気境界層： 大気の最下層で，気流が地表面の摩擦の影響を直接受けている層．摩擦層．地表面の凹凸と日射により乱流混合が生ずる．混合層．【五十嵐】

大気大循環モデル（Atmospheric General Circulation Model）： （地球）大気全体の運動を再現するため，大気の運動，水蒸気などの水の循環やそれらの陸面との相互作用などを扱う数値モデルのこと．【田中泰】

大気輸送モデル評価研究（ATMES；Atmospheric Transport Model Evaluation Study）： チェルノブイリ原子力発電所事故の汚染物質の欧州での大気中濃度と沈着量について，長距離大気輸送モデルの計算結果と観測値とを比較し，モデルの評価を行うための合同プロジェクト．1986年11月から企画され，1987年から開始された．【田中泰】

沈着： 気体中のエアロゾル粒子や微量気体などが液体や固体の境界面に付着するプロセスのことを沈着という．大気エアロゾルの場合は，土壌や植生，海表面などに付着し，大気から除去される過程を指す場合が多い．また，エアロゾルの健康影響を考える場合は，エアロゾルの肺や気道など呼吸器系に付着することも沈着という．【田中泰】

沈着速度： 大気中の物質が地表面に落下（または付着）する現象を沈着という．単位面積および時間当たりに沈着する物質の量は，大気中の物質の濃度に比例すると考えることができる．このときの比例定数は速度の次元をもつことから，「沈着速度」と呼ばれる．降水を伴わない沈着現象では，この比例定数は「乾性沈着速度」と呼ばれる．乾性沈着速度は一般には物質の種類や大きさ，地表面の状態，気象条件などに依存する．【田中泰】

定時降下物モニタリング： 文部科学省が実施する環境放射能調査において，毎日一定の時刻（通常，降水があった日の翌日の午前9時）に採取された試料によるモニタリングのこと．【五十嵐】

低線量（100 mSv）： 何 mSv 以下を低線量と呼ぶのかは，実のところ明白な定義はないらしい．原爆被爆者の健康調査から100-200 mSv 以下ではリスク増加が統計的に有意かどうか不明なため，この水準以下の線量を「低線量」と呼ぶようになったと考えるのが妥当である．また，100 という数字がキリがよいこともあるかもしれない．UNSCEAR（原子放射線の影響に関する国連科学委員会）2000年報告，ICRP 1990年勧告がこれらの数値（100-200 mSv 以下）を用いはじめ，米国科学アカデミー「電離放射線の生物学的影響に関する委員会（BEIR）」等も報告書で「100 mSv 以下の低線量」と頻繁に記述している．これとは別に，マイクロドジメトリー（微視的線量評価）の観点から，1つの細胞が放射線の打撃を2回以上受けることのない線量域を低線量と呼称しようという提案もある．【五十嵐】

デトリタス： 海生生物の排泄物や死骸，生物由来の物質の破片などを起源とする微細な有機物の粒子のこと．プランクトンとともに水中の懸濁物の重要な要素であり，堆

積物にも多く含まれる．【五十嵐】

東京大学原子核科学研究センター（CNS；Center for Nuclear Study）： 旧東京大学原子核研究所を母体に1997年に発足した原子核に関わる研究と教育を担う研究センター．正式名称は東京大学大学院理学系研究科附属原子核科学研究センター．【五十嵐】

東京電力福島第一原子力発電所： 東京電力株式会社が福島県大熊町と双葉町にまたがる地域に建設した原子力発電所で，1971年3月から営業運転を開始．2011年時点では1号機から6号機までが稼働していたが，3月11日の震災時，4～6号機は点検中で原子燃料は原子炉内にはなかった．5号，6号機は電源喪失を免れたため，核燃料の冷却を維持できた．いずれも沸騰水型軽水炉であり，5号機まではマークIと呼ばれる古い形式のものである．【五十嵐】

動径構造関数： EXAFS法で得られるEXAFS振動をフーリエ変換して得られる関数で，フーリエ変換強度を中心原子からの距離に対して動径構造関数をプロットした図から，中心原子からどの程度の距離に隣接原子が存在するかがわかる．中心原子周囲の特定の原子に着目した構造解析が行える利点がある．【髙橋嘉】

ナ行

内圏錯体： 水溶液中の溶質が固相表面に吸着する際に，固相と直接化学結合をもった表面錯体を形成して吸着される形態をいう．これに対して，水溶液中で水和した溶質が，水和状態を保ったまま，固相表面に直接の化学結合をもたずに吸着される場合の表面錯体を外圏錯体という．【髙橋嘉】

ナッジング手法： 気象や海洋などの数値シミュレーションモデルのデータ同化手法の1つである．気象解析値などを参照値として，参照値と数値モデルによる出力値との差分に係数をかけて，緩和的に数値モデルを参照値に近づける方法である．比較的低い計算コストで連続的に数値モデルを現実に近づけるために用いられる．【田中泰】

日本沿海予測可能性実験（JCOPE）モデル： 日本周辺海域の水温や流れなど，海洋の状況を予測するために海洋研究開発機構（JAMSTEC）で開発された海洋の数値モデル．人工衛星や現場での観測データを数値モデルに取り込みながら，黒潮や親潮などの海流に加え，海洋に多く存在する直径数百キロメートル程度の渦も現実的に再現できるように設計されている．漁海況予測など様々な応用利用にも用いられているが，福島第一原発事故後，放射性物質の広がりも計算している．【升本】

日本学術会議： わが国の人文・社会科学，自然科学全分野の科学者の意見をまとめ，国内外に対して発信する日本の代表機関．科学が文化国家の基礎であるという確信の下，行政，産業および国民生活に科学を反映，浸透させることを目的として，昭和24年（1949年）1月，内閣総理大臣の所轄の下，政府から独立して職務を行う「特別の機関」として設立された．わが国の人文・社会科学，生命科学，理学・工学の全分野の約84万人の科学者を内外に代表する機関であり，210人の会員と約2000人の連携会員によって職務が担われている．【五十嵐】

日本原子力研究開発機構（JAEA；Japan Atomic Energy Agency）： わが国における最大の原子力技術の中核研究開発機関．2005年10月に旧日本原子力研究所と旧核燃料サイクル開発機構の統合により発足した．「原子力の未来を切り拓き，人類社会の福祉に貢献する」を使命としている．茨城県那珂郡東海村に本部をもち，敦賀，福島をはじめ全国10数カ所に技術開発・研究拠点をもつ．【五十嵐】

ネスティング手法： 数値モデルにおいて，粗い格子のモデルと細かい格子のモデルを組み合わせ，細かい格子のモデルの側面境界に粗いモデルの値を用いることで，対象となる領域を高解像度で再現する手法．【田中泰】

濃縮係数（CR；Concentration Ratio）： 海水中の放射性物質やその他の汚染物質などが海洋生物へと取り込まれる場合，海水中の濃度にくらべ，多くの場合に生物体内での濃度は高くなる．生物体内の濃度と海水中の濃度との比を濃縮係数と呼び，この値が大きいほど，生物体内に濃縮しやすいことを表している．【五十嵐】

ハ行

ハイブリッドモデル： 同一の物事に対し複数の手法による計算過程を組み合わせ，両者の特徴を生かした計算処理を行うこと．【滝川】

パルス波高分析： 放射線が入射すると検出器から電圧パルスが得られる．このパルスを電子回路により増幅し，どのパルス高さ（波高）のパルスがいくつ得られたか，頻度分布を得る．この作業をパルス波高分析と呼ぶ．パルス波高が放射線のエネルギーと良好な直線関係にあれば，波高分析の結果得られるのが，エネルギースペクトルである．【五十嵐】

半減期あるいは平均寿命： ある物質の量が半減する時間を半減期といい，自然対数の底である e（$=2.718\cdots$）の逆数（$1/e$）の量まで減少するのに要する時間を平均寿命という．［半減期］$=\log_e 2$（$\ln 2$ とも表記．数値では約 0.693）$\times$［平均寿命］の関係にある．【五十嵐】

避難区域，屋内退避区域，計画的避難区域： 政府は事故発生直後から徐々に「避難区域」を拡大したが，2011年3月15日に福島第一原発の半径20 km 圏内を「避難区域」とし，半径20 km 以上・30 km 圏内の地域を「屋内退避区域」とした．その後4月になると，政府は，半径20 km 圏内を「避難区域」から「警戒区域」に，福島第一原発の半径20 km 以遠の地域で事故発生から1年以内に積算線量が20 mSv に達するおそれのある区域を「計画的避難区域」に設定した．ICRP（国際放射線防護委員会）とIAEA（国際原子力機関）の緊急時被ばく状況における放射線防護の基準値（年間 20-100 mSv）を考慮したためという．4月22日から1カ月を目処に避難を完了することが望ましいとされ，葛尾村，浪江町，飯舘村，川俣町の一部および南相馬市の一部が該当．さらに，「緊急時避難準備区域」として，福島第一原発の半径20-30 km 圏内の地域で，計画的避難区域に該当しない地域（広野町，楢葉町，川内村，田村市一部，南相馬市一部）を緊急時に屋内退避または別の場所に避難が必要な区域とした．なお，「緊急時避難準備区域」は2011年9月30日に解除された．【五十嵐】

被ばくと被爆： 放射性物質など有害物に遭遇することを「被ばくした（ばく露された）」と表現する．一方，同じ発音の「被爆」とは爆発に遭遇することを意味し，また核爆発に遭遇したことも被爆と表現する．ばく露「曝露」の「曝」という漢字が常用漢字に入っていないことから，ひらがなを用いて「被ばく」と書かれることが多いため，放射線「被ばく」と「被爆」は混同されることが多い．【五十嵐，田中泰】

ファクター10： 数値シミュレーションの結果を評価する場合に，観測値に対してシミュレーションによる計算値が何倍の範囲にあるかを評価することがある．この場合に，「ファクター10の範囲」とは，観測値に対してシミュレーション結果が1/10倍から10倍の範囲内にある，という意味である．【田中泰】

フランス放射線防護原子力安全研究所（IRSN；Institute de Radioprotection et de Sûreté Nucléaire）： 放射線防護原子力安全研究所は，フランスの原子力と放射線リスクについての研究を行う公的専門機関である．【田中泰】

米国エネルギー省（DOE）： アメリカ合衆国の官庁の1つ．1977年に旧原子力委員会や旧エネルギー開発庁を元に発足した組織．エネルギー安全保障，核安全保障と汚染問題の解決，科学技術の革新，戦略的な

管理・運営改善の4分野について，その進歩と促進に責任を有する．【五十嵐】

米国環境保護庁（EPA；Environmental Protection Agency）： アメリカ合衆国の官庁の1つであり，市民の健康と自然環境の保護を目的としている．大気環境，水質汚染，土壌汚染などが管理の対象に含まれる．1970年に設立された．【田中泰】

ペタベクレル（PBq＝10^{15} Bq）： ベクレル（Bq）はSI単位系における放射能量（壊変率）の単位．放射能の発見者である仏人研究者アンリ・ベクレルにちなむ．1秒間に1個の壊変を示す（1 disintegration per second（1 dps）＝1 Bq＝1/sec）放射性物質の量を表す．ペタ＝peta＝Pは，$\times 10^{15}$ を意味する接頭辞．放射線，放射能関係でよく使われる接頭辞は，

　エクサ（exa）E
　　百京　1,000,000,000,000,000,000　10^{18}
　ペタ（peta）P
　　千兆　1,000,000,000,000,000　10^{15}
　テラ（tera）T
　　一兆　1,000,000,000,000　10^{12}
　ギガ（giga）G
　　十億　1,000,000,000　10^{9}
　メガ（mega）M
　　百万　1,000,000　10^{6}
　キロ（kilo）k　千　1,000　10^{3}
　ミリ（milli）m
　　千分の一　0.001　10^{-3}　など．【五十嵐】

包括的核実験禁止条約機関（CTBTO；Comprehensive Nuclear-Test-Ban Treaty Organization）： 包括的核実験禁止条約（CTBT；Comprehensive Nuclear-Test-Ban Treaty）は宇宙空間，大気圏内，水中，地下を含むあらゆる空間における核兵器の実験的爆発および他の核爆発を禁止するため，1996年9月に国連総会において採択された条約である．包括的核実験禁止条約機関（CTBTO）は，この条約の趣旨および目的を達成し，この条約の規定の実施を確保する等のために設立された機関であり，条約の遵守についての検証のため，国際監視制度，現地査察，信頼醸成措置等からなる検証を行う．本部はウィーンに設置されている．なお，CTBTの発効には特定原子力技術をもつとされる44カ国すべての批准が必要とされており，2014年3月現在では発効されていないため，正確にはCTBTO準備委員会（Preparatory Commission for the Comprehensive Nuclear-Test-Ban Organization）と呼ばれている．【田中泰】

放射強制力： ある気候変化要因を気候系に加えたときに，大気上端（実際には対流圏界面）で地球大気に入射する太陽放射と射出される地球放射のエネルギー収支の変化（W/m²）を表す．この変化を解消しようとして気候が変化するために，変化要因の気候影響の大きさの目安に使われる．通常，気候系を加熱する方向を正値に取る．【中島，田中泰】

放射性核種と放射性物質： 核種とは一組の陽子数と中性子数，エネルギー状態で決まる原子核の種類で，同位体とほぼ同義に用いられる．エネルギー的に安定なものと不安定なものがあり，不安定で放射壊変する核種を放射性核種と呼ぶ．放射性核種を有意に含む物質全般を放射性物質という．【海老原，五十嵐】

放射性降下物： 大気から地表へ降下する塵等が，人為的な核爆発や核事故により放射性物質を多量に含む状況となったとき，それらの総称として放射性降下物と呼ぶ．降水による地表への降下（湿性沈着とも言う）や風によって沈着するもの（乾性沈着）すべてを含む．環境放射能分野ではradioactive falloutの訳語である放射性降下物を使うことが多いが，大気汚染分野ではdepositionの訳語である沈着を通常用いる．他方，プロセスに着目した場合，乾性沈着（dry deposition），湿性沈着（wet deposition）が用いられる．【五十嵐】

放射線計測： 放射性核種がエネルギー的により安定な核種に変化（壊変）するとき，原子核から余分なエネルギーが外部に放射

線として放出される．この放射線を計測することを放射線計測という．放射線を計測することによって，その放射線を放出する核種の種類やその量を知ることができる．後者の核種の定量は放射能測定にほかならず，放射能測定の基本は放射線測定である．放射線の計測数と放射能（強度）は比例関係にあり，その比例定数を予め求めておくことにより，放射線計測の値から放射能の値を求めることができる．このため，専門家においても放射能測定と放射線計測はしばしば混同して同義で用いられることがある．これらに加えて，X線や中性子線などの計測も放射線の計測であり，空間線量率の計測も広い意味で放射線計測に含められる．【海老原，五十嵐】

放射線防護： わが国ではICRPの勧告に基づき「放射線障害防止法」により，放射線業務従事者（作業者）と一般公衆の防護とを定めているが，基本的に方策が異なる．作業者の場合には被ばくの個人管理が行われ，適切な作業環境管理のもとで外部被ばく・内部被ばく線量の測定（あるいは計算）により年実効線量限度（50 mSv/年）以下（5年間で100 mSv以下とも規定）であることの確認と定期的な健康診断によって放射線障害の防止が図られる．一般公衆の場合には，放射線の危険性は一般公衆がさらされている他のあらゆる危険要因のうちのほんの一部であり，したがって，一般公衆が日常生活で放射線以外の危険性をどのように容認しているのかということと比較して，一般公衆に容認されうる線量限度を定めることが合理的であるとの考え方から，作業者よりも厳しい年実効線量限度（1 mSv/年）が定められている．これを担保できるように，放射性物質を扱う事業所境界において空間線量率，排気・排水中放射能濃度それぞれが限度を超えないよう管理することによって放射線防護が図られる．従来このような厳しい管理が実施されてきたが，これは福島第一原発事故にあっても，何ら例外ではないはずである．【五十嵐，原子力百科事典 ATOMICA からの引用に加筆・修整】

放射能測定： 放射性核種の壊変速度（単位時間当たりの壊変数），すなわち放射能（強度）を測定することで，Bqを単位として求められる．放射性核種を含む放射性物質を対象とした放射能測定では，その対象物の質量当たりの放射能（Bq/kg等）として報告されることがある．【海老原】

放射能測定法： 環境放射能調査の実施にあたり全国共通の標準的な手法が必要となったため，旧科学技術庁によって制定された測定マニュアルのこと．1957年の「全ベータ放射能測定法」以来，文部科学省放射能測定法シリーズとして30ほどのマニュアルが出版されている．【五十嵐】

放射能ゾンデ： GPSラジオゾンデ（RS92-SGP）にGM管（γ線センサーとしてPhillipsZP1208，$\gamma \cdot \beta$線センサーとしてPhillips1328）を用いた放射能測定ユニットを付加して，気圧，気温，湿度，風向・風速，γ線強度，β線強度を測定するもので，$\gamma \cdot \beta$線強度は，0.25 MeV以上の高エネルギー粒子を測定している．γ線，β線とも1秒間に870カウントまで測定が可能で，γ線は100万 Bq/m^3，β線は200万 Bq/m^{3}まで計測できる（図参照）．測定誤差は

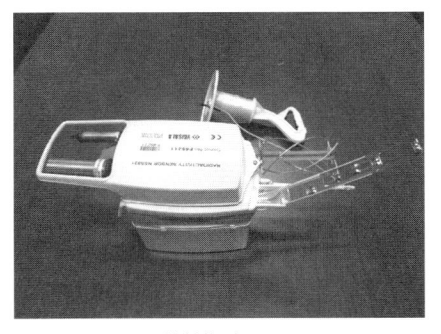

放射能ゾンデ
右部は気温，湿度センサー，左部が放射能を計測するGM管で，奥の小さいチューブで$\gamma \cdot \beta$線強度，手前の大きいチューブでγ線強度を計測する．

±10%である．【渡邊】

ホルミシス： 生物は自然放射線やさまざまな物理・化学的なストレスに耐え抜いて進化発展してきた．そのため，多様なストレスに対し，生物は進化の過程で獲得してきた複雑な生体防御機構をもつ．微量な放射線被ばくも生体活性の賦活につながり，生体にとってプラスの影響をもつとの仮説．従来，低線量の被ばくはいかなる量においても有害と考えられてきたため，注目を集めた．当然ながら，LNTモデルとは整合しない．ホルミシスを想定すると，線量-リスク曲線は低線量域で直線より下に凸となる．生物学的には興味深い仮説だが，長期的にはプラスとならないという反論もある．ホルミシスとは反対の方向に働くと考えられるバイスタンダーという現象も見出されている．放射線に当たった細胞が，近傍の放射線に当たっていない細胞にあたかも被ばくしたのと同様なネガティブな生物学的影響を引き起こす現象である．バイスタンダー効果によれば，線量-リスク曲線は低線量域で直線より上に凸となる可能性がある．ホルミシス効果とは反対の意味で，LNTモデルとは整合しない．【五十嵐】

マ行

モニタリングポスト： 「緊急時環境放射線モニタリング指針」などに基づき，放射線を定期的もしくは連続的に測定するために原子力発電所等の周辺に設置された装置．固定式と可搬式とがある．【滝川】

ヤ行

預託実効線量： 線量換算係数の項で述べたように，内部被ばくは摂取されてから排泄されるか減衰するまでの期間続くため，その期間の線量全体を計算する．放射性核種によっては体内に長く残留するので，成人については，摂取後50年間に受ける線量を積算し，それを，「最初の1年間でこの線量を「預託」された（一度に預けられた）」ものとしてmSv単位で表現する．【五十嵐】

ラ行

ラグランジュ型（Lagrangian model）とオイラー型（Eulerian model）： 大気中濃度の時間発展をモデル化する際に，放出源からの物質の輸送を多数の疑似粒子で仮想し，これらの粒子群の移動を追跡することにより求めるものをラグランジュ型モデル，または粒子型モデルと呼ぶ．また空間を適当な格子間隔で離散化し，風向・風速や濃度勾配などを基に各格子点とその周辺の格子点の間の物質のやり取りを求めるものをオイラー型モデルと呼ぶ．これらは流体のラグランジュ的記述，オイラー的記述にちなんだものである．【滝川，田中泰】

リター層： 森林土壌に特有の有機物層で，落葉落枝類が堆積した層のこと．このような層全体はO層（あるいはA_0層）と呼ばれ，有機物の分解の程度が増加する順に，L層（リター層），F層（腐葉層），H層（腐植層）と名づけられている．【高橋嘉】

硫酸エアロゾル： 大気中に浮遊するエアロゾルの主要成分の一つで，二酸化硫黄（SO_2）などの酸化を通じて生成される．【田中泰】

流跡線解析： 流体中で，ある空気塊が流れの中を通過する経過線を流跡線という．重さのない風船が風に流されてたどる道筋と考えると想像しやすい．この流跡線を用いて，大気中の気体やエアロゾルの輸送経路を推定する解析方法を流跡線解析という．ある場所から放出された空気塊がどこへ流れていくかを推定する場合を前方流跡線解析，ある場所に到達する空気塊がどこからきたかを推定する場合を後方流跡線解析という．【田中泰】

炉内解析： 原子炉内部で発生する熱エネルギー，放射線と放射性物質の流動や移行状況を把握するための物理学的な計算手法とそれを用いた解析を指す．【五十嵐】

アルファベット

CAMx: Comprehensive Air Quality Model with Extentions の略称．米国 ENVIRON 社の領域化学輸送モデル．【滝川】

Ci（キュリー）： 放射能（壊変率）の旧単位．マリー・キュリーにちなむ．1秒間に 3.7×10^{10} 個の壊変数を示す放射能（強度）．元来は1gの ^{226}Ra が示す放射能（放射能値または放射能強度）． $1\,Ci=3.7\times10^{10}\,Bq$ の関係がある．【五十嵐】

CMAQ（Community Multi-scale Air Quality）： 米国環境保護庁で開発された領域化学輸送モデル．【田中泰】

ETEX（European Tracer Experiments，欧州拡散実験）： ATMES の後を受けた大気中の物質拡散に関する実験．ETEX では ATMES の反省の上で，より絶対的な評価を行うため人工トレーサーを用い，計画された捕集点で濃度測定を行い，数値モデルの評価を行うことや，リアルタイムでの数値モデルの運用評価等が行われた．1992年から1997年まで，いくつかの段階を経た比較実験が行われた．【田中泰】

FLEXPART： ノルウェー大気研究所において開発されている，ラグランジュ型の大気移流拡散モデル．原子力発電所事故や火山噴火による噴出物などの大気中の物質の移流拡散問題について，さまざまな機関で利用されている．【田中泰】

FWHM（Full Width at Half Maximum）： 半値幅．一般にはスペクトルのピークの幅を示す指標．凸型・山型の上昇側，下降側でそれぞれスペクトルのパルス最大値の半分の値となる点（x軸）を取ったとき，その区間幅を指す．半値幅が小さいほど，ピークは鋭く分解能が高い．6.1節（4）の場合には，1カ所に γ 線の放出源があった場合に，検出器の位置を変化させて計測をしたときに，中心位置からどれくらい位置がずれれば計数が半分になるかという位置の幅を示す．【五十嵐，谷畑】

GEARN： 原子力研究機構によって開発された粒子拡散モデル．放射性物質を模擬した多数の粒子の位置をラグランジュ的に追跡して大気への拡散の計算を行う．【田中泰】

GPV/MSM： GPV とは Grid Point Value の略で，「格子点値」の意味であるが，気象分野では，気象数値モデルと観測値によるデータ同化解析を行い，格子点ごとに出力されたデータのことを示す．MSM とは気象庁のメソスケールモデル（Meso Scale Model）の略である．GPV/MSM とは気象庁メソスケールモデル MSM を用いて作成された解析数値データのことである．【田中泰】

IPCC（Intergovernmental Panel on Climate Change, 気候変動に関する政府間パネル）： 気候の変化に関する科学的な判断基準を提供するために，国際連合環境計画（UNEP）と世界気象機関（WMO）が1988年に共同で設立した政府間機構．政府関係者および，各関連分野の科学者などの専門家が参加し，地球温暖化に関する科学的知見を集約した評価報告書を数年おきに発行している．2007年にノーベル平和賞を受賞．【田中泰】

LNT（Linear No-Threshold）モデル： ICRP や米国科学アカデミー「電離放射線の生物学的影響に関する委員会（BEIR）」が放射線被ばくの確率的影響に関して採用している直線・しきい値なしの影響評価モデルのこと．しきい値があるとは，しきい値より低い線量では何の影響も生じないことを表し，しきい値なしとは，どのような線量の放射線でも必ず影響があることを意味する．LNT モデルでは，高線量域で得られた線量-リスク関係をそのまま低線量域に直線外挿しているが，しきい値がある，ホルミシス効果，バイスタンダー効果を考慮すべきなど批判も多い．【五十嵐】

MASINGAR mk-2： MASINGAR（Model of Aerosol Species IN the Global Atmosphere）は気象庁気象研究所が開発している全球のエアロゾルモデル．気象庁の黄砂

予測等にも用いられている．現在のバージョンである MASINGAR mk-2 は大気大循環モデル MRI-AGCM3 と結合して気候変動研究にも用いられている．【田中泰】

MeV（メガエレクトロンボルト）： 1エレクトロンボルト（eV）とは，1個の電子を1ボルトの電位差に逆らって移動させるのに必要なエネルギー量のこと．メガ（M）は $\times 10^6$ を意味する用語．$1\,\mathrm{eV} = 1.602 \times 10^{-19}\,\mathrm{J}$．【五十嵐】

MM5： ペンシルバニア州立大学と米国国立大気研究センターの開発した第5世代の領域大気モデル The PSU/NCAR Mesoscale Model．メソスケールの大気循環のシミュレーションに用いられる．【田中泰】

MOX燃料： ウランとプルトニウムを混合した核燃料．通常の核燃料はウランのみで作られている．いわゆるプルサーマル計画により福島第一原発3号機ではMOX燃料が導入されていた．【五十嵐】

MRI-AGCM3, MRI-CGCM3： 気象庁および気象研究所が開発している全球大気大循環モデルであり，地球温暖化などの気候変動研究に用いられている．【田中泰】

NADP（National Atmospheric Deposition Program）： 米国内の国立・州立・地方自治体機関や教育機関，企業，NPOを含むさまざまな団体が参加する，大気中の物質の濃度や湿性沈着量測定のプログラムである．1977年に設立され，1978年から測定を行っている．【田中泰】

NOAA HYSPLIT（the National Oceanic and Atmospheric Administration Hybrid Single Particle Lagrangian Integrated Trajectory）モデル： 米大気海洋庁によって開発された，ラグランジュ的粒子モデル．流跡線解析を行うモードや，ある地点から放出される多数の空気塊の移流と拡散を追跡する大気拡散モデルとしての計算が可能である．また，PCにインストールして使用可能で，またWebブラウザで条件を入力して使用できるなど，利用が簡便である．【田中泰】

Photon Factory（放射光科学研究施設）： 大学共同利用機関法人高エネルギー加速器研究機構（KEK, つくば市）の物質構造科学研究所に属する放射光実験のための施設．紫外線からX線までの光が利用可能な日本初の放射光専用光源として1982年に完成し，その後も改良を重ね，現在にいたるまで多くの研究者に最先端の研究の場を提供している．【高橋嘉】

RadNet： 米国環境保護庁の大気環境放射線観測ネットワーク．米国内48州計100以上の地点において大気中放射線の連続的な観測を行っている．【田中泰】

SEM-EDX（走査型電子顕微鏡，Scanning Electron Microscope-Energy Dispersive X-ray spectrometry）： 細く絞られた電子線を観察試料に走査して照射し，反射電子や誘起された電子を画像処理して拡大像を得るタイプの電子顕微鏡．EDXは，電子線照射で試料から発生する特性X線を検出し，エネルギー分光することによって，試料に含まれる元素の分析や組成分析を行う手法．SEMに付属しているので，SEM-EDXと略する．【五十嵐】

SPring-8： 兵庫県播磨科学公園都市にある大型放射光施設で，世界最高レベルの80億電子ボルトの加速電圧を誇る．SPring-8という名前はSuper Photon ring-8 GeVに由来している．この放射光を用いてナノテクノロジー，バイオテクノロジーや産業利用まで幅広い利用研究が行われており，国内外の産学官の研究者等に開かれた共同利用施設である．【高橋嘉】

SPRINTARS（Spectral Radiation-Transport Model for Aerosol Species）： エアロゾルによる気候システムへの影響および大気汚染の状況を地球規模でシミュレートするために開発された数値モデル．東京大学大気海洋研究所・国立環境研究所・海洋研究開発機構が開発している大気海洋結合モデルMIROCをベースとしており，九州大学応用力学研究所で開発されている．気候変動に関する政府間パネル（IPCC）第4次評価報告書（AR4）のエアロゾルによる気

候への影響評価において，アジアから唯一採用されたエアロゾルモデルである．【田中泰】

^{132}Te-^{132}I： このように核種をハイフンで結び表記するのは次の意味をもつためである．2つの核種は親子関係にあり両者とも放射性だが，子どもの核種 ^{132}I の半減期は 2.3 時間で親核種 ^{132}Te の半減期 3.3 日よりもかなり短く，そのため，大気中では ^{132}Te と ^{132}I は放射平衡と呼ばれる状態にあって，おおよそ一緒に挙動すると考えられる．つまり，^{132}I が単独で挙動していることは考えにくい．また，測定時に検出された ^{132}I は，元々大気中に存在した ^{132}I に加えて，試料中に存在する ^{132}Te の放射性壊変で生じたものを含んでいる．こうしたことから，両者は放射平衡にあると仮定して特殊な表記法をしている．【五十嵐】

U8 容器： わが国の環境放射能分野で用いられる，試料を入れるプラスチック容器．容積 100 ml．ひんぱんに用いられることから，標準試料や計測の規格とされることが多い．写真参照．【五十嵐】

U8容器の写真（理化学機器ネットカタログより）

UNSCEAR（United Nations Scientific Committee on the Effects of Atomic Radiation, 原子放射線の影響に関する国連科学委員会）： 1955 年の国連総会で設置された委員会であり，加盟国が任命した科学分野の専門家で構成されている．その役割は，純粋に科学的所見から，人体と環境への放射線の影響に関する情報収集と評価や電離放射線による被ばくの線量と影響を評価し，報告することにある．【青野】

WRF（Weather Research and Forecasting model）： 米国国立大気研究センター（NCAR）や海洋大気庁環境予測研究センター（NCEP）等によって開発された非静力学メソスケール気象モデルで，日本においてもさまざまな研究機関，大学，気象会社等で用いられている．【田中泰】

WRF/Chem： 非静力学メソスケール気象モデル WRF に大気汚染物質の大気中での化学反応過程を導入し，気象場（風向，風速，気圧，気温，比湿，降水量，日射量など）に加えて大気汚染物質の大気中濃度なども併せて計算できるようにした領域化学輸送モデル．【滝川】

WSPEEDI： 日本原子力研究開発機構で開発された，第 2 世代の SPEEDI システム．海外で発生した原子力事故に対応するための「世界版 SPEEDI」である．現在のバージョンである WSPEEDI 第 2 版（WSPEEDI-Ⅱ）は大気力学モデル MM5 と拡散予測プログラム GEARN から構成されている．WSPEEDI は 1997 年に第 1 版（WSPEEDI-Ⅰ）が完成し，2009 年 2 月には，気象予測機能に MM5 を導入し，放出源推定機能および国際情報交換機能を追加した WSPEEDI-Ⅱ が完成しており，現在は実用化に向けての検討が行われている．【田中泰】

参考文献

第 1 章参考文献

1.1 節（中島，大原，植松，恩田）

Aoyama, M., D. Tsumune, and Y. Hamajima, 2012: Distribution of ^{137}Cs and ^{134}Cs in the North Pacific Ocean: impacts of the TEPCO Fukushima-daiichi NPP accident, J. Radioanal. Nucl. Chem., doi: 10.1007/s10967-012-2033-2.

Estournel, C., E. Bosc, M. Bocquet, C. Ulses, P. Marsaleix, V. Winiarek, I. Osvath, C. Nguyen, T. Duhaut, F. Lyard, H. Michaud, and F. Auclair, 2012: Assessment of the amount of Cesium-137 released into the Pacific Ocean after the Fukushima accident and analysis of its dispersion in Japanese coastal waters, J. Geophys. Res. Oceans, 117, C11014, doi: 10.1029/2012JC007933.

学術会議，2014：東京電力福島第一原子力発電所事故によって環境中に放出された放射性物質の輸送沈着過程に関するモデル計算結果の比較，日本学術会議総合工学委員会，原子力事故対応分科会報告，2014 年 9 月．

原子力安全委員会，2012：第 35 回原子力安全委員会資料第 1 号（2012 年 8 月 27 日），http://www.nsr.go.jp/archive/nsc/anzen/shidai/genan2012/genan035/siryo1.pdf

原子力規制委員会，2013：平成 25 年度航空機モニタリングの実施について．http://radioactivity.nsr.go.jp/ja/contents/9000/8014/24/259_0826_11.pdf

原子力災害対策本部，2011a：東京電力福島第一原子力発電所・事故の収束に向けた道筋 進捗状況（平成 23 年 7 月 19 日）

原子力災害対策本部，2011b：東京電力福島第一原子力発電所・事故の収束に向けた道筋 ステップ 2 完了報告書（平成 23 年 12 月 16 日）

原子力災害対策本部，2012：原子力安全に関する IAEA 閣僚会議に対する日本国政府の報告書—東京電力福島原子力発電所の事故について．http://www.kantei.go.jp/jp/topics/2011/iaea_houkokusho.html

Honda, M. C., T. Aono, M. Aoyama, Y. Hamajima, H. Kawakami, M. Kitamura, Y. Masumoto, M. Miyazawa, M. Takigawa, and T. Saino, 2012: Dispersion of artificial cesium-134 and -137 in the western North Pacific one month after the Fukushima accident. Geochem. J., 46, e1-e9.

JAEA 公開ワークショップ資料，2012：日本原子力研究開発機構公開ワークショップ「福島第一原子力発電所事故による環境放出と拡散プロセスの再構築」，東京（2012 年 3 月 6 日），http://nsed.jaea.go.jp/ers/environment/envs/FukushimaWS/index.htm

河北新報社，2012：2012 年 9 月 13 日記事．http://www.kahoku.co.jp/spe/spe_sys1090/20120913_07.htm．

Kato, H., Y. Onda, and T. Tesfaye, 2011: Depth Distribution of ^{137}Cs, ^{134}Cs, and ^{131}I in Soil

Profile after Fukushima Daiichi Nuclear Power Plant Accident, J. Environ. Radioactiv. (accepted).

Kato, H., Y. Onda, and T. Gomi, 2012 : Interception of the Fukushima reactor accident-derived ^{137}Cs, ^{134}Cs and ^{131}I by coniferous forest canopies. Geophys. Res. Lett., 39, L20403, doi : 10.1029/2012GL052928.

Kawamura, H., T. Kobayashi, A. Furuno, T. In, Y. Iishikawa, T. Nakayama, S. Shima, and T. Awaji, 2011 : Preliminary Numerical Experiments on Oceanic Dispersion of ^{131}I and ^{137}Cs Discharged into the Ocean because of the Fukushima Daiichi Nuclear Power Plant Disaster, J. Nucl. Sci. Technol., 48, 1349-1356, doi : 80/18811248.2011.9711826.

Knolls Atomic Power Laboratory, 2010 : Nuclides and Isotopes : Chart of Nuclides, 17th edition, Knolls Atomic Power Laboratory.

松本康男，2007：女川原子力発電所における津波に対する安全評価と防災対策．地震・津波に対する原子力防災と一般防災に関する IAEA/JNES/NIED セミナー，東京（2007年12月4日），http://www.jnes.go.jp/content/000015486.pdf

Miyazawa, Y., Y. Masumoto, S. M. Varlamov, T. Miyama, M. Takigawa, M. Honda, and T. Saino, 2012 : Inverse estimation of source parameters of oceanic radioactivity dispersion models associated with the Fukushima accident, Biogeosciences Discuss., 9, 13783-13816, doi : 10.5194/bgd-9-13783-2012.

文部科学省，2011：文部科学省による，岩手県，静岡県，長野県，山梨県，岐阜県，及び富山県の航空機モニタリングの測定結果，並びに天然核種の影響をより考慮した，これまでの航空機モニタリング結果の改訂について．http://radioactivity.nsr.go.jp/ja/contents/5000/4899/24/1910_111112.pdf

日本学術会議，2012：提言「放射能対策の新たな一歩を踏み出すために—事実の科学的探索に基づく行動を」（平成24年（2012年）4月9日）

Stohl, A., P. Seibert, G. Wotawa, D. Arnold, J. F. Burkhart, S. Eckhardt, C. Tapia, A. Vargas, and T. J. Yasunari, 2012 : Xenon-133 and caesium-137 releases into the atmosphere from the Fukushima Dai-ichi nuclear power plant : determination of the source term, atmospheric dispersion, and deposition, Atmos. Chem. Phys. , 12, 2313-2343, doi : 10.5194/acp-12-2313-2012.

Takemura, T., H. Nakamura, M. Takigawa, H. Kondo, T. Satomura, T. Miyasaka, and T. Nakajima, 2011 : A numerical simulation of global transport of atmospheric particles emitted from the Fukushima Daiichi Nuclear Power Plant, SOLA, 7, 101-104, doi : 10.2151/sola. 2011-026.

Terada, H., G. Katata, M. Chino, and H. Nagai, 2012 : Atmospheric discharge and dispersion of radionuclides during the Fukushima Dai-ichi Nuclear Power Plant accident. Part II : verification of the source term and analysis of regional-scale atmospheric dispersion, J. Environ. Radioactiv., 112, 141-154, doi : 10.1016/j. jenvrad. 2012.05.023.

東京電力，2011：プレスリリース，当社福島第一原子力発電所，福島第二原子力発電所における津波の調査結果に係る報告書の経済産業省原子力安全・保安院への提出について（2011年7月8日），http://www.tepco.co.jp/cc/press/11070802-j.html

東京電力，2012：2012年8月21日魚介類の核種分析結果〈福島第一原子力発電所20 km圏内海域〉参考資料，http://www.tepco.co.jp/nu/fukushima-np/images/handouts_

120821_01-j.pdf

東京電力福島原子力発電所における事故調査・検証委員会，2012：最終報告書．http://www.kantei.go.jp/jp/noda/actions/201207/23kenshou.html

Tsumune, D., T. Tsubono, M. Aoyama, and K. Hirose, 2012 : Distribution of oceanic ^{137}Cs from the Fukushima Daiichi Nuclear Power Plant simulated numerically by a regional ocean model, J. Enviorn. Radioactiv., doi : 10.1016/j. jenvrad. 2011.10.007.

1.3 節（海老原，篠原）

Yamamoto, M., T. Takada, S. Nagao, T. Koike, K. Shimada, M. Hoshi, K. Zhumadilov, T. Shima, M. Fukuoka, T. Imanaka, S. Endo, A. Sakaguchi, and S. Kimura, 2012 : An early survey of the radioactive contamination of soil due to the Fukushima Dai-ichi Nuclear Power Plant accident, with emphasis on plutonium analysis. Geochem. J., 46, 341-353.

1.6 節（五十嵐，青野）

放射線等に関する副読本作成委員会，2011：放射線による影響，放射線等に関する副読本，11-20．文部科学省．

UNSCEAR, 2014 : Levels and effects of radiation exposure due to the nuclear accident after the 2011 great east-Japan earthquake and tsunami, Source, Effects and Risks of Ionizing Radiation, UNSCEAR 2013 Report, Vol. 1, United Nations.

1.7～1.9 節（五十嵐，青山，滝川）

Aoyama, M., K. Hirose, Y. Suzuki, and Y. Sugimura, 1986 : High level radioactive nuclides in Japan in May, Nature, 321, 819-820.

Aoyama, M., K. Hirose, and Y. Igarashi, 2006 : Re-construction and updating our understanding on the global weapons tests ^{137}Cs fallout, J. Environ. Monitor., 8, 431-438.

青山道夫・五十嵐康人・廣瀬勝己，2012：月間降下物測定 660 カ月が教えること―^{90}Sr，^{137}Cs および Pu 降下量 1957 年 4 月～2012 年 3 月．科学，82(4), 442-457.

Froidevaux, P., M. Haldimann, and F. Bochud, 2012 : Long-Term Effects of Exposure to Low-Levels of Radioactivity : a Retrospective Study of ^{239}Pu and ^{90}Sr from Nuclear Bomb Tests on the Swiss Population, Nuclear Power―Operation, Safety and Environment, ISBN 978-953-307-507-5, doi : 10.5772/19058.

原子力安全・保安院，2011：放射性物質放出量データの一部誤りについて（平成 23 年 10 月 20 日）．www.meti.go.jp/press/2011/10/20111020001/20111020001.pdf（2012 年 9 月 3 日閲覧）

Igarashi, Y., M. Aoyama, T. Miyao, K. Hirose, K. Komura, and M. Yamamoto, 1999 : Air concentration of radiocaesium in Tsukuba, Japan following the release from the Tokai waste treatment plant : comparisons of observations with predictions, Appl. Radiat. Isot., 50, 1063-1073.

五十嵐康人，2004：大気中の物質循環研究とフォールアウト．Isotope News, 5 月号，2-8.

Igarashi, Y., M. Aoyama, K. Hirose, P. P. Povinec, and S. Yabuki, 2005 : What anthropogenic radionuclides (^{90}Sr and ^{137}Cs) in atmospheric deposition, surface soils and Aeolian dusts suggest for dust transport over Japan, Water, Air, and Soil Pollution, Focus, 5, 5-69.

Igarashi, Y., 2009: Anthropogenic radioactivity in aerosol—A review focusing on studies during the 2000s—, Japanese Journal of Health Physics（保健物理），44(3), 315-325.

Igarashi, Y., H. Fujiwara, and D. Jugder, 2011a: Change of the Asian dust source region deduced from the composition of anthropogenic radionuclides in surface soil in Mongolia, Atmos. Chem. Phys., 11, 7069-7080.

Igarashi, Y., M. Kajino, N. Osada, Y. Oki, and C. Takeda, 2011b: Aerosol Radioactivity Observed in Tsukuba during March 2011, IUPAC International Congress on Analytical Sciences 2011, Kyoto.

Igarashi, Y., 2012: Observations of atmospheric radioactivity in Tsukuba—Impacts on aerosol and deposition by the Fukushima nuclear accident, Japan Geoscience Union Meeting 2012, Makuhari, Chiba.

Ikäheimonen, T. K., R. Mustonen, and R. Saxén, 2009: Half a century of radioecological research and surveillance at STUK, Radioprotection, 44(5), 607-612.

Katsuragi, Y., 1983: A Study of ^{90}Sr Fallout in Japan, Paper. Meteorol. Geophys., 33(4), 277-291.

Kinoshita, N., K. Sueki, K. Sasa, J. Kitagawa, S. Ikarashi, T. Nishimura, Y.-S. Wong, Y. Satou, K. Handa, T. Takahashi, M. Sato, and T. Yamagata, 2011: Assessment of individual radionuclide distributions from the Fukushima nuclear accident covering central-east Japan, Proc. Nat. Acad. Sci. USA, doi/10.1073/pnas. 1111724108.

Komura, K., M. Yamamoto, T. Muroyama, Y. Murata, T. Nakanishi, M. Hoshi, J. Takada, M. Ishikawa, K. Kitagawa, S. Suga, A. Endo, N. Tozaki, T. Mitsugashira, M. Hara, T. Hashimoto, M. Takano, Y. Yanagawa, T. Tsuboi, M. Ichimasa, Y. Ichimasa, H. Imura, E. Sasajima, R. Seki, Y. Saito, M. Kondo, S. Kojima, Y. Muramatsu, S. Yoshida, S. Shibata, H. Yonehara, Y. Watanabe, S. Kimura, K. Shiraishi, T. Bannai, S. K. Sahoo, Y. Igarashi, M. Aoyama, K. Hirose, M. Uehiro, T. Doi, and T. Matsuzawa, 2000: The JCO criticality accident at Tokai-mura, Japan: an overview of the sampling campaign and preliminary results, J. Environ. Radioactiv., 50, 3-14.

Kulan, A. 2006: Seasonal ^{7}Be and ^{137}Cs activities in surface air before and after the Chernobyl event, J. Environ. Radioactiv., 90, 140-150.

Masson, O., D. Piga, P. Renaud, L. Saey, P. Paulat, and A. De Visme-Ott, 2008: Contributions of artificial atmospheric radionuclide monitoring to the study of transfer processes and the characterization of post-accidental situations, pp. 37-44, IRSN-2008 Scientific and Technical Report, http://www.irsn.fr/EN/Research/publications-documentation/Aktis/Scientific-Technical-Reports/scientific-technical-report-2008/Documents/RST-2008-chap1.pdf

Miyake, Y., 1954: The artificial radioactivity in rain water observed in Japan from May to August, 1954, Paper. Meteorol. Geophys., 5, 173-177.

Paatero, J., R. Saxén, M. Buyukay, and I. Outola, 2010: Overview of strontium-89, 90 deposition measurements in Finland 1963-2005, J. Environ. Radioactiv., 101, 309-316.

STUK-Radiation and Nuclear Safety Authority (Säteilyturvakeskus), Finland, 2011: Surveillance of Environmental Radiation in Finland Annual Report 2010, STUK-B 132 / SYYSKUU 2011 ISBN 978-952-478-621-8.

第 2 章参考文献

2.1〜2.4 節（茅野，永井）

Aoyama, M., M. Kajino, T. Tanaka, T. Sekiyama, D. Tsumune *et al.*, 2012: http://nsed.jaea.go.jp/ers/environment/envs/FukushimaWS/souhoushutsu.pdf

Byun, D., and K. L. Schere, 2006: Review of the governing equations, computational algorithms, and other components of the models-3 Community Multiscale Air Quality (CMAQ) modeling system, Appl. Mech. Rev., 59, 51-77.

Chino, M., H. Nakayama, H. Nagai, H. Terada, G. Katata *et al.*, 2011: J. Nucl. Sci. Technol., 48, 1129-1134.

茅野政道，2012: https://nsed.jaea.go.jp/ers/environment/envs/FukushimaWS/jaea1.pdf

ENVIRON, 2011: Users Guide: Comprehensive Air Quality model with Extensions (CAMx) Version 5.40, ENVIRON International Corporation, Available at http://www.camx.com, 306 p.

福島県，2011：http://www.pref.fukushima.jp/j/ (accessed 18.11.2011).

古田定昭・住谷秀一・渡辺　均・中野政尚・今泉謙二ほか，2011：福島第一原子力発電所事故に係る特別環境放射線モニタリング結果，JAEA-Review 2011-035, JAEA.

原子力安全・保安院，2011a：http://www.meti.go.jp/press/2011/06/20110603019/20110603019.html

原子力安全・保安院，2011b：http://www.meti.go.jp/press/2011/06/20110606008/20110606008.html, http://www.meti.go.jp/press/2011/04/20110412001/20110412001.html

Grell, G. A., J. Dudhia, and D. R. Stauffer, 1994: A Description of the Fifth-generation Penn State/NCAR Mesoscale Model (MM5), NCAR Tech. Note NCAR/TN-3921STR, NCAR, 122 p.

Grell, G. A., S. E. Peckham, R. Schmitz. S. A. McKeen, G. Frost *et al.*, 2005: Fully coupled "online" chemistry in the WRF model. Atmos. Environ., 39, 6957-6975.

速水　洋，2012：http://nsed.jaea.go.jp/ers/environment/envs/FukushimaWS/taikikusan3.pdf

Hirao, S., and H. Yamazawa, 2010: Release rate estimation of radioactive noble gases in the criticality accident at Tokai-mura from off-site monitoring data, J. Nucl. Sci. Technol., 47, 20-30.

平尾茂一・山澤弘実，2012：http://nsed.jaea.go.jp/ers/environment/envs/FukushimaWS/taikihoushutsu1.pdf

IRSN, 2011: http://www.irsn.fr/EN/news/Documents/IRSN_fukushima-radioactivity-released-assessment-EN.pdf#search='IRSN

Katata, G., H. Terada, H. Nagai and M. Chino, 2012a: Numerical reconstruction of high dose rate zones due to the Fukushima Dai-ichi Nuclear Power Plant accident, J. Environ. Radioactiv., 111, 2-12.

Katata, G., M. Ota, H. Terada, M. Chino and H. Nagai, 2012b: Atmospheric discharge and dispersion of radionuclides during the Fukushima Dai-ichi Nuclear Power Plant accident. Part I: Source term estimation and local-scale atmospheric dispersion in

early phase of the accident, J. Environ. Radioactiv., 109, 103-113.
気象業務支援センター HP，2012：http://www.jmbsc.or.jp/index.html
文部科学省，2008：SPEEDI 緊急時迅速放射能影響予測ネットワークシステム，パンフレット．
文部科学省 HP，2011：http://radioactivity.mext.go.jp/ja/
日本分析センター HP，2011：http://www.jcac.or.jp/lib/senryo_lib/taiki_kouka.pdf
日本原子力研究開発機構（JAEA），2012：公開ワークショップ「福島第一原子力発電所事故による環境放出と拡散プロセスの再構築」，東京，3月．http://nsed.jaea.go.jp/ers/environment/envs/FukushimaWS/index.htm
大原利眞・森野　悠，2012：http://nsed.jaea.go.jp/ers/environment/envs/FukushimaWS/taikikakusan1.pdf
Ohkura, T., T. Oishi, M. Taki, Y. Shibanuma, M. Kikuchi et al., 2012 : Emergency Monitoring of Environmental Radiation and Atmospheric Radionuclides at Nuclear Science Research Institute, JAEA Following the Accident of Fukushima Daiichi Nuclear Power Plant, JAEA-Data/Code 2012-010, JAEA.
Skamarock, W. C., J. B. Klemp, J. Dudhia, D. O. Gill, D. M. Barker et al., 2008 : A description of the Advanced Research WRF Version 3, NCAR Tech. Note NCAR/TN-475＋STR, National Center for Atmospheric Research, 125 p.
Stohl, A., P. Seibert, G. Wotawa, D. Arnold, J. F. Burkhart et al., 2012 : Xenon-133 and caesium-137 releases into the atmosphere from the Fukushima Dai-ichi Nuclear Power Plant : determination of the source term, atmospheric dispersion, and deposition, Atmos. Chem. Phys., 12, 2313-2343.
滝川雅之，2012：http://nsed.jaea.go.jp/ers/environment/envs/FukushimaWS/taikikakusan2.pdf
Terada, H., and M. Chino, 2008 : Development of an atmospheric dispersion model for accidental discharge of radionuclides with the function of simultaneous prediction for multiple domains and its evaluation by application to the Chernobyl nuclear accident, J. Nucl. Sci. Technol., 45, 920-931.
Terada, H., G. Katata, M. Chino, and H. Nagai, 2012 : Atmospheric discharge and dispersion of radionuclides during the Fukushima Dai-ichi Nuclear Power Plant accident. Part Ⅱ : verification of the source term and analysis of regional-scale atmospheric dispersion, J. Environ. Radioactiv., 112, 141-154.
東京電力（TEPCO），2012：福島原子力事故調査報告書，6月20日．

2.5節（津旨，升本）
Bailly du Bois, P., P. Laguionie, D. Boust, I. Korsakissok, D. Didier, and B. Fiévet, 2012 : Estimation of marine source-term following Fukushima Dai-ichi accident, J. Environ. Radioactiv., 114, 2-9, 10.1016/j. jenvrad. 2011.11.015.
Estournel, C., E. Bosc, M. Bocquet et al., 2012 : Assessment of the amount of Cesium-137 released into the Pacific Ocean after the Fukushima accident and analysis of its dispersion in Japanese coastal waters, J. Geophys. Res., 117, C11014, doi : 10.1029/2012JC007933.

Kawamura, H., T. Kobayashi, A. Furuno, T. In, Y. Iishikawa, T. Nakayama, S. Shima, and T. Awaji, 2011: Preliminary Numerical Experiments on Oceanic Dispersion of ^{131}I and ^{137}Cs Discharged into the Ocean because of the Fukushima Daiichi Nuclear Power Plant Disaster, J. Nucl. Sci. Tech., 48(11), 1349-1356, 80/18811248.2011.9711826.

Miyazawa, Y., Y. Masumoto, S. M. Varlamov, T. Miyama, M. Takigawa, M. Honda, and T. Saino, 2013: Inverse estimation of source parameters of oceanic radioactivity dispersion models associated with the Fukushima accident, Biogeosciences, 10, 2349-2363, doi: 10.5194/bg-10-2349-2013.

日本国政府,2011:原子力安全に関するIAEA閣僚会議に対する日本国政府の報告書—東京電力福島原子力発電所の事故について,http://www.kantei.go.jp/jp/topics/2011/iaea_houkokusho.html

東京電力,2012:東京電力事故調査報告書,http://www.tepco.co.jp/nu/fukushima-np/interim/index-j.html

Tsumune, D., T. Tsubono, M. Aoyama, and K. Hirose, 2012: Distribution of oceanic ^{137}Cs from the Fukushima Dai-ichi Nuclear Power Plant simulated numerically by a regional ocean model, J. Environ. Radioactiv., 111, 100-108, 10.1016/j. jenvrad. 2011.10.007.

Tsumune, D., T. Tsubono, M. Aoyama, M. Uematsu, K. Misumi, Y. Maeda, Y. Yoshida, and H. Hayami, 2013: One-year, regional-scale simulation of ^{137}Cs radioactivity in the ocean following the Fukushima Daiichi Nuclear Power Plant accident, Biogeosciences, 10, doi: 10.5194/bg-10-5601-2013.

第3章参考文献

3.1〜3.4節(中村,森野,滝川)

古田定昭・住谷秀一・渡辺 均・中野政尚・今泉謙二・竹安正則・中田 陽・藤田博喜・水谷朋子・森澤正人・國分祐司・河野恭彦・永岡美佳・横山裕也・外間智規・磯崎徳重・根本正史・檜山佳典・小沼利光・加藤千明・倉知 保,2011:福島第一原子力発電所事故に係る特別環境放射線モニタリング結果—中間報告(空間線量率,空気中放射性物質濃度,降下じん中放射性物質濃度),JAEA-Review, 2011-035, 1-89.

原子力規制委員会,2011:定時降下物のモニタリング,http://radioactivity.nsr.go.jp/ja/list/195/list-1.html(2014.8.6閲覧)

Hernandez-Ceballos, M. A., G. H. Hong, R. L. Lozano, Y. I. Kim, H. M. Lee, S. H. Kim, S. -W. Yeh, J. P. Bolivar, and M. Baskaran, 2012: Tracking the complete revolution of surface westerlies over Northern Hemisphere using radionuclides emitted from Fukushima, Sci. Total Environ., 438, 80-85.

Kaneyasu, N., H. Ohashi, F. Suzuki, T. Okuda, and F. Ikemori, 2012: Sulfate Aerosol as a Potential Transport Medium of Radiocesium from the Fukushima Nuclear Accident, Environ. Sci. Technol., 46, 5720-5726.

文部科学省,2011:文部科学省による第4次航空機モニタリングの測定結果について,http://radioactivity.nsr.go.jp/ja/contents/5000/4901/24/1910_1216.pdf(2014.8.6閲覧)

Morino, Y., T. Ohara, and M. Nishizawa, 2011: Atmospheric behavior, deposition, and budget of radioactive materials from the Fukushima Daiichi nuclear power plant in March 2011, Geophys. Res. Lett., 38, doi: 10.1029/2011GL048689.

Morino, Y., T. Ohara, M. Watanabe, S. Hayashi and T. Nishizawa, 2013 : Episode Analysis of Deposition of Radiocesium from the Fukushima Daiichi Nuclear Power Plant Accident, Environ. Sci. Technol., 47, 2314-2322.

Takemura, T., H. Nakamura, M. Takigawa, H. Kondo, T. Satomura, T. Miyasaka, and T. Nakajima, 2011 : A numerical simulation of global transport of atmospheric particles emitted from the Fukushima Daiichi Nuclear Power Plant, SOLA, 7, 101-104.

東京大学，2011：東京大学環境放射線情報，http://www.u-tokyo.ac.jp/ja/administration/erc/report_201103_j.html（2014.8.6 閲覧）

3.5 節（渡邊）

東京電力，2013：原子炉建屋からの追加的放出量の評価結果，http://www.tepco.co.jp/life/custom/faq/images/d130328_05-j.pdf

3.6 節（鶴田）

Doi, T., K. Masumoto, A. Toyoda, A. Tanaka, Y. Shibata, and K. Hirose, 2013 : Anthropogenic radionuclides in the atmosphere observed at Tsukuba : Characteristics of the radionuclides derived from Fukushima, J. Environ. Radioact., 122, 55-62.

古田定昭・住谷秀一・渡辺　均・中野政尚・今泉謙二・竹安正則・中田　陽・藤田博喜・水谷朋子・森澤正人・國分祐司・河野恭彦・永岡美佳・横山裕也・外間智規・磯崎徳重・根本正史・檜山佳典・小沼利光・加藤千明・倉知保，2011：福島第一原子力発電所事故に係る特別環境放射線モニタリング結果―中間報告（空間線量率，空気中放射性物質濃度，降下じん中放射性物質濃度），JAEA-Review, 2011-035, 1-89.

神奈川県衛生研究所，2012：神奈川県における放射能調査・報告書-2011-.

文部科学省，2003：大気中放射性物質のモニタリングに関する技術参考資料，技術参考資料 1，p.70.

西原健司・山岸　功・安田健一郎・石森健一郎・田中　究・久野剛彦・稲田　聡・後藤雄一，2012：福島第一原子力発電所の滞留水への放射性核種放出，日本原子力学会和文論文誌，11，13-19.

Ohkura, T., T. Oishi, M. Taki, Y. Shibanuma, M. Kikuchi, H. Akino, Y. Kikuta, M. Kawasaki, J. Saegusa, M. Tsutsumi, H. Ogose, S. Tamura, and T. Sawahata, 2012 : Emergency Monitoring of Environmental Radiation and Atmospheric Radionuclides at Nuclear Science Research Institute, JAEA Following the Accident of Fukushima Daiichi Nuclear Power Plant, JAEA-Data/Code 2012-010.

鶴田治雄・中島映至，2012：福島第 1 原子力発電所の事故により放出された放射性物質の大気中での動態．地球化学，46, 99-111.

Tsuruta, H., M. Takigawa, and T. Nakajima, 2012 : Summary of atmospheric measurements and transport pathways of radioactive materials released by the Fukushima Daiichi Nuclear Power Plant accident. Proceedings of "The first NIRS symposium on reconstruction of early internal dose due to the TEPCO Fukushima Daiichi Nuclear Power Station accident", at National Institute of Radiological Sciences, Japan, July 10-11, 2012.

鶴田治雄・荒井俊昭・司馬　薫・山田裕子・草間優子・中島映至，2013：福島第 1 原子力

発電所事故後初期に茨城県東部沿岸地域と福島県東部で測定された大気中の ^{131}I と ^{137}Cs の動態，Proceedings of the 14th Workshop on Environmental Radiochemistry, KEK, Tsukuba, Japan, February 26-28, 2013, 90-98.

3.7 節（北）

日本原子力研究開発機構，2013：大気中における放射性物質の移行状況調査，平成23年度放射能測定調査委託事業「福島第一原子力発電所事故に伴う放射性物質の第二次分布状況等に関する調査研究」成果報告書（第2編）放射線量等分布マップ関連調査研究，p. 2-252～2-267.

3.8 節（高橋嘉，吉田）

Adachi, K., M. Kajino, Y. Zaizen, and Y. Igarashi, 2013 : Emission of spherical cesium-bearing particles from an early stage of the Fukushima nuclear accident, Scientific Reports, Vol. 3, Art No. 2554.

Kaneyasu, N., H. Ohashi, F. Suzuki, T. Okuda, and F. Ikemori, 2012 : Sulfate Aerosol as a Potential Transport Medium of Radiocesium from the Fukushima Nuclear Accident, Environ. Sci. Technol., 46, 5720-5726.

末木啓介・半田晃士，2012：福島第1原発事故によって輸送された放射性物質の化学状態に関する研究．日本放射化学会年会・第56回放射化学討論，1T07.

Tanaka, K., A. Sakaguchi, Y. Kanai, H. Tsuruta, A. Shinohara, and Y. Takahashi, 2013 : Heterogeneous distribution of radiocesium in aerosols, soil and particulate matters emitted by the Fukushima Daiichi Nuclear Power Plant accident : Retention of micro-scale heterogeneity during the migration of radiocesium from the air into ground and river systems. J. Radioanal. Nucl. Chem., 295, 1927-1937.

Yoshida, N., and Y. Takahashi, 2012 : Land-surface contamination by radionuclides from the Fukushima Daiichi Nuclear Power Plant accident, Elements 8, 201-206.

3.9 節（谷畑，藤原）

八島正明・小野真理子・鷹屋光俊・芹田富美雄，2010：労働安全衛生総合研究所特別研究報告 JNIOSH-SRR, 40, 19-26.

第4章参考文献（田中泰，竹村，青山）

青山道夫，2012：北太平洋広域観測結果から推定される福島事故由来の人工放射能の分布と放出総量について，公開ワークショップ「福島第一原子力発電所事故による環境放出と拡散プロセスの再構築」．

Aoyama, M., 2013 : http://www-pub.iaea.org/MTCD/Meetings/PDFplus/2013/cn207/Presentations/1028-Aoyama.pdf

Bolsunovsky, A., and D. Dementyev, 2011 : Evidence of the radioactive fallout in the center of Asia（Russia）following the Fukushima Nuclear Accident, J. Environ. Radioactiv., 102 (11), 1062-1064, doi : 10.1016/j.jenvrad.2011.06.007.

Bowyer, T. W., S. R. Biegalski, M. Cooper, P. W. Eslinger, D. Haas, J. C. Hayes, H. S. Miley, D. J. Strom, and V. Woods, 2011 : Elevated radioxenon detected remotely following the

Fukushima nuclear accident, J. Environ. Radioactiv., 102 (7), 681-687, doi : 10.1016/j. jenvrad.2011.04.009.

Chino, M., H. Nakayama, H. Nagai, H. Terada, G. Katata, and H. Yamazawa, 2011 : Preliminary Estimation of Release Amounts of ^{131}I and ^{137}Cs Accidentally Discharged from the Fukushima Daiichi Nuclear Power Plant into the Atmosphere. J. Nucl. Sci. Technol., 48, 1129-1134, doi : 10.1080/18811248.2011.9711799.

Christoudias, T., and Lelieveld, J., 2013 : Modelling the global atmospheric transport and deposition of radionuclides from the Fukushima Dai-ichi nuclear accident. Atmos. Chem. Phys., 13, 1425-1438, doi : 10.5194/acp-13-1425-2013.

CTBTO (Comprehensive Nuclear-Test-Ban Treaty Organization Preparatory Commission), 2011a : The 11 March Japan Disaster, http://www.ctbto.org/verification-regime/the-11-march-japan-disaster/

CTBTO (Comprehensive Nuclear-Test-Ban Treaty Organization Preparatory Commission), 2011b : Fukushima-related measurements by the CTBTO, http://www.ctbto.org/press-centre/highlights/2011/fukushima-related-measurements-by-the-ctbto

Diaz Leon, J., D. A. Jaffe, J. Kaspar, A. Knecht, M. L. Miller, R. G. H. Robertson, and A. G. Schubert, 2011 : Arrival time and magnitude of airborne fission products from the Fukushima, Japan, reactor incident as measured in Seattle, WA, USA, J. Environ. Radioactiv., 102(11), 1032-1038, doi : 10.1016/j.jenvrad.2011.06.005

軍縮・不拡散促進センター, 2011 : http://www.cpdnp.jp/

Hsu, S.-C., C.-A. Huh, C.-Y. Chan, S.-H. Lin, F.-J. Lin and S. C. Liu, 2012 : Hemispheric dispersion of radioactive plume laced with fission nuclides from the Fukushima nuclear event, Geophys. Res. Lett., 39, L00G22, doi : 10.1029/2011GL049986.

Huh, C.-A., S.-C. Hsu, and C.-Y. Lin, 2012 : Fukushima-derived fission nuclides monitored around Taiwan : Free tropospheric versus boundary layer transport, Earth Planet. Sci. Lett., 319-320, 9-14, doi : 10.1016/j.epsl.2011.12.004.

Icelandic Radiation Safety Authority : Summary of radionuclide concentrations in air, 2011 : March 19th-April 13th, Reykjavik, Iceland, http://www.gr.is/media/skyrslur//Iceland_air_filter_data_2011_04_20.pdf

Kim, C.-K., J.-I. Byun, J.-S. Chae, H.-Y. Choi, S.-W. Choi, D.-J. Kim, Y.-J. Kim, D.-M. Lee, W.-J. Park, S. A. Yim, and J.-Y. Yun, 2012 : Radiological impact in Korea following the Fukushima nuclear accident, 111, 70-82.

気象庁, 2011 : 環境緊急対応地区特別気象センターについて, http://www.jma.go.jp/jma/kokusai/kokusai_eer.html

Lelieveld, J., D. Kunkel, and M. G. Lawrence, 2012 : Global risk of radioactive fallout after major nuclear reactor accidents. Atmos. Chem. Phys., 12, 4245-4258, doi : 10.5194/acp-12-4245-2012.

Long, N. Q., Y. Truongb, P. D. Hienc, N. T. Binhb, L. N. Sieub, T. V. Giapa, and N. T. Phana, 2011 : Atmospheric radionuclides from the Fukushima Dai-ichi nuclear reactor accident observed in Vietnam, J. Environ. Radioactiv., 111, 53-58, 10.1016/j.jenvrad.2011.11.018.

Maki, T., M. Kajino, T. Y. Tanaka, T. T. Sekiyama, M. Chiba, Y. Igarashi, and M. Mikami, 2012 : Estimation of released radioactive materials from Fukushima power plant by inverse Model, Japan Geoscience Meeting 2012, MAG34-03.

Manolopoulou, M., E. Vagena, S. Stoulos, A. Ioannidou, and C. Papastefanou, 2011: Radioiodine and radiocesium in Thessaloniki, Northern Greece due to the Fukushima nuclear accident, J. Environ. Radioactiv. 102, 796-797.

Masson, O., A. Baeza, J. Bieringer, K. Brudecki, S. Bucci, M. Cappai, F. P. Carvalho, O. Connan, C. Cosma, A. Dalheimer, D. Didier, G. Depuydt, L. E. De Geer, A. De Vismes, L. Gini, F. Groppi, K. Gudnason, R. Gurriaran, D. Hainz, Ó. Halldórsson, D. Hammond, O. Hanley, K. Holeý, Zs. Homoki, A. Ioannidou, K. Isajenko, M. Jankovic, C. Katzlberger, M. Kettunen, R. Kierepko, R. Kontro, P. J. M. Kwakman, M. Lecomte, L. Leon Vintro, A. -P. Leppänen, B. Lind, G. Lujaniene, P. McGinnity, C. McMahon, H. Malá, S. Manenti, M. Manolopoulou, A. Mattila, A. Mauring, J. W. Mietelski, B. Møller, S. P. Nielsen, J. Nikolic, R. M. W. Overwater, S. E. Pálsson, C. Papastefanou, I. Penev, M. K. Pham, P. P. Povinec, H. Ramebäck, M. C. Reis, W. Ringer, A. Rodriguez, P. Rulík, P. R. J. Saey, V. Samsonov, C. Schlosser, G. Sgorbati, B. V. Silobritiene, C. Söderström, R. Sogni, L. Solier, M. Sonck, G. Steinhauser, T. Steinkopff, P. Steinmann, S. Stoulos, I. Sýkora, D. Todorovic, N. Tooloutalaie, L. Tositti, J. Tschiersch, A. Ugron, E. Vagena, A. Vargas, H. Wershofen, and O. Zhukova, 2011: Tracking of Airborne Radionuclides from the Damaged Fukushima Dai-Ichi Nuclear Reactors by European Networks, Environ. Sci. Technol., 45(18), 7670-7677, doi:10.1021/es2017158.

Medici, F., 2001: The IMS radionuclide network of the CTBT, Radiation Physics and Chemistry, 61, 689-690.

大原利眞・森野　悠, 2012：放射性物質の大気輸送・沈着モデルの現状と課題, 日本気象学会2012年度春季大会シンポジウム要旨集, 2-8.

Philippine Nuclear Research Institute, 2011: Fukushima-Daiichi Nuclear Power Plant Accident in Japan, INFORMATION BULLETIN No. 29, 19 May 2011, http://www.pnri.dost.gov.ph/pnri.php?pnri=news&NewsID=PNRI-NEWS-20110525161828-113

Priyadarshi, A., G. Dominguez, and M. H. Thiemens, 2011: Evidence of neutron leaking at the Fukushima nuclear plant from measurements of radioactive 35S in California, Proc. Natl. Acad. Sci. U. S. A., 108, 14, 422-14, 425.

サーチナ, 2011：「江原道で放射性物質キセノンを観測, 人体に影響なし＝韓国」http://news.searchina.ne.jp/disp.cgi?y=2011&d=0328&f=national_0328_032.shtml, 2011年3月28日（2012年8月17日閲覧）

首相官邸ホームページ, 2011：平成23年4月4日（月）午後（16：02～）―内閣官房長官記者会見, http://nettv.gov-online.go.jp/prg/prg4627.html

Spiegel online, 2011: 50 Mann sollen Japan retten, http://www.spiegel.de/wissenschaft/technik/atomkatastrophe-50-mann-sollen-japan-retten-a-751162.html

Stohl, A., P. Seibert, G. Wotawa, D. Arnold, J. F. Burkhart, S. Eckhardt, C. Tapia, A. Vargas, and T. J. Yasunari, 2012: Xenon-133 and caesium-137 releases into the atmosphere from the Fukushima Dai-ichi nuclear power plant: determination of the source term, atmospheric dispersion, and deposition, Atmos. Chem. Phys., 12, 2313-2343, doi:10.5194/acp-12-2313-2012.

Takemura, T., H. Nakamura, M. Takigawa, H. Kondo, T. Satomura, T. Miyasaka, and T.

Nakajima, 2011 : A Numerical Simulation of Global Transport of Atmospheric Particles Emitted from the Fukushima Daiichi Nuclear Power Plant. SOLA, 7, 101-104, doi : 10.2151/sola.2011-026.

田中泰宙・猪股弥生・五十嵐康人・梶尾瑞王・眞木貴史・関山　剛・三上正男・千葉　長, 2012：気象研究所全球モデルによる放射性物質輸送シミュレーションの現状と課題, 2011年度秋季大会スペシャルセッション「放射性物質輸送モデルの現状と課題」報告, 天気, 59(4), 239-250.

Uno, I., K. Eguchi, K. Yumimoto, T. Takemura, A. Shimizu, M. Uematsu, Z. Liu, Z. Wang, Y. Hara, and N. Sugimoto, 2009 : Asian dust transported one full circuit around the globe, Nature Geoscience, 2, 557-560, doi : 10.1038/ngeo583.

Ten Hoeve, J. E., and M. Z. Jacobson, 2012 : Worldwide health effects of the Fukushima Daiichi nuclear accident. Energy Environ. Sci., doi : 10.1039/C2EE22019A.

Terada, H., G. Katata, M. Chino, and H. Nagai, 2012 : Atmospheric discharge and dispersion of radionuclides during the Fukushima Dai-ichi Nuclear Power Plant accident. Part II : verification of the source term and analysis of regional-scale atmospheric dispersion, J. Environ. Radioactiv., 112, 141-154, doi : 10.1016/j.jenvrad.2012.05.023

Wetherbee, G. A., A. David, A. Gay, T. M. Debey, C. M. B. Lehmann, and M. A. Nilles, 2012 : Wet deposition of fission-product isotopes to north America from the Fukushima Daiichi incident, Environ. Sci. Technol., 46(5), 2574-2582, doi : 10.1021/es203217u.

Winiarek, V., M. Bocquet, O. Saunier, and A. Mathieu, 2012 : Estimation of errors in the inverse modeling of accidental release of atmospheric pollutant : Application to the reconstruction of the cesium-137 and iodine-131 source terms from the Fukushima Daiichi power plant, J. Geophys. Res., 117, D05122, doi : 10.1029/2011JD016932.

World Meteorological Organization, 2011 : Press Release No. 909, WMO monitoring meteorological conditions in quake-hit area, http://www.wmo.int/pages/mediacentre/press_releases/pr_909_en.html

Wotawa, G., 2011 : Accident in the Japanese NPP Fukushima : Spread of Radioactivity/ first source estimates from CTBTO data show large source terms at the beginning of the accident/weather currently not favourable/low level radioactivity meanwhile observed over U. S. East Coast and Hawaii, ZAMG, (Update : 22 March 2011 15 : 00).

読売新聞, 2011a：日本で公表されない気象庁の放射性物質拡散予測, http://www.yomiuri.co.jp/national/news/20110404-OYT1T00603.htm, 2011年4月4日.

読売新聞, 2011b：放射性物質の拡散予測, 気象庁に公開を指示, http://www.yomiuri.co.jp/science/news/20110404-OYT1T01078.htm, 2011年4月4日.

米沢仲四朗・山本洋一, 2011：核実験監視用放射性核種観測網による大気中の人工放射性核種の測定, ぶんせき, 440, 451-458.

第5章参考文献

5.1節（植松）

Chino, M., H. Nakayama, H. Nagai, H. Terada, G. Katata, and H. Yamazawa, 2011 : Preliminary estimation of release amounts of ^{131}I and ^{137}Cs accidentally discharged from the Fukushima Daiichi nuclear power plant into the atmosphere, J. Nucl. Sci. Technol., 48

(7), 1129-1134, doi: 10.1080/18811248.2011.9711799.

大原利眞・森野　悠・西澤匡人, 2011：福島原発から大気中に放出された放射性物質はどこに，どのように落ちたか？，科学, 81(12), 1254-1258.

5.2 節（長尾）

Aoyama, M., D. Tsumune, M. Uematsu, F. Kondo, and Y. Hamajima, 2012：Temporal variation of ^{134}Cs and ^{137}Cs activities in surface water at stations along coastal line near the Fukushima Dai-ichi Nuclear Power Plant accident site, Japan, Geochem. J., 46, 321-325.

Inoue, M., H. Kofuji, Y. Hamajima, S. Nagao, K. Yoshida, and M. Yamamoto, 2012a：^{134}Cs and ^{137}Cs activities in coastal seawater along northern Sanriku and Tsugaru Strait, northeastern Japan, after Fukuhsima Dai-ichi Nuclear Power Plant accident, J. Environ. Radioactiv., 111, 116-119, doi: 10.1016/j-jenvrad. 2011.09.012.

Inoue, M., H. Kofuji, S. Nagao, M. Yamamoto, Y. Hamajima, K. Yoshida, K. Fujimoto, T. Takada, and Y. Isoda, 2012b：Lateral variation of ^{134}Cs and ^{137}Cs concentrations in surface seawater in and around the Japan Sea after the Fukushima Dai-ichi Nuclear Power Plant accident, J. Environ. Radioactiv., 109, 45-51, doi: 10.1016/j.jenvrad.2012.01.004.

Inoue, M., H. Kofuji, S. Nagao, M. Yamamoto, Y. Hamajima, K. Fujimoto, K. Yoshida, A. Suzuki, H. Takashiro, K. Hayakawa, S. Yoshida, K. Hamataka, M. Kunugi, and M. Minakawa, 2012c：Low level of ^{134}Cs and ^{137}Cs in surface seawaters around the Japanese Archipelago after the Fukushima Dai-ichi Nuclear Power Plant accident in 2011, Geochem. J., 46, 311-320.

5.3 節（青山）

Aoyama, M., 2010：Pacific Ocean, In：Radionuclides in the Environment, David Atwood (ed.), John Wiley & Sons, Singapore, 347-360. ISBN：978-0-470-71434-8.

Aoyama, M., D. Tsumune, and Y. Hamajima, 2012：Distribution of ^{137}Cs and ^{134}Cs in the North Pacific Ocean：impacts of TEPCO Fukushima-Daiichi NPP accident, J. Radioanal. Nucl. Chem., 296, 535-539, doi: 10.1007/S10967-012-2033-2.

Buesseler, K., M. Aoyama, and M. Fukasawa, 2011：Impacts of the Fukushima nuclear power plants on marine radioactivity, Environ. Sci. Technol., 45, 9931-9935, doi: 10.1021/es202816c.

Inomata, Y., M. Aoyama, and K. Hirose, 2009：Analysis of 50-y record of surface ^{137}Cs concentrations in the global ocean using the HAM-global database, J. Environ. Monit., 11 (1), 116-125, doi: 10.1039/b811421h.

5.4 節（升本，津旨）

Masumoto, Y., Y. Miyazawa, D. Tsumune, T. Tsubono, T. Kobayashi, H. Kawamura, C. Estournel, P. Marsaleix, L. Lanerolle, A. Mehra, and Z. D. Garraffo, 2012：Oceanic dispersion simulations of ^{137}Cs Released from the Fukushima Daiichi Nuclear Power Plant, Elements, 8(3), 207-212, doi: 10.2113/gselements.8.3.207.

Tsumune, D., T. Tsubono, M. Aoyama, and K. Hirose, 2012：Distribution of oceanic ^{137}Cs from the Fukushima Dai-ichi Nuclear Power Plant simulated numerically by a regional ocean model, J. Environ. Radioact., 111, 100-108, doi : 10.1016/j.jenvrad.2011.10.007.

5.5 節（石丸）
水産庁，2011：水産物の放射性物質調査の結果について，http://www.jfa.maff.go.jp/j/housyanou/kekka.html
東京電力，2011：福島第一原子力発電所周辺の放射性物質の核種分析結果，http://www.tepco.co.jp/nu/fukushima-np/f1/smp/index-j.html

5.6 節（神田）
廣瀬勝己，2011：海洋の放射性物質の動態と計測，ぶんせき，8 号，446-450.
IAEA (International Atomic Energy Agency), 2004 : Sediment distribution coefficients and concentration factors for biota in the marine environment. Technical Report Series No. 422, IAEA, Vienna, 95p.
Kanda, J., 2013 : Continuing ^{137}Cs release to the sea from the Fukushima Dai-ichi Nuclear Power Plant through 2012, Biogeosciences., 10, 6107-6113, doi : 10.5194/bg-10-6107-2013.
文部科学省，2010：平成 21 年度海洋環境放射能総合評価事業海洋放射能調査結果.
文部科学省，2011：放射性モニタリング情報/海域モニタリング，http://radioactivity.mext.go.jp/ja/list/115/list-1.html
Nakagawa, R., M. Ishida, D. Baba, S. Tanimoto, Y. Okamoto, and H. Yamazaki, 2012 : Spatiotemporal distribution of radioactive cesium released from Fukushima Daiichi Nuclear Power Station in the sediment of Tokyo Bay, Japan, In : Proceedings of the International Symposium on Environmental Monitoring and Dose Estimation of Residents after Accident of TEPCO's Fukushima Daiichi Nuclear Power Stations, S. Takahashi et al. (eds), Kyoto University Research Reactor Institute, Kyoto, 133-136.
Takata, H., T. Aono, K. Tagami, and S. Uchida, 2010 : Sediment-water distribution coefficients of stable elements in four estuarine areas in Japan, J. Nucl. Sci. Technol., 47 (1), 111-122, doi : 10.1080/18811248.2010.9711933.
東京電力，2011a：福島第一原子力発電所周辺の放射性物質の核種分析結果，http://www.tepco.co.jp/nu/fukushima-np/f1/smp/index-j.html
東京電力，2011b：福島第一原子力発電所 2 号機取水口付近からの放射性物質を含む液体の海への流出について（続報）平成 23 年 4 月 5 日，http://www.tepco.co.jp/cc/press/11040504-j.html
Yoshida, N., and Kanda, J, 2012 : Tracking the Fukushima radionuclides, Science, 336, 1115-1116, doi : 10.1126/science.1219493.

5.7 節（石丸，青野）
青野辰雄ほか，2011：海産物に関する福島原発由来の放射能調査，環境放射能モニタリングと移行挙動研究（京都大学原子炉実験所専門研究会報告書），50-53.
厚生労働省医薬食品局食品安全部，2011a：放射能汚染された食品の取り扱いについて（食安発 0317 第 3 号）.
厚生労働省医薬食品局食品安全部，2011b：薬事・食品衛生審議会食品衛生分科会放射性

物質対策部会（平成 23 年 12 月 22 日）資料　別冊：食品の基準値の導出について．
文部科学省，1992：放射能測定法 No.22，緊急時におけるガンマ線スペクトロメトリーのための試料前処理法．
文部科学省，2011：放射性モニタリング情報/海域モニタリング，http://radioactivity.mext.go.jp/ja/list/115/list-1.html
文部科学省，2012：平成 23 年度海洋環境放射能総合評価事業海洋放射能調査結果．
水産庁，2011：水産物の放射性物質調査の結果について，http://www.jfa.maff.go.jp/j/housyanou/kekka.html，平成 23 年度の検査結果．
水産庁，2012：同上，平成 24 年度の検査結果．
東京電力，2012：魚介類の核種分析の結果〈福島第一原子力発電所 20 km 圏内海域〉平成 24 年 9 月 28 日，http://www.tepco.co.jp/nu/fukushima-np/images/handouts_120928_02-j.pdf
梅津　武，1992：放射線科学，35, 369-374．

5.8 節（神田，石丸）
原子力環境整備センター，1996：環境パラメータシリーズ 6　海洋生物への放射性核種の移行，財団法人原子力環境整備センター，397p．
Honda, M. C., T. Aono, M. Aoyama, Y. Hamajima, H. Kawakami, M. Kitamura, Y. Masumoto, Y. Miyazawa, M. Takigawa, and T. Saino, 2012：Dispersion of artificial caesium-134 and -137 in the western North Pacific one month after the Fukushima accident, Geochem. J., 46(1), e1-e9.
IAEA (International Atomic Energy Agency), 2004：Sediment distribution coefficients and concentration factors for biota in the marine environment. Technical Report Series No. 422, IAEA, Vienna, 95p.
石丸　隆ほか，2012：福島県沿岸域における放射性セシウム分布と海洋生態系への移行，2012 年度日本海洋学会春季大会，2012 年 3 月 27 日．
笠松不二男，1999：海洋生物と放射能―特に海産魚中の ^{137}Cs 濃度に影響を与える要因について，Radioisotopes, 48, 266-282.
文部科学省，2010：平成 21 年度海洋環境放射能総合評価事業海洋放射能調査結果．
Takata, H., T. Aono, K. Tagami, and S. Uchida, 2010：Concentration ratios of stable elements for selected biota in Japanese estuarine areas, Radiat. Environ. Biophys., 49(4), 591-601, doi：10.1007/s00411-010-0317-x.

第 6 章参考文献

6.1 節（谷畑，藤原，恩田）
Gurriaran, Rodolfo (IRSN, France) private communications.

6.2 節（恩田）
He, Q., and D. E. Walling, 1996：Interpreting particle size effects in the adsorption of ^{137}Cs and unsupported ^{210}Pb by mineral soils and sediments, J. Environ. Radioactiv., 30, 117-137.
日本原子力研究開発機構福島研究部門，2013：放射性物質の分布状況等調査報告書．

http://fukushima.jaea.go.jp/initiatives/cat03/entry02.html

恩田裕一・田村憲司・辻村真貴・若原妙子・福島武彦・谷田貝亜紀代・北　和之・山敷庸亮・吉田尚弘・高橋嘉夫，2012：放射線量等分布マップ関連研究に関する報告書 第2編 2. 放射性物質の包括的移行状況調査, http://radioactivity.nsr.go.jp/ja/contents/6000/5522/26/5600_201203131000_report2-2.pdf

6.3 節（高橋嘉，田中万，坂口）

Adachi, K., M. Kajino, Y. Zaizen, and Y. Igarashi, 2013 : Emission of spherical cesium-bearing particles from an early stage of the Fukushima nuclear accident, Scientific Reports, Vol. 3, Art No. 2554.

Fan, Q. H., M. Tanaka, K. Tanaka, A. Sakaguchi, and Y. Takahashi, 2014 : An EXAFS study on the effect of natural organic matter and the expansibility of clay mineral on cesium adsorption and mobility, Geochim. Cosmochim. Acta, in revision.

Iwasaki, T., M. Nabi, Y. Shimizu, and I. Kimura, 2014 : Computational modeling of ^{137}Cs contaminant transfer associated with sediment transport in Abukuma River, J. Environm. Radioact., (in press)

Kato, H., Y. Onda, and M. Teramage, 2012 : Depth distribution of Cs-137, Cs-134, and I-131 in soil profile after Fukushima Dai-ichi Nuclear Power Plant Accident, J. Environ. Radioactiv., 111, 59-64.

Matsunaga, T., J. Koarashi, M. Atarashi-Andoh, S. Nagao, T. Sato, and H. Nagai, 2013 : Comparison of the vertical distributions of Fukushima nuclear accident radiocesium in soil before and after the first rainy season, with physicochemical and mineralogical interpretations, Science of the Total Environment, Vol. 447, 301-314.

文部科学省，2011：文部科学省による第4次航空機モニタリングの測定結果について，http://radioactivity.nsr.go.jp/ja/contents/5000/4901/24/1910_1216.pdf

恩田裕一・田村憲司・辻村真貴・若原妙子・福島武彦・谷田貝亜紀代・北　和之・山敷庸亮・吉田尚弘・高橋嘉夫，2012：放射線量等分布マップ関連研究に関する報告書 第2編 2. 放射性物質の包括的移行状況調査, http://radioactivity.nsr.go.jp/ja/contents/6000/5522/26/5600_201203131000_report2-2.pdf

Qin, H., Y. Yokoyama, Q. Fan, H. Iwatani, K. Tanaka, A. Sakaguchi, Y. Kanai, J. Zhu, Y. Onda, and Y. Takahashi, 2012 : Investigation of cesium adsorption on soil and sediment samples from Fukushima Prefecture by sequential extraction and EXAFS technique, Geochem. J., 46, 355-360.

Shimamoto, Y. S., T. Itai, and Y. Takahashi, 2010 : Soil column experiments for iodate and iodide using K-edge XANES and HPLC-ICP-MS, J. Geochem. Exploration, 107, 117-123.

Shimamoto, Y. S., Y. Takahashi, and Y. Terada, 2011 : Formation of organic iodine supplied as iodide in a soil-water system in Chiba, Japan, Environ. Sci. Technol., 45, 2086-2091.

Tanaka, K., Y. Takahashi, A. Sakaguchi, M. Umeo, S. Hayakawa, H. Tanida, T. Saito, and Y. Kanai, 2012 : Vertical profiles of iodine-131 and cesium-137 in soils in Fukushima prefecture related to the Fukushima Daiichi Nuclear Power Station accident, Geochem. J., 46, 73-76.

Tanaka, K., A. Sakaguchi, Y. Kanai, H. Tsuruta, A. Shinohara, and Y. Takahashi, 2013 :

Heterogeneous distribution of radiocesium in aerosols, soil and particulate matters emitted by the Fukushima Daiichi Nuclear Power Plant accident: Retention of micro-scale heterogeneity during the migration of radiocesium from the air into ground and river systems, J. Radioanal. Nucl. Chem., 295, 1927-1937.

山口紀子・高田裕介・林健太郎・石川 覚・倉俣正人・江口定夫・吉川省子・坂口 敦・朝田 景・和穎朗太・牧野知之・赤羽幾子・平舘俊太郎, 2012：農環研報, 31, 75-129.

6.4節（竹中）

Broadley, M. R., N. J. Willey, and A. Mead, 1999: A method to assess taxonomic variation in shoot caesium concentration among flowering plants, Environ. Pollut., 106, 341-349.

Fuhrmann, M., M. Lasat, S. Ebbs, J. Cornish, and L. Kochian, 2003: Uptake and release of cesium-137 by five plant species as influenced by soil amendments in field experiments, J. Environ. Qual., 32, 2272-2279.

厚生労働省ホームページ　http://www.mhlw.go.jp/stf/houdou/2r98520000029prx.html

Lasat, M. M., M. Fuhrmann, S. D. Ebbs, J. E. Cornish, and L. V. Kochian, 1998: Phytoremediation of a radiocesium-contaminated soil: Evaluation of cesium-137 bioaccumulation in the shoots of three plant species, J. Environ. Qual., 27, 165-169.

農林水産省ホームページ（a）　http://www.maff.go.jp/j/kanbo/joho/saigai/ine_sakutuke.html

農林水産省ホームページ（b）　http://www.s.affrc.go.jp/docs/press/pdf/110914-06.pdf

竹中千里・清野嘉之, 2012：花粉飛散による放射性物質再拡散を考える, 森林技術, 840, 18-23.

竹中千里, 2013：土壌環境浄化機能, 戸塚績編著, みどりによる環境改善, 朝倉書店, 109-129.

塚田祥文・鳥山和伸・山口紀子・武田 晃・中尾 淳・原田久富美・高橋和之・山上 睦・小林大輔・吉田 聡・杉山英男・柴田 尚, 2011：土壌—作物系における放射性核種の挙動, 日本土壌肥料学会誌, 82(5), 408-418.

Vandenhove, H., M. VanHees, S. DeBrouwer, and C. M. Vandecasteele, 1996: Transfer of radiocaesium from podzol to ryegrass as affected by AFCF concentration, Sci. Total Environ., 187, 237-245.

White, P. J., and M. R. Broadley, 2000: Mechanisms of caesium uptake by plants, New Phytologist, 147, 241-256.

Yoshida, S., Y. Muramatsu, and M. Ogawa, 1994: Radiocesium concentrations in mushrooms collected in Japan, J. Environ. Radioactiv., 22, 141-154.

第7章参考文献（山澤）

Hirao, S. and H. Yamazawa, 2010: Release Rate Estimation of Radioactive Noble Gases in the Criticality Accident at Tokai-Mura from Off-Site Monitoring Data, J. Nucl. Sci. Technol., 47(1), 20-30.

岡野真治, 2011：放射能とのつきあい—老科学者からのメッセージ, かまくら春秋社, 125 p.

東京電力福島原子力発電所における事故調査・検証委員会, 2011：中間報告, 第5章,

2011 年 12 月 26 日.

第 8 章参考文献（永井，山澤）

福島原発事故独立検証委員会，2012：調査・検証報告書，2 月 28 日.
学会事故調（日本原子力学会東京電力福島第一原子力発電所事故に関する調査委員会），2014：福島第一原子力発電所事故　その全貌と明日に向けた提言—学会事故調最終報告書，丸善出版.
原子力規制委員会ホームページ，2012a：放射線モニタリング情報—緊急時迅速放射能影響予測ネットワークシステム（SPEEDI）等による計算結果，http://www.nsr.go.jp/archive/mext/monitoring/ja/list/201/list-1.html，閲覧 2014 年 5 月 27 日.
原子力規制委員会ホームページ，2012b：現地原子力災害対策本部における SPEEDI 計算図形一覧（平成 23 年 3 月 14 日～5 月 5 日），http://www.nsr.go.jp/archive/nisa/earthquake/speedi/ofc/speedi_ofc_index.html，閲覧 2014 年 5 月 27 日.
Imai, K., M. Chino, H. Ishikawa, M. Kai, K. Asai, T. Homma, A. Hidaka, Y. Nakamura, T. Iijima, and S. Moriuchi, 1985：SPEEDI：A Computer Code System for the Real-Time Prediction of Radiation Dose to the Public due to an Accidental Release, JAERI 1297.
国会事故調（東京電力福島原子力発電所事故調査委員会），2012：調査報告書，6 月 28 日.
文部科学省，2008：文部科学省防災業務計画第 4 編原子力災害対策.
文部科学省，2012：東日本大震災からの復旧・復興に関する文部科学省の取組についての検証結果のまとめ，7 月 27 日.
永井晴康・茅野政道・山澤弘実，1999：大気力学モデルを用いた緊急時の放射能大気拡散予測手法の開発，日本原子力学会誌，41(7)，53-61.
内閣府原子力安全委員会，1980：原子力施設等の防災対策について（2010 年一部改定）.
内閣府原子力安全委員会，2008：環境放射線モニタリング指針（2010 年一部改定）.
須田直英，2006：SPEEDI ネットワークシステムの現状と展望，保健物理，41(2)，88-98.
東京電力福島原子力発電所における事故調査・検証委員会，2012：最終報告，7 月 23 日.

第 9 章参考文献（森口）

IAEA, 1999：Technologies for remediation of radioactively contaminated sites, IAEA-TECDOC-1086.
IAEA, 2012：Summary Report of the Preliminary Findings of the IAEA Mission on remediation of large contaminated areas off-site the Fukushima Dai-ichi NPP, http://www.iaea.org/newscenter/focus/fukushima/pre_report.pdf（2012 年 9 月 9 日確認）
環境省，2011：除染関係ガイドライン第 1 版（平成 23 年 12 月）.
環境省，2013a：除染関係ガイドライン第 2 版（平成 25 年 5 月）.
環境省，2013b：国及び地方自治体がこれまでに実施した除染事業における除染手法の効果について，http://www.env.go.jp/press/press.php?serial＝16216
環境省，2014a：帰還困難区域における除染モデル実証事業の結果報告，http://josen.env.go.jp/material/pdf/model_140529a.pdf?140610
環境省，2014b：除染土壌などの中間貯蔵施設について，http://josen.env.go.jp/material/pdf/dojyou_cyuukan.pdf
環境省水・大気環境局，2012：警戒区域，計画的避難区域等における除染モデル実証事業

―報告の概要（最終修正版），http://www.env.go.jp/press/press.php?serial=15413

第 10 章参考文献

10.3 節（中島）

日本気象学会，2011：東北地方太平洋沖地震に関して日本気象学会理事長から会員へのメッセージ，2011 年 3 月 21 日，4 月 12 日，http://www.metsoc.or.jp/others/News/message_110318.pdf，http://www.metsoc.or.jp/others/News/MSJPresidentMessage110412.pdf

IPCC, 2007：Climate Change 2007：The Physical Science Basis, Contribution of Working Group I to the Fourth Assessment Report of the Intergovernmental Panel on Climate Change, Solomon, S., D. Qin, M. Manning, Z. Chen, M. Marquis, K. B. Averyt, M. Tignor and H. L. Miller（eds.），Cambridge University Press, Cambridge and New York, 996 p.

10.4 節（横山）

浅野一弘，2010：危機管理の行政学，同文舘出版，292 p.

第 11 章参考文献

11.2 節（中島，柴田，髙橋和）

JAEA 公開ワークショップ資料，2012：日本原子力研究開発機構公開ワークショップ「福島第一原子力発電所事故による環境放出と拡散プロセスの再構築」，2012 年 3 月 6 日，東京．http://nsed.jaea.go.jp/ers/environment/envs/FukushimaWS/index.htm

中島映至・渡邊　明・鶴田治雄・恩田裕一・中村　尚・宮坂貴文・近藤裕昭・滝川雅之・竹村俊彦・植松光夫，2011：原発事故：危機における連携と科学者の役割，科学，81，934-943.

11.3 節（鶴田，中島）

Morino, Y., T. Ohara, and M. Nishizawa, 2011：Atmospheric behavior, deposition, and budget of radioactive materials from the Fukushima Daiichi nuclear power plant in March 2011, Geophys. Res. Lett., 38.

NHK 報道，2012：NHK/ETV 特集「ネットワークでつくる放射能汚染地図 5 埋もれた初期被ばくを追え」，2012 年 3 月 11 日放映.

NHK 報道，2013：NHK スペシャル，東日本大震災「空白の初期被ばく～消えたヨウ素 131 を追う」，2013 年 1 月 12 日放映.

Takemura, T., H. Nakamura, M. Takigawa, H. Kondo, T. Satomura, T. Miyasaka, and T. Nakajima, 2011：A numerical simulation of global transport of atmospheric particles emitted from the Fukushima Daiichi Nuclear Power Plant. SOLA, 7, 101-104, doi：10.2151/sola. 2011-026.

鶴田治雄・中島映至，2012：福島第一原子力発電所の事故により放出された放射性物質の大気中での動態，地球化学，46，99-111.

11.7 節（恩田）

恩田裕一・田村憲司・辻村真貴・若原妙子・福島武彦・谷田貝亜紀代・北　和之・山敷庸

亮・吉田尚弘・高橋嘉夫，2012：放射線量等分布マップ関連研究に関する報告書　第2編 2. 放射性物質の包括的移行状況調査．http://radioactivity.nsr.go.jp/ja/contents/6000/5522/26/5600_201203131000_report2-2.pdf

索引

(アルファベット，ギリシア文字で始まる語は最後にまとめた)

ア行

飛鳥II　105
アルカリ金属　146,152
アンサンブル気象予報　215
アンサンブル実験　96
イカの肝臓　122
移行係数（TF値）　153
遺伝的影響　22
稲わら汚染　3
茨城県立医療大学　240
イメージングプレート　80,144,155
移流　98
　　——拡散事象　33
　　——拡散シミュレーション　83,88
宇宙線　8,21
ウッズホール海洋研究所　248
海鷹丸　112,246
ウラン燃料　11
エアロゾル　62,75,79,83,89,142,239
　　——化　79
　　——フィルター　142
液体シンチレーション検出器　12
越境汚染　60
沿岸域　103,114
沿岸流　105
大阪大学　217,234,239,251,261
　　——核物理研究センター（RCNP）　129,250,255,257
屋内退避区域　3,231
おしょろ丸　105
オーストリア気象地球力学研究所（ZAMG）　88
汚染状況重点調査地域　192
オックスフォード大学　249
オフサイトセンター（OFC）　172,181

カ行

海域モニタリング計画　100,241
海藻　123
海底堆積物　99,115
外部被ばく　21,49,164
壊変率　9,10,16
海洋環境放射能総合評価事業　121
海洋研究開発機構（JAMSTEC）　47,100,207,240,242
海洋生物環境研究所　242
海洋中規模渦　109
海洋分散シミュレーション　45,109
かいれい　100,242
化学輸送モデル　186
拡散　98
学習院大学　239
確定的影響　23
確率的影響　23
確率天気予報　211
過酷事故解析計算コード　37,41
過剰リスク　23
河川水　103,140,144,173
河川内での分級作用　142
河川浮遊砂調査　5
金沢大学　103,238
仮置き場　199
枯葉　138,155
川底土　140,173
環境緊急対応（EER）　87
環境防災Nネット　167
環境放射線核物理・地球科学合同会議　237,256
環境放射線モニタリング指針　179
環境放射能除染学会　209
環境放射能水準調査　168,170
環境モニタリングカー　36

乾性沈着　27
気候変動に関する政府間パネル（IPCC）
　　212
気象業務法　210,216
気象研究所　30,33,249
気象庁　87,210,216,221
　　──海流情報　104
気象データ　62,176
気象場　48,52,56,177,186
気象モデル　186
キセノン133（^{133}Xe）　28,41,84,91,94
帰宅困難者　230
北太平洋亜寒帯域　106
キノコ類　149,152
逆推定　37,41,94
吸収線量　19
九州大学　239
急性障害　22
京都大学原子炉実験所　171,252,262
漁獲対象魚種　112
局地気象予測計算　177
銀-110 m（^{110m}Ag）　122
緊急事故対策　160
緊急時迅速放射能影響予測ネットワークシ
　　ステム→SPEEDI
緊急時対策支援システム（ERSS）　36,61,
　　179,181
緊急時モード　181
金属粒子　81
空間線量率　20,65,127,165,232
　　──分布　38
空間分解能　96
グラウンドシャイン　170,183
グループボイス　215
グレイ　19
黒潮続流　98
クーロン　19
計画的避難区域　3,151,192
計数誤差　17
ゲルマニウム（Ge）半導体検出器　13,
　　129,258
現業組織　221
原子核談話会　250
原子力安全委員会　37,162,221
原子力安全技術センター　175,181

原子力事故・災害時対応マニュアル　181
原子力施設等の防災対策について　178,
　　179
広域X線吸収微細構造法（EXAFS法）
　　146
高エネルギー加速器研究機構（KEK）
　　146,238,250
航空機サーベイ　161
航空機マッピング　34
航空機モニタリング　5,6,50,135,171
甲状腺　252
高線量地域　50
コウナゴ　111,118,121
高濃度汚染水　45,109
鉱物粒子　115,125
国際監視システム（IMS）　84
国際緊急共同研究・調査支援プログラム
　　（J-RAPID）　208,237,249
国際原子力機関（IAEA）　37,87,190,232,
　　249
国際原子力事象評価尺度（INES）　37
国際純正・応用化学連合（IUPAC）　7
国際放射線防護委員会（ICRP）　21
国立環境研究所　207
混交林　137
コンプトン効果　264
コンプトン散乱線　15

サ行

再現性の検証　63
最終処分　199
再飛散　63,75
再浮遊　32
サム（コインシデンス）効果　14,17,258
暫定規制値（暫定基準値）　111,118,122,
　　149
三洋テクノマリン　248
シイタケ　149,152
事故シナリオ　44
自然放射線量　21
実効線量　20,21
湿性沈着　27,48,52,57
質量保存風速場計算　178
指定廃棄物処分場　200
シーベルト　19,21

砂利汚染 3
樹幹流 137
出荷制限 3, 7, 100
首都大学東京 258
ジュール 19
照射線量 19
初期沈着量 136
除去過程 62
食品基準値 149
除染 138, 161, 188
　——関係ガイドライン 191
　——技術実証試験事業 194
　——電離則 195
　——特別地域 192
　——目標 196
シロメバル 118, 122
新学術領域研究 77, 207, 237, 249
人工放射性核種 8, 31
身体的影響 22
浸透指数 131
神鷹丸 112
森林の除染 189, 193
親和性 145, 148
水産総合研究センター 246
水素爆発 2, 36, 39, 230
数値シミュレーション 50
スギ 155
　——の雄花 155
　——林 137, 140
スクリーニング 251, 252
ストロンチウム（^{90}Sr） 12, 25, 34, 121
スペクトロメトリ 10, 13
スリーマイル島（TMI）事故 28, 176
生態学的半減期 124
西部北太平洋中緯度域 106
西部北太平洋高緯度域 107
生物殻 125
生物学的半減期 121, 124
世界気象機関（WMO） 87
世界版SPEEDI（WSPEEDI） 38
セコンドオピニオン 211, 215
摂取制限値 122
摂取排泄過程 124
全球エアロゾルモデル 89
全球（規模）モデル 83, 89

全球シミュレーション 91, 95
戦略推進費 266
線量換算係数 22
線量係数 22
線量率効果 23
早期伐採 140
操業自粛 100
総合科学技術会議（CSTP） 257, 263
草地 140

タ行

大気エアロゾル 75, 79, 100, 240
大気拡散シミュレーション 37, 52, 91
大気拡散モデル 41, 50, 61, 186
大気環境常時測定局 75
大気環境放射線観測ネットワーク
　（RadNet） 85
大気境界層 49
大気圏核実験 8, 31, 106, 266
大気中濃度 48, 67, 69
大気沈着量観測プログラム（NADP） 85
大気放出量 36, 61
　——の逆推定 37
大気輸送モデル 87, 186
　——評価研究（ATMES） 97
濁度センサー 268
ダストサンプリングデータ 38
淡青丸 104, 245
チェルノブイリ（原子力発電所）事故 3,
　8, 28, 32, 48, 85, 123, 209, 252
地球規模の輸送 83
畜産物 149
地区特別気象センター（RSMC） 87
地表面汚染密度 3
中間貯蔵施設 199
直接的電離損傷 22
直接漏洩 44
沈降粒子 115
沈着 3, 36, 49, 127
　——過程 52
　——メカニズム 50
　——量分布 49
筑波大学 257
対馬海流 106
津波 2

索引——305

低気圧　53
定時降下物モニタリング　50
底生生物　113
低線量　24,234
　　──被ばく影響　24
デトリタス　115,125
電気事業連合会　252
天地返し　234
天然放射性核種　8,21
電離箱式検出器　166
電力中央研究所　207
ドイツ気象局（DWD）　88
同位体　8
東海大学　248
東海村 JOC 臨界事故　8,168,215
等価線量　19
東京海洋大学　111,246
東京工業大学　219,234,249
東京大学　217,233,240,248,249,255,258
　　──原子核科学研究センター（CNS）　128,254,256,257,261,263
　　──大気海洋研究所　63,245
東京電力福島第一原子力発電所　2
東京湾底泥　117
動径構造関数　147
動物プランクトン　124
東北大学　239
東北地方太平洋沖地震　2
篤志船　106
徳島大学　239
特別採捕許可　112
土壌侵食標準プロット　140
土壌粒子　78
取り込み速度定数　124

　ナ行

内圏錯体　147
内部被ばく　12,21,164,240
長崎大学　252
名古屋大学　239
生葉　138,155
新潟大学　239
日本沿海予測可能性実験（JCOPE）モデル　47
日本海表層海水　105

日本海洋学会　237,241,243
　　──震災対応ワーキンググループ　112,237,244
日本化学会　238
日本学術会議　97,205,208,226,236,255
日本気象学会　215,237
日本原子力学会　194
日本原子力研究開発機構（JAEA）　37,145,194,207,238,242,250,257
日本大学　249
日本地球化学会　75,237,239
日本地球惑星科学連合　75,237,239
日本分析化学会　237
日本分析センター　128,261,263
日本放射化学会　75,237,238
ネスティング手法　95
粘土鉱物　125,142
農産物　149
濃縮係数（CR）　123
濃度・線量計算　178
ノルウェー気象研究所（NILU）　88

　ハ行

排気筒モニタ　165
バイサラ社　63,233
排出速度定数　124
ハイブリッドモデル　96
パイロット調査　128,256
白鳳丸　100,242,245
パルスパイルアップ効果　18
パルス波高分析　12
半減期　9
晩発障害　22
ビット方式　234
避難区域　3,151
避難経路　215
被ばく　3,19,21,161,163,183,188,253
　　──線量限度　23
ヒマワリ　154
標準土壌試料　258
表面水　103
広島原爆　28
広島大学　252
風送塵　32
不確実性　61,95,212

不確定性　47
福島県土壌調査　235
福島大学　63,229
浮遊砂　140,173
　——サンプラー　173
浮遊粒子状物質（SPM）　75,241
不溶性粒子　80
プランクトン　113,125
フランス放射線防護原子力安全研究所
　（IRSN）　42,46,88
プルトニウム　11
分配係数（K_d）　116
平均寿命　3,9
米国エネルギー省（DOE）　161,204,232
米国環境保護庁（EPA）　85
ベクレル　16
偏西風ジェット気流　48,56
ベント　2,36,39,231
包括的核実験禁止条約機関（CTBTO）
　41,84
放射性核種　7,8
放射性元素　7
放射性降下物　25,30
放射性セシウム（^{134}Cs, ^{137}Cs）　3,5,33,
　36-38,41,44,49,76,80,84,91,93,101,
　103,106,109,111,114,118,127,137,142,
　149,258,266
放射性物質　7,9
　——汚染対処特措法　192
　——降下量　30
　——放出イベント　128
放射性プルーム　38,40,41,52,54,183
放射性ヨウ素（^{131}I）　21,36-38,44,49,72,
　76,84,91,101,149,240,252
放射線　9,19
　——防護　24
　——モニタリング設備　165
　——量　19
　——量率　262
放射能　9,10,13,19
　——ゾンデ　63
放出量推定値　93
放出量変動　41
放牧地　140
ホウレンソウ　149

ホットスポット　50,55,57,96
ホルミシス説　24

　マ行

マダラ　7,120
マルチモデルアンサンブル手法　215
南側放水口　45,111
みらい　100,242
面的な除染　197
モデル解像度　96
モデルの相互比較実験　97
モデルの不確実性　95
モニタリング　65,161,164,179
　——カー　36,171,183
　——ステーション　20,165
　——調査　173
　——ポスト　2,20,61,65,165,176
　——連絡会議　174
文部科学省　217,237,241,251,254
　——非常災害対策センター（EOC）
　237
輸送過程　48
輸送経路　52
ヨウ素剤　162,204
よこすか　100,242
預託実効線量　22

　ラ行

落葉　137
ラグランジュ型粒子拡散モデル　178
裸地　140
ラドン　21
理化学研究所　238,250
リター層　138
粒径　81
硫酸イオン　81
硫酸エアロゾル　62
粒子サイズ　81
粒子状^{131}I　72
粒子状物質　99,115
粒子の凝集・生成過程　115
林産物　149
林内雨　137
リンモリブデン酸アンモニウム　115
冷却水漏れ　2

連携緊急モニタリングチーム　75
レントゲン　19
連邦緊急事態管理庁（FEMA）　220
炉内解析　37

　ワ

ワンボイス　215

　アルファベット

ATMES　97
CAMx　186
CMAQ　62,186
CNS　128,254,256,257,261,263
CR　123
^{137}Csの総放出量　43
CSTP　257,263
CTBTO　41,84
DIAS　227
DOE　161,232
DWD　88
EER　87
EEZ　249
EOC　237
EPA　85
ERSS　36,61,179,181
ETEX　97
EXFAS法　146
FEMA　220
FLEXPART　93
Ge半導体検出器　13,129,258
GM計数管　12
GPS連動型放射線自動計測システム→KURAMA
^{131}Iの総放出量　42
IAEA　37,87,190,232,249
ICRP　21
^{131}I/^{137}Cs　41,45,73,109,128
IMS　84
INES　37
IPCC　212
IRSN　42,46,88
IUPAC　7
JAEA　37,145,194,238,242,250,257
JAMSTEC　47,100,240,242
JCOPE　47

J-RAPID　208,237,249
Kaimikai-O-Kanaloa　249
K_d　116
KEK　238,250
KURAMA　171,262
LNTモデル　24
MASINGAR mk-2　91,94
MOX燃料　11
MRI-AGCM3　91
NADP　85
NaI（Tl）シンチレーション検出器　166,169
NHK　113,216,240,246
NILU　88
NOAA HYSPLITモデル　231
NSF-RAPID　237
OFC　172
PDCA　208
RadNet　85
RCNP　250,255,257
RSMC　87
SPEEDI　3,38,44,60,62,88,175,204,210,215,221,232,253
SPM　75,241
SPRINTARS　89,186
TF値　153
TMI　28
U8容器　14,258
UNSCEAR　25
WMO　87
WRF　186
WRF/Chem　186
WSPEEDI　38,215
　──-Ⅱ　187
^{133}Xe　28,41,84,91,94
ZAMG　88

　ギリシア文字

α線　10
β線　10,11
γ線　10,12,129,132,263
　──エネルギー　15
　──エネルギースペクトル　169
　──スペクトロメトリ　13

執筆者一覧
（五十音順，＊は編者）

青野　辰雄	放射線医学総合研究所福島復興支援本部
青山　道夫	福島大学環境放射能研究所
五十嵐康人	気象研究所環境・応用気象研究部
石丸　　隆	東京海洋大学海洋観測支援センター
今田　正俊	東京大学大学院工学系研究科
植松　光夫＊	東京大学大気海洋研究所
海老原　充	首都大学東京大学院理工学研究科
大塚　孝治	東京大学大学院理学系研究科
大原　利眞＊	国立環境研究所福島支部準備室
恩田　裕一＊	筑波大学アイソトープ環境動態研究センター
河野　　健	海洋研究開発機構地球環境観測研究開発センター
神田　穰太	東京海洋大学大学院海洋科学技術研究科
北　　和之	茨城大学理学部
坂口　　綾	広島大学大学院理学研究科
篠原　　厚	大阪大学大学院理学研究科
柴田　德思	日本アイソトープ協会
下浦　　享	東京大学大学院理学系研究科
髙橋　知之	京都大学原子炉実験所
高橋　嘉夫	東京大学大学院理学系研究科
滝川　雅之	海洋研究開発機構地球環境変動領域
竹中　千里	名古屋大学大学院生命農学研究科
竹村　俊彦	九州大学応用力学研究所
田中　万也	広島大学サステナブル・ディベロップメント実践研究センター
田中　泰宙	気象庁地球環境・海洋部
谷畑　勇夫	大阪大学核物理研究センター

茅野	政道	日本原子力研究開発機構原子力科学研究部門
津田	敦	東京大学大気海洋研究所
津旨	大輔	電力中央研究所環境科学研究所
鶴田	治雄	東京大学大気海洋研究所
永井	晴康	日本原子力研究開発機構原子力科学研究部門
長尾	誠也	金沢大学環日本海域環境研究センター
中島	映至[*]	東京大学大気海洋研究所
中村	尚	東京大学先端科学技術研究センター
浜島	靖典	金沢大学環日本海域環境研究センター
藤原	守	日本原子力研究開発機構
升本	順夫	東京大学大学院理学系研究科/海洋研究開発機構アプリケーションラボ
森口	祐一	東京大学大学院工学系研究科
森野	悠	国立環境研究所地域環境研究センター
山澤	弘実	名古屋大学大学院工学研究科
横山	広美	東京大学大学院理学系研究科
吉田	尚弘	東京工業大学大学院総合理工学研究科
渡邊	明	福島大学共生システム理工学類

編者

<ruby>中島映至<rt>なかじまてるゆき</rt></ruby>　東京大学大気海洋研究所教授/地球表層圏変動研究センター長
<ruby>大原利眞<rt>おおはらとしまさ</rt></ruby>　国立環境研究所福島支部準備室研究総括/企画部フェロー
<ruby>植松光夫<rt>うえまつみつお</rt></ruby>　東京大学大気海洋研究所教授/国際連携研究センター長
<ruby>恩田裕一<rt>おんだゆういち</rt></ruby>　筑波大学生命環境系教授/アイソトープ環境動態研究センター副センター長

原発事故環境汚染――福島第一原発事故の地球科学的側面

2014 年 9 月 30 日　初　版

［検印廃止］

編　者　中島映至・大原利眞・植松光夫・恩田裕一
発行所　一般財団法人　東京大学出版会
　　　　代表者　渡辺　浩
　　　　153-0041　東京都目黒区駒場 4-5-29
　　　　電話 03-6407-1069　FAX 03-6407-1991
　　　　振替 00160-6-59964
印刷所　三美印刷株式会社
製本所　誠製本株式会社

Ⓒ 2014 Teruyuki Nakajima, Toshimasa Ohara, Mitsuo Uematsu, Yuichi Onda, *et al.*
ISBN 978-4-13-060312-6　Printed in Japan

JCOPY　〈(社)出版者著作権管理機構　委託出版物〉
本書の無断複写は著作権法上での例外を除き禁じられています．複写される場合は，そのつど事前に，(社)出版者著作権管理機構（電話 03-3513-6969，FAX 03-3513-6979，e-mail: info@jcopy.or.jp）の許諾を得てください．

佐竹健治・堀　宗朗 編
東日本大震災の科学　　　　　　　　　　　　　　4/6 判 272 頁/2400 円

伊藤　滋・奥野正寛・大西　隆・花崎正晴 編
東日本大震災　復興への提言　持続可能な経済社会の構築
　　　　　　　　　　　　　　　　　　　　　　　4/6 判 376 頁/1800 円

丹羽美之・藤田真文 編
メディアが震えた　テレビ・ラジオと東日本大震災　　4/6 判 416 頁/3400 円

富永　健・佐野博敏
放射化学概論　第 3 版　　　　　　　　　　　　　A5 判 256 頁/3000 円

鹿園直建
地球システム環境化学　　　　　　　　　　　　　A5 判 278 頁/5400 円

島崎英彦・新藤静夫・吉田鎮男 編著
放射性廃棄物と地質科学　地層処分の現状と課題　　A5 判 408 頁/6800 円

ここに表示された価格は本体価格です．ご購入の
際には消費税が加算されますのでご諒承ください．